山东省普通高等教育一流教材

遥感技术与应用实验教程

孔祥生　钱永刚　李国庆　张安定　编著

科学出版社

北京

内 容 简 介

本书是在系统总结教学和科研经验的基础上编写而成，介绍遥感图像处理软件ENVI的主要功能和基本操作，从遥感技术基本理论和概念入手，结合案例重点阐述遥感技术与应用相关实验教学规程，主要包括遥感数据预处理、图像增强、图像分类、矢量功能、空间分析、光谱分析、专题地图制作等图像处理实验和行星反射率、地表反射率、地表发射率、地表温度等定量遥感信息提取专题实验和遥感综合实习等内容。

本书可作为高等院校及科研院所培养学生的教材，也可作为从事遥感、地理信息系统、地理学等实践工作及科研活动的研究人员和工作人员的参考书。

图书在版编目（CIP）数据

遥感技术与应用实验教程 / 孔祥生等编著. —北京：科学出版社，2017.11（2024.7 重印）

ISBN 978-7-03-055600-4

Ⅰ. ①遥… Ⅱ. ①孔… Ⅲ. ①遥感技术-应用-实验-高等学校-教材 Ⅳ. ①TP79-33

中国版本图书馆 CIP 数据核字（2017）第 287374 号

责任编辑：罗 莉 / 责任校对：王 翔
责任印制：罗 科 / 封面设计：墨创文化

科学出版社 出版
北京东黄城根北街 16 号
邮政编码：100717
http://www.sciencep.com
四川煤田地质制图印务有限责任公司印刷
科学出版社发行 各地新华书店经销
*
2017 年 11 月第 一 版 开本：787×1092 1/16
2024 年 7 月第六次印刷 印张：12 3/4
字数：302 000

定价：39.00 元

（如有印装质量问题，我社负责调换）

前　言

遥感是20世纪60年代新兴的综合性交叉学科，涉及领域广泛，遥感应用已经涉及地球科学的每一个分支。随着遥感技术的飞速发展，遥感技术已经在国家经济和社会发展中发挥着重要的作用，并在一些重大科技活动中占据突出地位，极大地推动着遥感教育的发展。目前，遥感技术已经成为地球科学、测绘科学、农业科学中普遍使用的技术手段，遥感类课程教学极大促进了学科的发展。

《遥感技术与应用实验教程》是遥感技术专业重要的实践性教学环节之一，旨在巩固遥感理论知识，培养学生应用遥感技术解决实际问题的能力和实践创新能力。本书要求学生掌握ENVI软件的基本使用方法，从了解遥感数据的基本特征入手，通过实践实训，巩固和加深对遥感技术课程中基本理论知识的理解；从认知性、操作性实验入手，逐步培养学生实验操作技能、遥感数据的处理和分析能力，把理论知识转化为实践技能，使学生达到熟练掌握遥感技术技能，提高应用遥感知识与技能解决实际问题的能力，从而实现高校教育的培养目标。

本书共设计了十九个实验和一个遥感综合实习。涵盖了遥感基础理论验证、遥感技术方法及应用案例分析等方面，实验步骤清晰完整，具有较强的操作性和指导性。全书由孔祥生（鲁东大学）、钱永刚（中国科学院光电研究院）、李国庆（鲁东大学）、张安定（鲁东大学）编写，由孔祥生统稿、定稿。庞海洋参与了程序调试和制图工作，在此表示感谢。

本书的编写是在国家自然科学基金项目（41271342）、国家重点研发计划项目（2016YFB0500402）和山东省高校教学改革项目（2012229）的资助下完成的。限于作者水平和篇幅，书中内容无法涵盖全部遥感理论、技术及应用，也难免有疏漏和不足之处，敬请读者和同行专家批评指正。

作　者

2017年9月

目　　录

实验一　ENVI 遥感图像处理软件基础

一、实验目的

掌握目前主流遥感图像处理软件的主要功能、目录结构，掌握 ENVI 软件的数据输入、显示等功能，为后续实验奠定基础。

二、实验内容

（1）ENVI 的主要功能菜单、目录结构。

（2）遥感数据输入打开、显示、查看、存储。

三、原理与方法

正确读取遥感数据是遥感数据处理的第一步，也是关键一步。常用的遥感数据处理系统有 ENVI、ERDAS 和 PCI 等。本书涉及的实验内容主要采用 ENVI 软件进行操作。

ENVI 版本主要有 ENVI4.5、ENVI4.6、ENVI4.7、ENVI4.8、ENVI5.0、ENVI5.1 等不同版本。从 ENVI5.0 开始，其运行界面与传统界面不同，为保持与传统界面操作的连续性，保留了经典的操作模式（Classic）。

ENVI 是一个完整的遥感图像处理平台，其软件处理技术包括图像数据的输入/输出、定标、图像增强、辐射校正、几何校正、图像镶嵌与裁剪、数据融合、数据变换、信息提取、图像分类、与 GIS 数据融合、三维显示、雷达数据处理、波谱分析和高光谱分析等功能，它与 IDL 有机结合在一起，构成了强大的遥感数据处理平台工具。ENVI 支持所有的 UNIX、Mac OS X 和 Linux 系统，以及 PC 机上的 Microsoft Windows2000 Professional、Windows XP Professional、Windows Vista、Windows7 等操作系统。

ENVI 具有六个主要特点。

（1）操作简单，易学易用，具有灵活、友好的界面。

（2）先进、可靠的图像分析工具。

（3）专业的光谱分析工具，高光谱分析一直处于世界领先地位。

（4）扩展性好。随心所欲扩展新功能，底层的 IDL 语言可以帮助用户轻松地添加、扩展 ENVI 功能，甚至开发、定制自己的专业遥感图像处理平台。

（5）流程化、向导式的图像处理工具，ENVI 将众多主流的图像处理过程集成到流程化（Workflow）图像处理工具中，进一步提高了图像处理的效率。

（6）与 ArcGIS 完美地结合。从 2007 年开始，与 ESRI 公司的全面合作，为遥感与 GIS 的一体化集成提供了一个典型的解决方案。

ENVI 支持多种遥感数据类型。按照不同的分类标准，遥感数据可以分为不同的数据类型。按照传感器工作方式的差异，可将遥感数据分为雷达数据和光学数据；按照传感器平台高低，可将遥感数据分为地面数据、航空数据和卫星数据。雷达数据与光学遥感数据成像机理有很大的不同，雷达数据的处理一般由专门的软件或者是专门的模块来完成。

遥感数据存储格式多种多样，其存储格式主要有 BSQ、BIP、BIL 三种。

（1）BSQ（band sequential）数据格式。BSQ 格式是按波段顺序依次排列的数据格式。

（2）BIP（band interleaved by pixel）数据格式。在 BIP 格式中，每个像元按波段顺序交叉排序。数据排序遵循以下规律：第一波段第一行第一个像素位居第一，第二波段第一行第一个像素位居第二，以此类推，第 n 波段第一行第一个像素位居第 n 位；然后第一波段第一行第二个像素位居第 $n+1$ 位；第二波段第一行第二个像素位居第 $n+2$ 位；其余数据排列依次类推。

（3）BIL（band interleaved line）数据格式。BIL 格式是逐行按波段顺序排列，数据排列遵循以下规律：第一波段第一行第一个像素位居第一，第一波段第一行第二个像素位居第二，以此类推，第一波段第一行第 n 个像素位居第 n 位；然后第二波段第一行第一个像素位居第 $n+1$ 位，第二波段第一行第二个像素位居 $n+2$ 位；其余数据排列位置依次类推。

三种格式适用于不同的情况，可以相互转换。BSQ 格式最适合于对单个波谱波段中任何部分的空间（x，y）存取，便于图像的浏览和显示；BIP 格式为图像数据波谱的存取提供最佳性能。BIL 格式提供了空间和波谱处理之间的一种折中方式。ENVI 大气辐射校正处理中，必须使用 BIL 或者 BIP 格式。

遥感数据一般由数据文件和元数据文件构成。数据文件记录地物的特性，有 tiff 格式、HDF、raw 格式等。元数据就是描述数据的数据，如 Landsat 系列卫星的元数据文件扩展名有*.wo、*_MTL.txt 等，Spot 的元数据文件扩展名为*.DIM。

四、实习仪器与数据

（1）ENVI5.0 Classic。

（2）Landsat OLI 数据（Path/Row = 119/34，时间为 2015 年 4 月 20）。

五、实验步骤

1. 安装 ENVI5.0

根据计算机操作系统（Win7 分为 32 位和 64 位），选择合适的安装版本，按照提示完成安装。

2. 启动 ENVI5.0 Classic

ENVI 有三种启动方式，第一种是启动 ENVI；第二种是启动 ENVI + IDL；第三种是先启动 IDL，在 IDL 下启动 ENVI。

ENVI 启动：程序→ENVI5.0→Tools→ENVI Classic。

ENVI 启动后，显示 ENVI 主菜单界面（图 1-1），表 1-1 描述了 ENVI 的主菜单功能。

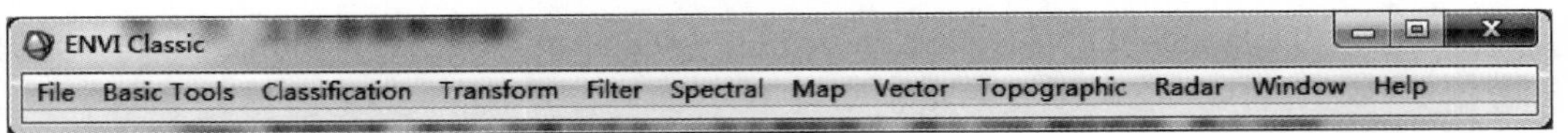

图 1-1　ENVI Classic 主菜单

表 1-1　ENVI 主菜单操作功能说明

菜单名称	主要功能	菜单名称	主要功能
File	文件打开、输出，退出程序等	Map	影像配准
Basic Tools	ENVI 中常用的工具	Vector	矢量分析
Classification	图像分类	Topographic	地形操作
Transform	转换	Radar	雷达操作
Filter	滤波	Window	窗口操作
Spectral	光谱分析	Help	帮助

3. ENVI 目录文件结构

ENVI 在默认安装路径“C：\Program Files\Exelis\ENVI50”目录下安装了相应的文件，其中主要文件目录如下所述。

Bin：ENVI 运行目录。

Data：遥感数据目录，存放示例遥感数据。

Filt_func：传感器光谱库响应函数文件目录。常见的传感器光谱响应函数有 Aster、Modis、Spot、LandsatTM/ETM+，ENVI5.0 增加了 Landsat8 OLI 传感器光谱响应函数。

Help：ENVI 的帮助文档。

Lib：IDL 生成的可编译程序，用于二次开发。

Map_proj：投影信息目录。投影信息多为文本格式，客户可以进行定制。

Menu：ENVI 菜单文件目录，多为文本文件，用户可以修改。

Save：IDL 可视化语言编译好的、可执行的 ENVI 程序目录。

Save_add：用户自主研发的各种补丁程序目录。补丁程序一般为 IDL 研发，经编译运行导出，文件名为*.sav，也可以是经过编译后的过程或函数文件*.PRO。

Spec_lib：地物波谱库目录。存放一些科研机构/大学在实验室和野外测量的不同地物及矿物的光谱数据，用户也可以在野外或者实验室环境下采集地物光谱，构建光谱库。

4. ENVI 数据输入

输入就是将待处理的遥感数据导入 ENVI 中，常称之为打开数据。遥感数据格式多样，其打开的方式也不尽相同，一般有通用格式数据打开和特定格式数据打开两种。一些传感器数据，需要安装单独的补丁程序才能打开。总之，遥感数据格式的多样性及快速发展，需要用户及时补充数据、读取补丁程序或者更新软件版本。

1）指定格式数据打开

点击 ENVI Classic→File→Open External File→Landsat→GeoTIFF with Metadata，选择元数据文件 LC81190342015110LGN00_MTL.txt，即可打开 Landsat8 OLI 数据（图 1-2）。

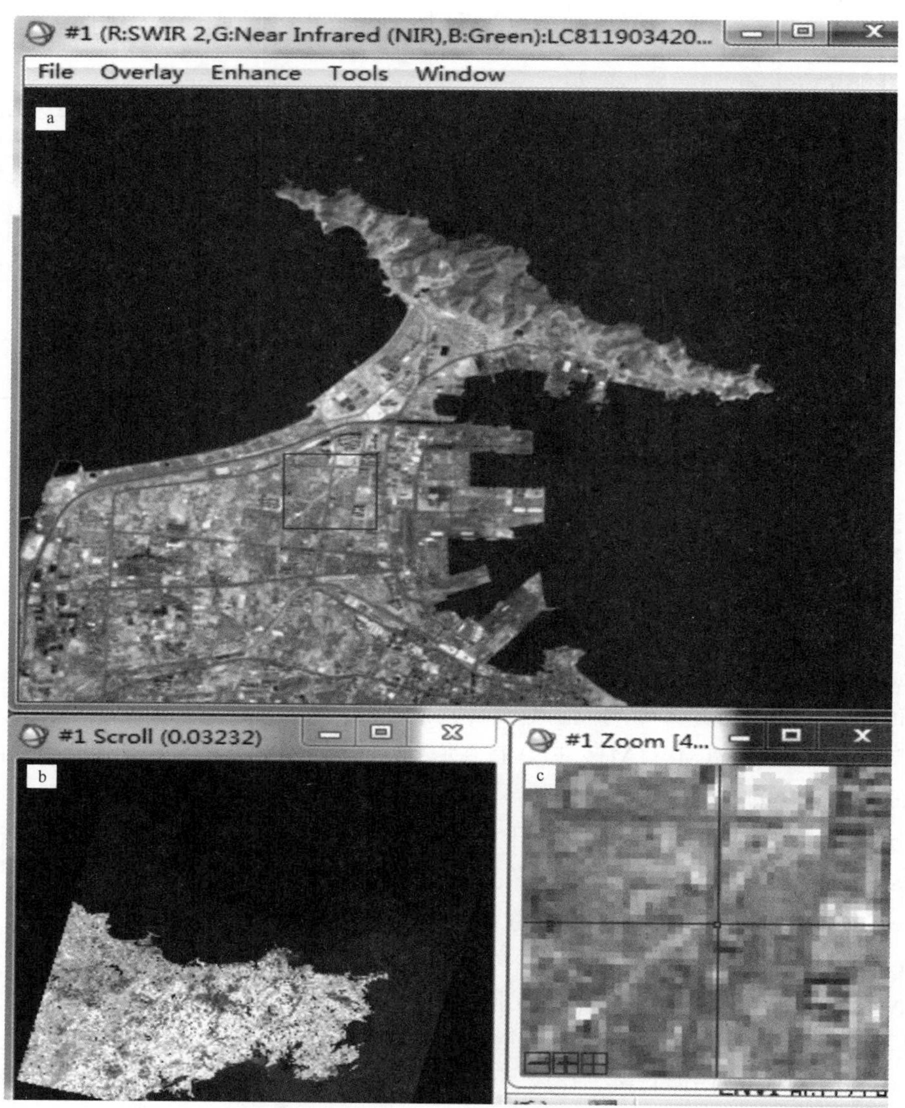

图 1-2　ENVI Classic 图像显示窗口

a. 图像窗口；b. 滚动窗口；c. 放大窗口

2）一般格式数据打开

点击 ENVI Classic→File→Open Image File，选择一般格式数据文件即可。

5. ENVI 数据显示

ENVI 用三个窗口显示数据，用波段列表来显示打开数据的波段。数据显示有灰度显示和 RGB 彩色显示两种方式。

点击图 1-3 所示波段列表中的 RGB Color，在 R、G、B 选项框中分别选择 SWIR2、NIR、Green 三个通道，之后点击 Load RGB，在视窗中打开要显示的图像。

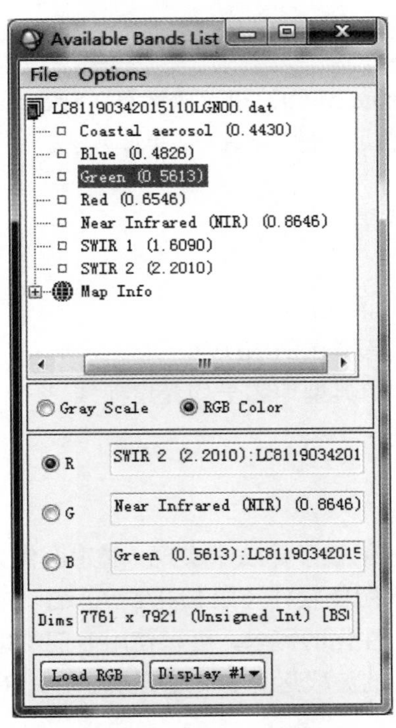

图 1-3　ENVI Classic 波段列表

图像窗口：显示原始分辨率遥感图像。

滚动窗口：完整显示一整幅图像，用于快速移动显示图像位置。

放大窗口：放大图像窗口，默认为 4 倍。

三个窗口组合使用，可以快速定位、浏览图像。

波段列表：显示打开图像的波段名称、中心波长等信息。

6. 数据输出

点击 ENVI Classic→File→Save File As，选择不同的数据格式，如 ENVI Standard、ArcView Raster、ERDAS IMAGINE、PCI 及 TIFF/GeoTIFF 等。

六、撰写实验报告

按照实习报告格式要求撰写，重点内容包括：ENVI 目录结构、图像打开方式、图像窗口构成、波段列表、图像输出方式等。

实验二　波段运算和光谱运算

一、实验目的

掌握 ENVI 波段运算（Band Math）和光谱运算（Spectral Math）的语法规则，学会使用波段运算和光谱运算设计满足遥感信息提取计算方法。

二、实验内容

（1）波段运算和光谱运算语法规则。
（2）计算一幅 Landsat 遥感影像的 NDVI。
（3）计算 Landsat 遥感影像典型地物平均光谱曲线。

三、原理与方法

遥感图像处理和信息提取依赖于算法来实现。遥感图像处理和应用中，往往需要编写算法满足用户功能需求。遥感图像软件（如 ENVI 等）的功能模块是封装完备的，操作简便，易于上手，但难以满足个性化的需求，可以使用专门的编程软件来实现，但编程软件构成复杂。本实验讲解 ENVI 的波段运算和光谱运算，介绍 NDVI 波段计算和光谱均值计算功能。

1. 波段运算

波段运算是 ENVI 中一个灵活的遥感图像处理工具，本质就是对一个或者多个波段按照公式逐像元进行计算的过程。

图 2-1 描述了三个波段求和的处理过程。表达式框中有三个变量 $b1$、$b2$ 和 $b3$，每一个变量都代表图像的一个波段，求和的结果是生成一个新的图像。如将一个文件赋值给 $b1$，而 $b2$ 和 $b3$ 则被赋值为单个波段，结果则是文件与 $b2$ 和 $b3$ 的和图像。需要注意的是，参与运算的文件和波段，必须满足空间坐标系相同和空间大小完全一致等两个条件。

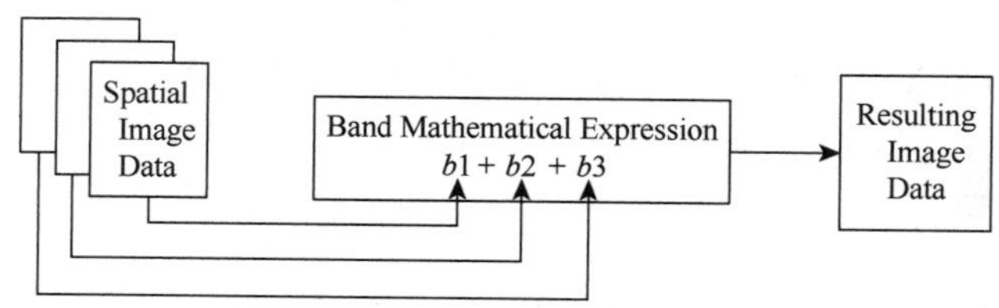

图 2-1　波段运算表达式示意

1）波段运算变量命名规则

波段运算变量的命名遵循以下两条基本规则。

（1）遵守 IDL 语言规则。

（2）只能以字母单个“b”或“B”开头，不区分大小写，后面跟最多不超过 5 位数字。

下面几个变量都是有效的，如 b1、B1、b12345。但 a1、A1 及 B123456 这几个字母和数字组合就不符合变量的命名规则，是无效的。

2）变量类型

数据类型：有字节型、整数型、浮点型等，其名称及转换函数等信息如表 2-1 所示。

表 2-1 波段运算变量类型及说明

变量类型	转换函数	Shortcut	值域范围	字节数
Byte	byte（）	B	0～255	1
Integer	fix（）		–32768～+ 32767	2
Unsigned integer	uint（）	U	0～65535	2
Long integer	long（）	L	约 +/–2×10^9	4
Unsigned long integer	ulong（）	UL	约 0～4×10^9	4
64-bit integer	long64（）	LL	约 +/–9×10^{18}	8
64-bit Unsigned integer	ulong64（）	ULL	约 0～2×10^{19}	8
Floating-point	float（）	（decimal point）	+/–1×10^{38}	4
Double precision	double（）	D	+/–1×10^{38}	8
Complex floating-point	complex（）		+/–1×10^{38}	8
Complex double precision	dcomplex（）		+/–1×10^{38}	16

进行波段运算时，要考虑变量类型及其存储数据范围，避免数据溢出，出现错误结果。当参与运算的波段为整数型时，得到的结果也是整数。做除法运算时，执行的是向下取整运算。要想得到非整数型数值，通常需要将其中一个波段变量类型由整数型转换为浮点型。如 *b*1、*b*2 两个变量为整数型，那么 *b*1/*b*2 的结果就为整数型，float（*b*1）/float（*b*2）的计算结果就是浮点型。

3）波段运算符号及函数

运算符号和函数是波段运算的重要组成部分，如表 2-2 所示。

表 2-2 波段运算符号及函数

类别	符号及函数	功能
计算符号	+	加法运算
	-	减法运算
	*	乘法运算
	/	除法运算

续表

类别	符号及函数	功能
计算符号	^	乘方运算，如^2 表示 2 次方，^3 表示三次方等
	（）	括号
三角函数运算	sin（$b1$）	对 $b1$ 求正弦运算
	asin（$b1$）	对 $b1$ 求反正弦运算
	cos（$b1$）	对 $b1$ 求余弦运算
	acos（$b1$）	对 $b1$ 求反余弦运算
	tan（$b1$）	对 $b1$ 求正切运算
	atan（$b1$）	对 $b1$ 求反正切运算
	sinh（$b1$）	对 $b1$ 求双曲正弦运算
	cosh（$b1$）	对 $b1$ 求双曲余弦运算
	tanh（$b1$）	对 $b1$ 求双曲正切运算
关系运算	LT/lt	小于（little）
	LE/le	小于等于（little equation）
	EQ/eq	等于（equation）
	NE/ne	不等于（not equation）
	GT/gt	大于（great）
	GE/ge	大于等于（great equation）
	AND/and	与运算
	OR/or	或运算
	NOT/not	非运算
	XOR/xor	异或运算
极大值运算	max（$b1$）	对 $b1$ 求最大值运算
	min（$b1$）	对 $b1$ 求最小值运算
取整函数	round（$b1$）	对 $b1$ 做四舍五入求整运算，如 $b1=1.5$，结果为 2
	ceil（$b1$）	对 $b1$ 做向上求整运算，如 $b1=1.5$，结果为 2
	floor（$b1$）	对 $b1$ 做向下求整运算，如 $b1=1.5$，结果为 1
其他函数	exp（$b1$）	对 $b1$ 求自然幂指数运算
	alog（$b1$）	对 $b1$ 求对数运算
	alog10（$b1$）	对 $b1$ 求以 10 为底的对数运算
	sqrt（$b1$）	对 $b1$ 求开平方根运算
	abs（$b1$）	对 $b1$ 求绝对值运算

4）波段运算表达式及计算顺序

波段运算表达式就是将变量、数字、运算符号及函数组合后所形成的能表达一定意义的式子，按照表达式逐像元进行计算可以得到一幅新图像，波段运算和光谱运算表达式要在半角下书写。

波段运算表达式的计算顺序如表 2-3 所示。

表 2-3　波段运算符计算顺序及说明

优先级顺序	运算符	说明
1	()	括号，将表达式分开
2	^	指数运算
3	*	乘法运算
	/	除法运算
4	+	加法运算
	–	减法运算
5	LT/lt	小于（little）
	LE/le	小于等于（little equation）
	EQ/eq	等于（equation）
	NE/ne	不等于（not equation）
	GT/gt	大于（great）
	GE/ge	大于等于（great equation）
6	AND/and	与运算
	OR/or	或运算
	NOT/not	非运算
7	?	条件表达式

5）波段变量要求

参与运算的波段变量必须具有相同的空间大小。一个表达式可以有一个变量，也可以有多个变量，单一变量的计算，没有特殊的要求，当一个表达式中有 2 个以上的波段变量时，给波段变量所赋值的数据在空间大小上必须完全一致，否则，表达式尽管从语法上没有问题，但是也无法进行计算。

波段运算中的输入变量可以是波段，也可以是文件，既可以是同一个卫星传感器的光谱数据，也可以是不同卫星传感器的波段数据，还可以是其他来源的数据，总之，只要参与运算的波段满足相同的空间大小条件，表达式就能正确计算。

2. 光谱运算

光谱运算将一个数学表达式或者是 IDL 过程运用到多光谱数据、光谱数据或者 ASCII 光谱文件中，是 ENVI 处理光谱数据的一个有效工具。

图 2-2 描述了三个光谱求和的处理过程。表达式中有三个变量 $s1$、$s2$ 和 $s3$，每一个变量都代表图像的一条光谱，求和的结果是生成一个新的光谱曲线，如将一条光谱曲线赋值给 $s1$，另外两条光谱曲线分别赋值给 $s2$ 和 $s3$，计算结果是求和后的光谱曲线。

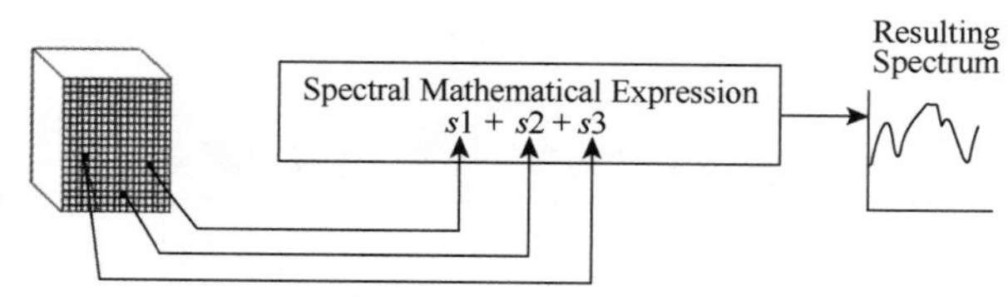

图 2-2　波谱运算示意图

1）光谱运算变量命名规则

光谱运算变量的命名遵循以下规则。

（1）遵守 IDL 语言规则。

（2）只能以字母单个“s”或“S”开头，不分大小写，后面跟最多不超过 5 位数字。

下面几个变量都是有效的，如 s1、S1、S12345。但 a1、A1 及 B123456 这几个变量就不符合光谱运算变量的命名规则，是无效的。

2）变量类型

变量的类型有字节型、整数型、浮点型等，其名称及转换函数等信息如表 2-4 所示。

表 2-4　光谱运算变量类型及说明

变量类型	转换函数	值域范围	字节数
字节型	byte（）	0～255	1
整数型	fix（）	–32768～+ 32767	2
无符号整数型	uint（）	0～65535	2
长整数型	long（）	约 +/–2×10^9	4
无符号长整数型	ulong（）	约 0～4×10^9	4
64 位整数型	long64（）	约 +/–9×10^{18}	8
64 位无符号整数型	ulong64（）	约 0～2×10^{19}	8
浮点型	float（）	+/–1×10^{38}	4
双精度	double（）	+/–1×10^{38}	8
双精度浮点型	complex（）	+/–1×10^{38}	8
双精度复数型	dcomplex（）	+/–1×10^{38}	16

3）光谱运算符号及函数

运算符号和函数是光谱运算的重要组成部分，详细信息如表 2-5 所示。

表 2-5　光谱计算主要符号及函数

类别	符号及函数	功能
计算符号	+	加法运算
	-	减法运算
	*	乘法运算
	/	除法运算
	^	乘方运算，如^2 表示 2 次方，^3 表示三次方等等
	（）	括号
三角函数运算	sin（$s1$）	对 $s1$ 求正弦运算
	asin（$s1$）	对 $s1$ 求反正弦运算
	cos（$s1$）	对 $s1$ 求余弦运算
	acos（$s1$）	对 $s1$ 求反余弦运算
	tan（$s1$）	对 $s1$ 求正切运算
	atan（$s1$）	对 $s1$ 求反正切运算
	sinh（$s1$）	对 $s1$ 求双曲正弦运算
	cosh（$s1$）	对 $s1$ 求双曲余弦运算
	tanh（$s1$）	对 $s1$ 求双曲正切运算
关系运算	LT/lt	小于（little）
	LE/le	小于等于（little equation）
	EQ/eq	等于（equation）
	NE/ne	不等于（not equation）
	GT/gt	大于（great）
	GE/ge	大于等于（great equation）
	AND/and	与运算
	OR/or	或运算
	NOT/not	非运算
	XOR/xor	异或运算
极值运算	max（$s1$）	对 $s1$ 求最大值运算
	min（$s1$）	对 $s1$ 求最小值运算
取整函数	round（$s1$）	对 $s1$ 做四舍五入求整数值运算，如 $b1 = 1.5$，结果为 2
	ceil（$s1$）	对 $s1$ 做向上求整数值运算，如 $b1 = 1.5$，结果为 2
	floor（$s1$）	对 $s1$ 做向下求整数值运算，如 $b1 = 1.5$，结果为 1
其他函数	exp（$s1$）	对 $s1$ 求自然幂指数运算
	alog（$s1$）	对 $s1$ 求对数运算
	alog10（$s1$）	对 $s1$ 求以 10 为底的对数运算
	sqrt（$s1$）	对 $s1$ 求开平方根运算
	abs（$s1$）	对 $s1$ 求绝对值运算

4）光谱运算表达式及计算顺序

光谱运算表达式就是将变量、数字、运算符号及函数进行组合，形成具有一定意义的式子，按照表达式逐光谱进行计算可以得到一条新光谱。光谱运算表达式的计算顺序如表 2-6 所示。

表 2-6　运算符计算顺序及说明

优先级顺序	运算符	说明
1	( )	括号将表达式分开
2	^	指数运算
3	*	乘法运算
	/	除法运算
4	+	加法运算
	-	减法运算
5	LT/lt	小于（little）
	LE/le	小于等于（little equation）
	EQ/eq	等于（equation）
	NE/ne	不等于（not equation）
	GT/gt	大于（great）
	GE/ge	大于等于（great equation）
6	AND/and	与运算
	OR/or	或运算
	NOT/not	非运算
7	?	条件表达式

5）光谱图像要求

参与运算的光谱必须具有相同的光谱分辨率。光谱运算表达式是按照逐波段、逐像元原理进行的，因此输入的波段变量所代表的光谱必须在光谱分辨率上完全一致。

四、实验仪器与数据

（1）ENVI5.0 Classic。

（2）Landsat5 TM 数据，Path/Row = 120/34，时间 2006 年 10 月 27 日。

五、实验步骤

下面以 Landsat 数据为数据源，介绍本次实验的两个内容，一是使用波段运算计算 NDVI，另外一个是光谱运算。

1. 波段运算计算 NDVI

NDVI（normalized difference vegetation index），称为归一化差值植被指数，又称标准化植被指数，在使用遥感数据进行植被研究以及植物物候研究中得到广泛应用，与植被分布密度呈线性相关，是植物生长状态以及植被空间分布密度的最佳指示因子。

NDVI 用下式计算：

$$\mathrm{NDVI}=\frac{\rho_{\mathrm{NIR}}-\rho_{\mathrm{R}}}{\rho_{\mathrm{NIR}}+\rho_{\mathrm{R}}} \tag{2-1}$$

式中， NIR 表示近红外波段； R 表示红光波段； ρ 表示反射率。

1）输入图像

点击 ENVI Classic→File→Open External File→Landsat→GeoTIFF with Metadata，输入 Landsat 元数据文件 L5120034_03420061027_MTL.txt，点击 OK 按钮，数据被导入 ENVI 的波段列表中。

点击 ENVI Classic→File→Edit ENVI Header，在 Edit Header Input File 对话框中，选择具有六个反射波段的 L5120034_03420061027_MTL.txt（图 2-3），点击 OK。

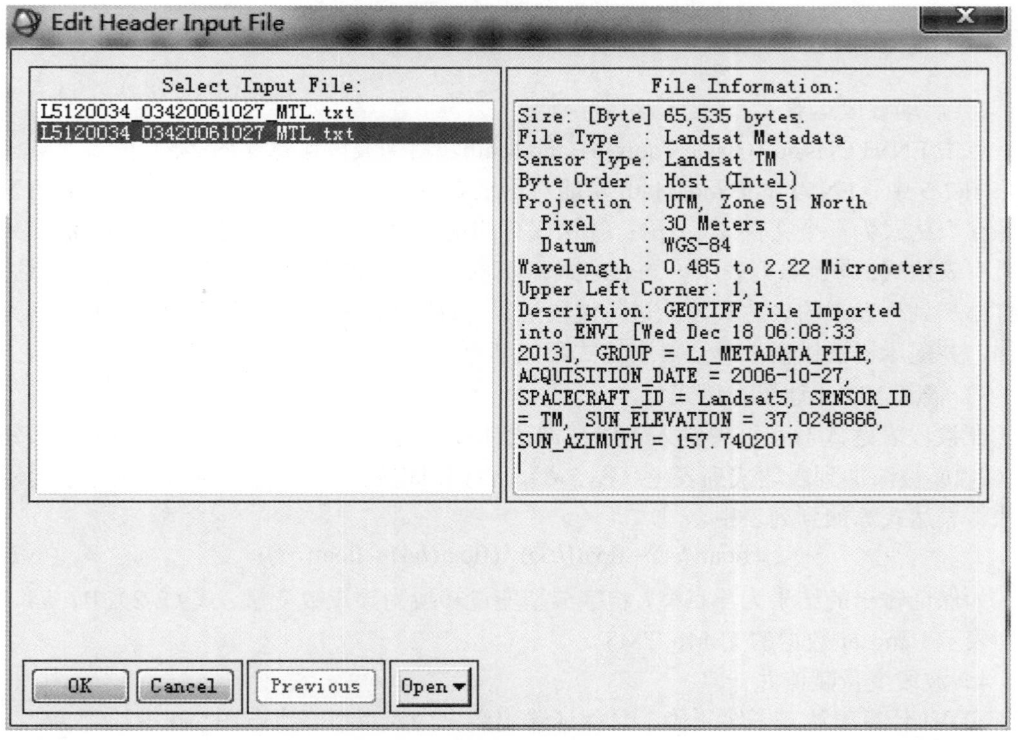

图 2-3　编辑头文件输入选择对话框

头文件输入选择对话框（图 2-3）显示了文件有关信息，如大小、文件类型、传感器类型、字节顺序、投影类型、像素大小、水准面和波长范围等。在头文件编辑对话框（图 2-4）

中，显示了与图 2-3 相似的信息，可以看出，打开的图像数据类型为字节型，可以通过编辑功能，改变数据类型。

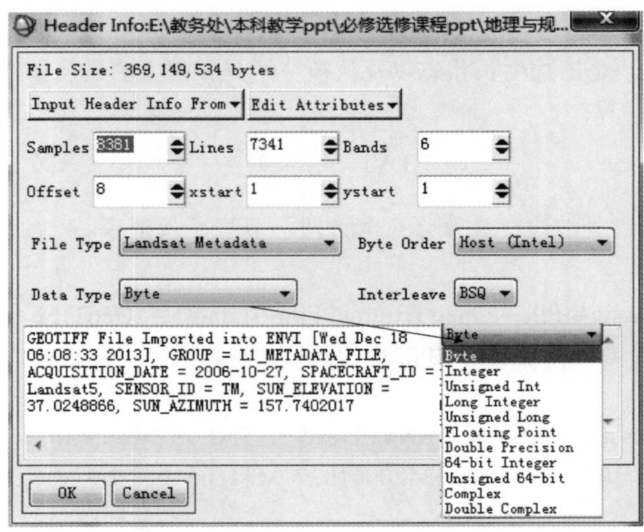

图 2-4　头文件编辑对话框

2）启动波段运算

点击 ENVI Classic→Basic Tools→Band Math，启动波段运算（图 2-5）。

图 2-5 中，ENVI 的 Band Math 功能对话框有下列功能项：①波段运算表达式列表；②保存表达式为一个文件（*.exp）；③从保存的文件中恢复表达式到列表中；④清空列表中所有表达式；⑤删除列表中一条表达式；⑥输入和编辑波段运算表达式；⑦添加表达式，只有添加到列表中的表达式才能进行波段运算，如果表达式书写不符合语法规则，将无法添加，并提示语法错误；⑧波段表达式添加结束。

3）输入 NDVI 计算表达式

在波段表达式对话框中输入 NDVI 波段计算表达式（2-2），点击 Add to List 按钮，式（2-2）被添加到表达式列表中（图 2-6），否则出现表达式不符合语法规则错误提示，无法将表达式添加到列表中。

$$(\mathrm{float}(b4)-\mathrm{float}(b3))/(\mathrm{float}(b4)+\mathrm{float}(b3)) \tag{2-2}$$

为保证输出的结果为浮点型，将字节型变量转换为浮点数变量。式（2-2）中，$b4$、$b3$ 分别表示 Landsat 数据的 TM4、TM3 。

4）波段变量赋值并计算

NDVI 计算表达式书写正确，且保证输出结果为浮点型。点击图 2-6 中的 OK ，出现波段运算中的波段变量赋值对话框（图 2-7）。此时表达式中的变量还未定义，由于我们已经打开了 Landsat 数据，因此图 2-7 中的 Add to List 会出现可供选择的 6 个反射波段，选择波段变量 $b3$ 和 $b4$，使之与波段列表中的波段相匹配，即 $b3$ 与 TM3 匹配，$b4$ 与 TM4 匹配，选择计算结果输出到文件 Output Result to File，命名为 L5120034_0342006

1027_NDVI，点击 OK，完成了通过 ENVI 的 Band Math 来计算 NDVI。点击图 2-7 中的 Map Variable to Input File 按钮，就可以将一个文件赋值给一个变量。

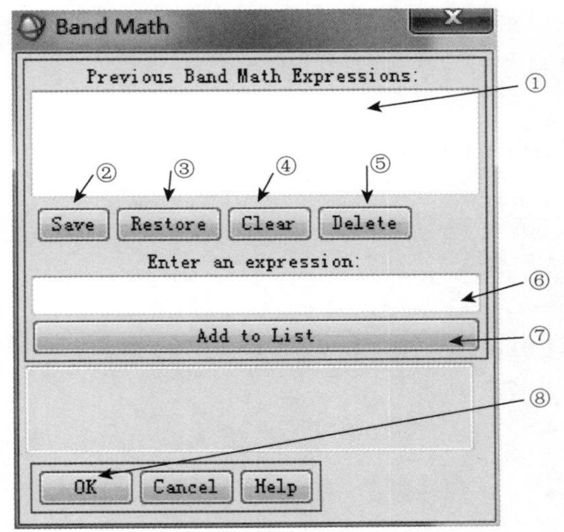

图 2-5　波段运算对话框

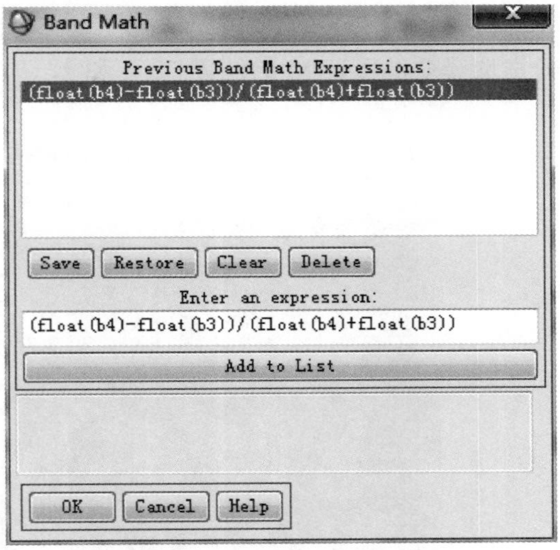

图 2-6　Band Math 输入 NDVI 计算表达式

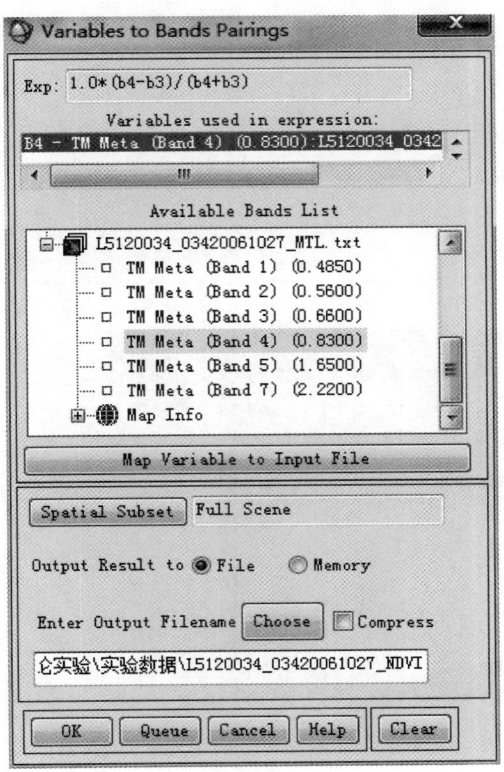

图 2-7　波段运算变量赋值对话框

2. 计算 Landsat 图像典型地物平均光谱曲线

1）打开 Landsat 图像采集典型地物光谱

（1）打开 Landsat 图像。与波段运算的第一步相同，打开 Landsat 多光谱图像，RGB 分别选择 Landsat TM 的波段 7、4 和 2，加载图像到一个新窗口（图 2-8）。

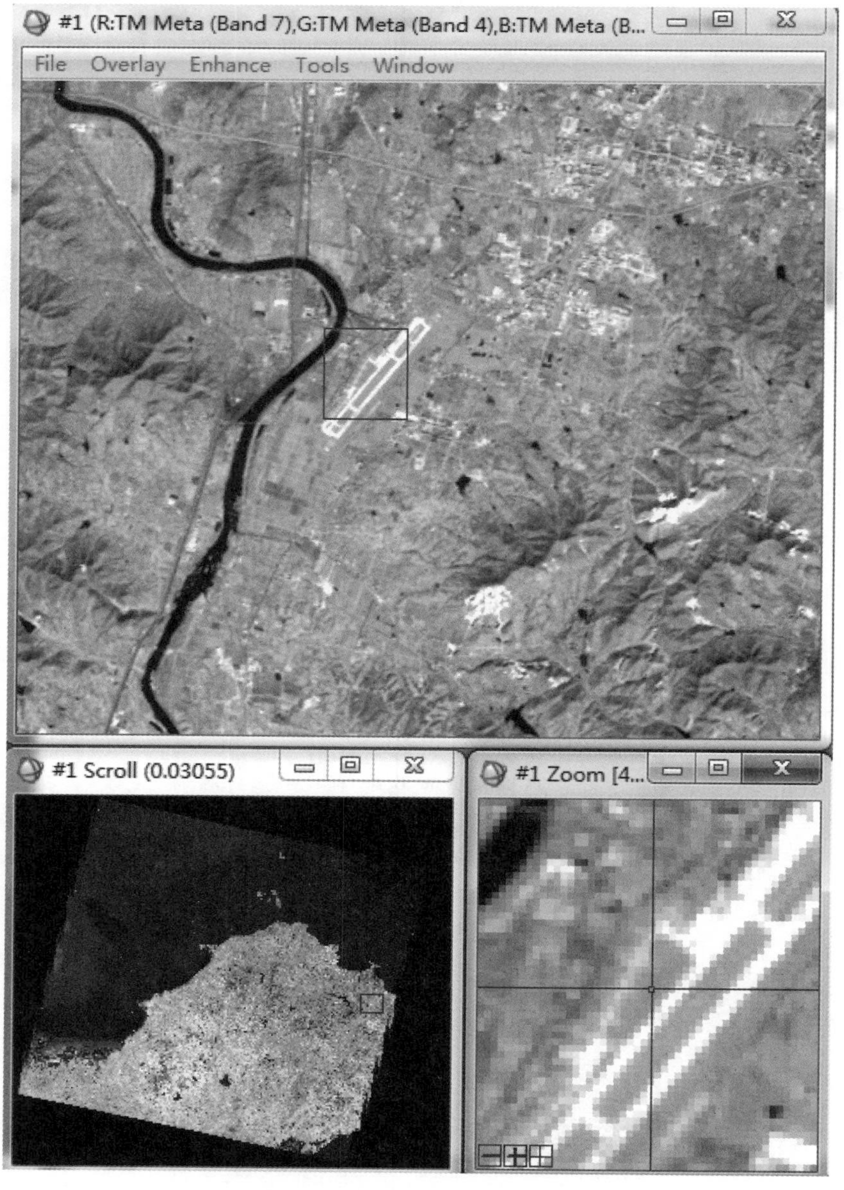

图 2-8　Landsat TM 假彩色合成影像（TM742：RGB）

（2）采集光谱曲线。采集典型地物植被的三条光谱曲线。图 2-8 主图像窗口点击 Tools→

Profiles→Z Profile（Spectrum），启动光谱采集功能，此时放大窗口中红色十字丝所对应的地物的光谱曲线就被采集下来（图 2-9）。

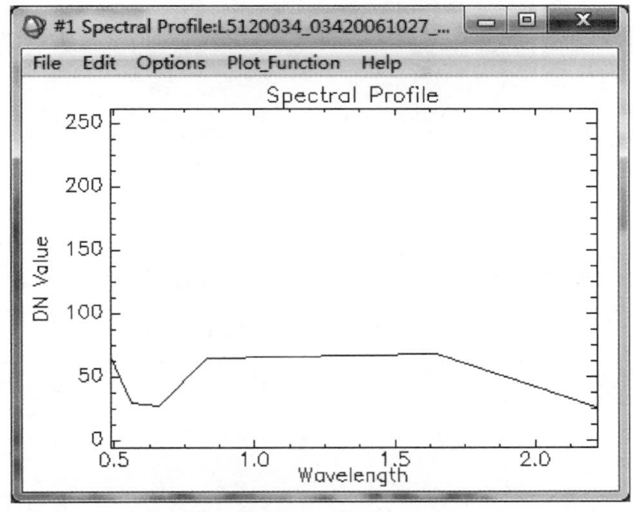

图 2-9　ENVI 光谱采集窗口

采集多条光谱曲线。点击光谱采集窗口 Options→Collect Spectra，勾选多条光谱采集功能，然后在图像显示放大窗口中，点击植被区鼠标左键，每点击一次采集一条植被光谱，一共采集三条（图 2-10）。

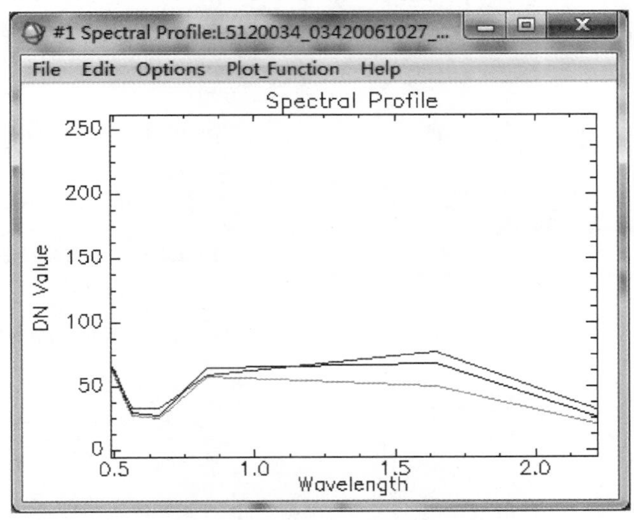

图 2-10　ENVI 采集三条植被光谱曲线

2）启动 ENVI 光谱运算功能，输入光谱运算表达式

点击 ENVI 主菜单→Basic Tools→Spectral Math，启动波段运算功能（图 2-11）。

在光谱计算对话框中输入光谱计算表达式（2-3），并点击 Add to List，如表达式填写符合前面的语法规则，那么式（2-3）被添加到了表达式列表中（图 2-12），否则出现光谱表达式不符合语法规则错误提示。

$$(s1+s2+s3)/3 \tag{2-3}$$

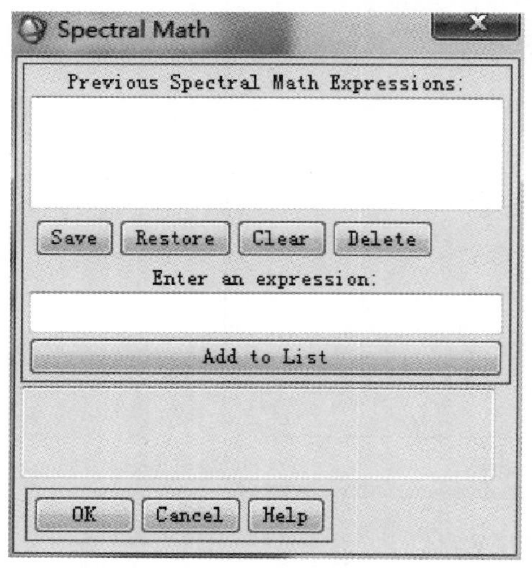

图 2-11　光谱运算变量书写对话框

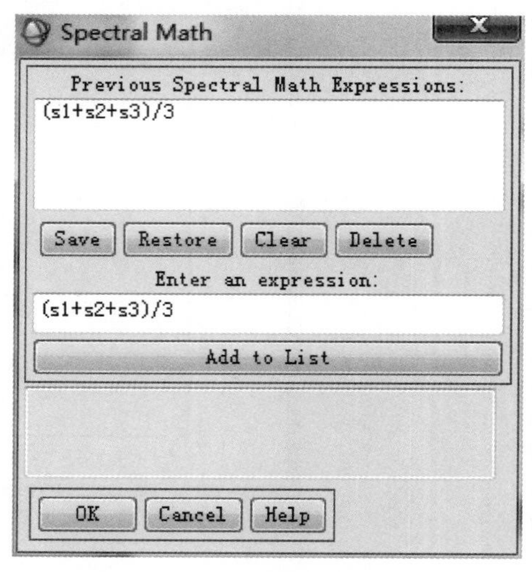

图 2-12　添加光谱运算表达式

3）光谱变量赋值并计算

光谱变量配对。点击图 2-12 中的 OK，启动光谱变量配对窗口（图 2-13），由于第一步已经采集了植被三条光谱曲线，因此，在图 2-13 的可获得光谱列表中，出现按照像元坐标标示的三条植被光谱曲线，点击光谱变量 $s1$、$s2$ 和 $s3$，使之分别与三条光谱曲线配对（图 2-14）。

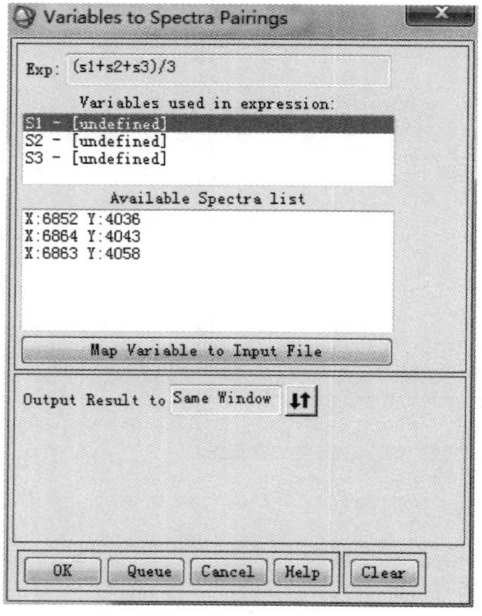

图 2-13　光谱变量配对窗口

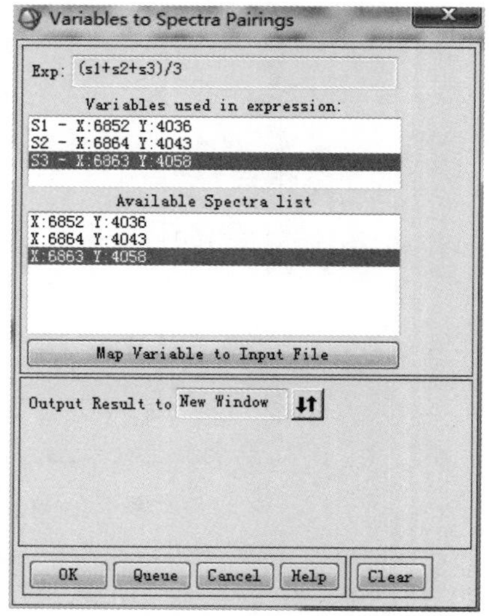

图 2-14　光谱变量配对结果

光谱变量计算。点击图 2-14 中的 OK，选择光谱计算结果输出到新窗口还是相同窗口，可以通过⇅选择，默认为统一窗口，点击图 2-14 的 OK ，完成三条植被光谱曲线均值计算（图 2-15），图中的蓝色线是植被的均值曲线。

没改完

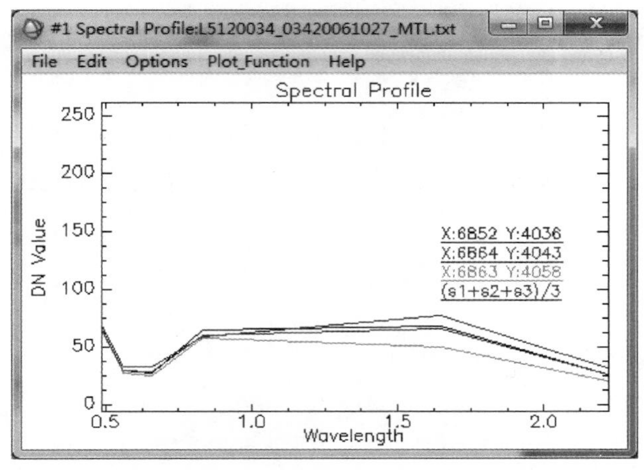

图 2-15　ENVI 光谱计算结果

同样的方法采集其他地物三条光谱曲线，并计算均值曲线。

六、撰写实验报告

按照实习报告格式要求撰写，重点内容包括：ENVI 中 NDVI 波段计算、三条植被光谱曲线求均值计算过程及结果描述。

实验三　普朗克黑体辐射定律数值模拟

一、实验目的

掌握普朗克黑体定律的基本原理，学会用数值模拟的方法模拟某一温度下黑体辐射光谱亮度曲线，掌握太阳（6000K）和地球表面（300K）辐射亮度变化规律。

二、实验内容

（1）普朗克黑体辐射定律数值模拟。

（2）数值方法模拟太阳（6000K）和地表（300K）的辐射光谱曲线。

三、原理与方法

1. 普朗克定律

单位时间内通过单位面积的辐射能量称之为辐射能量的空间密度，当具体考虑辐射能量的方向即发射和照射时，可以用辐射出射度和辐射照度来衡量。

普朗克在温度、波长和辐射能量实验数据的基础上，得出黑体光谱辐射出射度 $M_{\lambda,T}$ 定律（又称黑体辐射定律）：

$$M_{\lambda,T} = \frac{2\pi h c^2}{\lambda^5} \cdot \frac{1}{\exp\left(\dfrac{h c}{\lambda K T}\right) - 1} \tag{3-1}$$

式中，$M_{\lambda,T}$ 的单位是 $\mathrm{W \cdot m^{-2} \cdot \mu m^{-1}}$；$\lambda$ 表示波长，单位为 $\mu\mathrm{m}$；h 为普朗克常数，$h = 6.6262 \times 10^{-34}$，单位是 $\mathrm{J \cdot s}$；c 为光速，$c = 2.996 \times 10^{14}$，单位是 $\mu\mathrm{m/s}$；K 为波耳兹曼常数，$K = 1.3806 \times 10^{-23}$，单位：$\mathrm{J/K}$；$T$ 为绝对温度，单位是 K。

对公式（3-1）进行简化：

$$M_{\lambda,T} = \frac{c_1}{\lambda^5} \cdot \frac{1}{\exp\left(\dfrac{c_2}{\lambda T}\right) - 1} \tag{3-2}$$

式中，c_1 为普朗克第一辐射常数，单位是 $\mathrm{W \cdot \mu m^4 \cdot m^{-2}}$；$c_2$ 为普朗克第二辐射常数，单位是 $\mu\mathrm{m \cdot K}$；c_1、c_2 分别由式（3-3）和式（3-4）计算得到。

$$
\begin{aligned}
c_1 &= 2\pi\, h\, c^2 \\
&= 2\pi \times 6.626 \times 10^{-34} \times (2.996 \times 10^{14})^2 \left(\mathrm{J \cdot s} \times \frac{\mu\mathrm{m}^2}{\mathrm{s}^2} \right) \\
&= 2\pi \times 6.626 \times 10^{-34} \times (2.996 \times 10^{14})^2 \left(\frac{\mathrm{J} \times \mu\mathrm{m}^2}{\mathrm{s}} \right) \\
&= 2\pi \times 6.626 \times 10^{-34} \times (2.996 \times 10^{14})^2 (\mathrm{W} \times \mu\mathrm{m}^2) \\
&= 2\pi \times 6.626 \times 10^{-34} \times (2.996 \times 10^{14})^2 \left(\mathrm{W} \times \frac{\mu\mathrm{m}^4}{\mu\mathrm{m}^2} \right) \\
&= 2\pi \times 6.626 \times 10^{-34} \times (2.996 \times 10^{14})^2 \times 10^{12} \left(\mathrm{W} \times \frac{\mu\mathrm{m}^4}{\mathrm{m}^2} \right) \\
&= 3.7369 \times 10^8\ (\mathrm{W \cdot m^{-2} \cdot \mu m^4})
\end{aligned}
\tag{3-3}
$$

$$
\begin{aligned}
c_2 &= \frac{h\, c}{K} \\
&= \frac{6.626 \times 10^{-34} \times 2.996 \times 10^{14}}{1.38 \times 10^{-23}} \left(\frac{\mathrm{J \cdot s} \times \frac{\mu\mathrm{m}}{\mathrm{s}}}{\frac{\mathrm{J}}{\mathrm{K}}} \right) \\
&= 1.4385 \times 10^4 (\mu\mathrm{m \cdot K})
\end{aligned}
\tag{3-4}
$$

2. 黑体辐射亮度

黑体遵循朗伯定律，其光谱辐射亮度为

$$B_{\lambda,T} = \frac{M_{\lambda,T}}{\pi}\ (\mathrm{W \cdot m^{-2} \cdot \mu m^{-1} \cdot sr^{-1}}) \tag{3-5}$$

黑体光谱辐射亮度 $B_{\lambda,T}$ 是温度 T 和波长 λ 的函数，其他参数是常数，通过编程，可以用数值模拟的方法，模拟出某一温度下黑体的辐射亮度曲线。

四、实习仪器与数据

ENVI + IDL。

五、实习步骤

考虑到在本课程的实习过程中，以 ENVI 软件为主，因此，我们使用 IDL 作为编程工具。

1. 启动 ENVI + IDL

ENVI 有 ENVI 模式、ENVI + IDL 模式及 IDL 模式下运行 ENVI 命令三种启动方式，本实验以 ENVI + IDL 模式启动，该模式既启动了 ENVI，又启动了 IDL 平台（图 3-1）。

2. IDL 程序代码

部分程序代码如下：

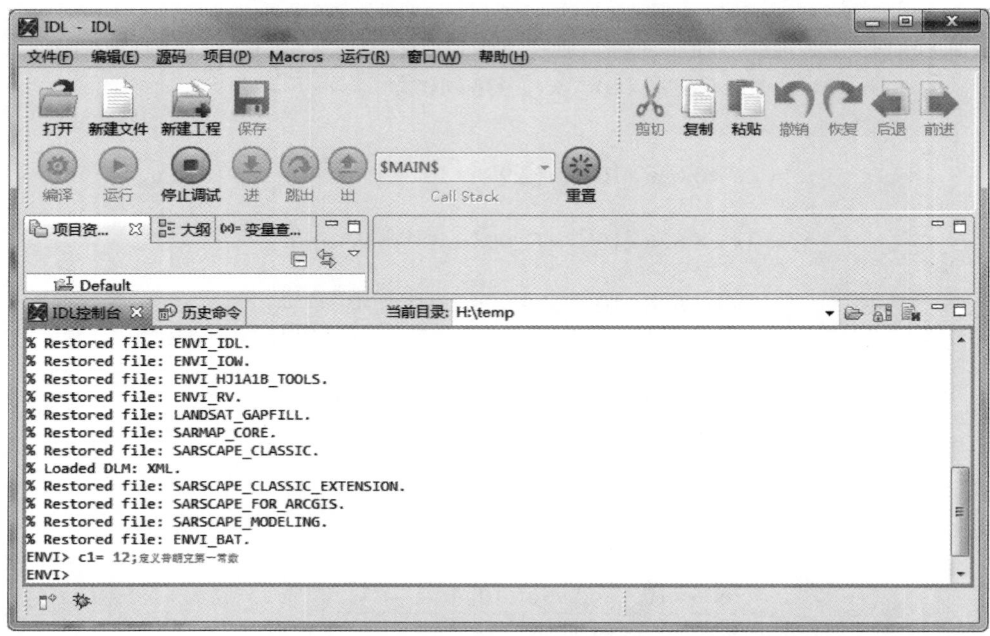

图 3-1　IDL 开发平台界面

```
c1 = 3.7369E8
c2 = 1.4385E4
t = 6000
L = indgen(2500)/1000.0
m = (c1/(l^5*(exp(c2/(l*t))-1)))/3! DPI
plot,l,m,xtitle='Wavelength(μm)',ytitle = 'W/m!E2!N/μm'
```

运行结果如图 3-2 所示。

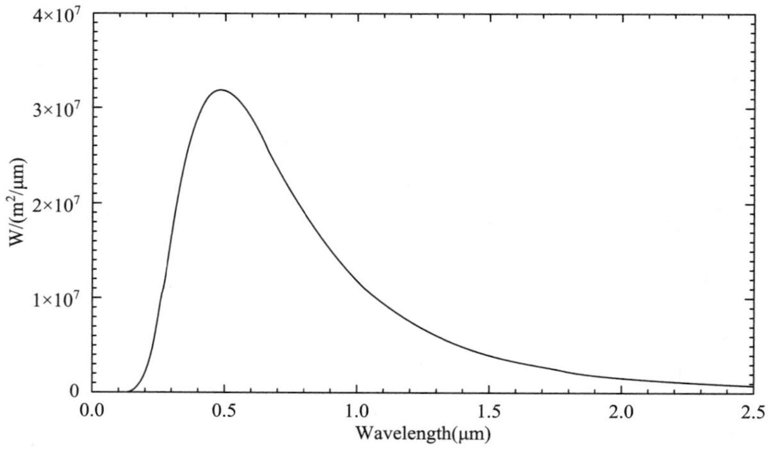

图 3-2　IDL 绘制 6000K 黑体光谱辐射出射度曲线

3. MATLAB 程序代码

程序部分如下。

```
%///////计算黑体辐射定律辐射亮度程序//////%
clc;
clear all;
fid=fopen('C:\Documents and Settings\Administrator\桌面\blackbody spectral.txt','w');
%普朗克黑体辐射定律描述
%c1是第一辐射常数,单位W.(μm)^4/m^2;
%c2是第二辐射常数;
c1=3.7413*10^8;
c2=1.4388*10^4;
%+++++++++++++++++++++++++++++++++++++++++%
%---------------数值计算部分--------------%
%+++++++++++++++++++++++++++++++++++++++++%
%---fire temperature from 600K to 1000K--%
for i=1:1:5
for j=1:1:2000
     lamda=0.1+0.01*j;
     a=exp(c2/(lamda*(500+100*i)));
     b=c1/lamda^5;
     M1=b/a;
     M=M1/pi;
     figure(1);
     if i<=1
          data(j,i)=lamda;
          data(j,i+1)=M;
     end
          data(j,i+1)=M;
plot(lamda,log10(M),'-bd');
hold on
end
end
%++++++++++++++++++++++++++++++++++++++++%
%++++++++++++++++++++++++++++++++++++++++%
%---------------图饰部分---------------%
%++++++++++++++++++++++++++++++++++++++++%
```

```
h = legend('600K','700K','800K','9000K','1000K',1)
xlabel(' 波 长 /μm');ylabel(' 黑 体 光 谱 辐 射 出 射 度 /W.m^(-2).μm^
(-1) .sr^(-1)');
% +++++++++++++++++++++++++++++++++++++ %
%------------生成数据文件部分---------%
% +++++++++++++++++++++++++++++++++++++ %
%row/volum = [1000,5],the first volume
%is the high temperature pixel area
%the other is tempurature600,700,800,900 spectively.
blackbody = data';
fprintf(fid,'%f%f%f%f%f\n',blackbody);
fclose(fid)
% +++++++++++++++++++++++++++++++++++++ %
%-----------This is the end----------%
% +++++++++++++++++++++++++++++++++++++ %
```

程序模拟了五种不同温度（600K、700K、800K、900K 和 1000K）的黑体随着波长变化，其辐射出射度的变化曲线（图 3-3）。

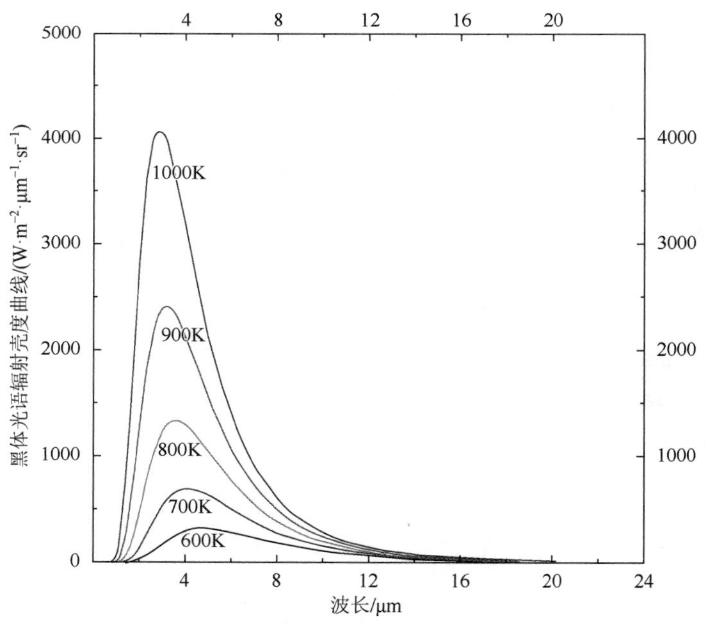

图 3-3　五种不同温度黑体光谱辐射亮度曲线

4. 黑体辐射定律描述

（1）每一个温度下，黑体的辐射出射度都有一个峰值，随着温度的升高，峰值所对应的波长向着短波方向移动。

（2）不同温度下，黑体的辐射出射度曲线不相交。

（3）一个较小的温度变化，可引起辐射出射度较大的变化。

六、撰写实习报告

按照实习报告格式要求撰写，重点内容包括：用 IDL 模拟黑体热辐射定律、黑体辐射定律规律的理解与描述。

实验四　卫星过境时刻日地距离计算

一、实验目的

了解日地距离在定量遥感中的作用，学会使用数学方法计算卫星过境时刻的日地距离，为后续行星反射率计算奠定基础。

二、实验内容

（1）日地距离计算公式。

（2）使用 Excel 计算日地距离。

三、原理与方法

光学遥感属于被动遥感，其使用的主要光源为太阳光，太阳表面辐射能量的分布规律可用普朗克黑体热辐射定律来进行数值模拟，要了解卫星成像时刻太阳光在大气层顶的分布规律，除了要已知太阳表面的光谱特征分布规律外，还需要知道地球（大气层顶）与太阳间的距离，据此可以计算出太阳光到达大气层顶时的能量分布规律。

日地距离（earth-sun distance）：太阳与地表间的距离称为日地距离，在遥感应用研究中，通常用天文单位 AU（astronomical unit）来表示日地距离。

年内序数日（day of year，DOY）：某一日在该年中的顺序数，即该年度中的第几天，DOY 取整数，1 月 1 日取值 1，12 月 31 日取值 365（闰年取值 366）。

卫星遥感应用中所使用的日地距离是根据卫星时刻时间得到的，主要有三种方法：一是简略计算，二是通过精确计算获得，三是通过查询日地距离表获得。在精度要求不高的情况下，一些用户将日地距离看作是常量，近似为 1。

1. 年内序数日计算

$$\mathrm{DOY} = \mathrm{INT}(275 \times M) / 9 - K \times \mathrm{INT}((M+9)/12) + D - 30 \tag{4-1}$$

式中，INT 为取整函数，闰年时 $K=1$，平年时 $K=2$，Y、M和D 分别表示卫星获取数据时的年（year）、月（month）和日（day），将卫星获取数据的时、分及秒换算为 D。

2. 儒略日计算

$$\mathrm{JD} = 1721103.5 + \mathrm{INT}(365.25 \times y) + \mathrm{INT}(30.6 \times m + 0.5) + D \tag{4-2}$$

式中，JD 表示儒略日（julian day，JD）；如果 $M > 2$，则 $y = Y$，$m = M - 3$，否则 $y = Y - 1$，$m = M + 9$。

3. 日地距离计算方法

日地距离根据式（4-3）采用儒略日计算，也可以根据公式（4-4）采用年内序数日计算得到。

$$d = 1 - 0.01674 \times \cos[0.9856 \times (\mathrm{JD} - 2451545) \times \pi / 180] \tag{4-3}$$

$$d = 1 - 0.01674 \times \cos[0.9856 \times (\mathrm{DOY} - 4) \times \pi / 180] \tag{4-4}$$

四、实验仪器与数据

（1）Excel 软件。

（2）Landsat TM 卫星遥感数据。

五、实验步骤

从卫星遥感数据的元数据文件中读取卫星数据获取时间（UTC 时间），需要注意的是，在元数据文件中，一般会有两个时间，一个是卫星数据获取时间（acquisition time），一个是数据处理时间（processing time），日地距离计算使用的是卫星数据获取时间。

1. 从遥感数据的元数据文件读取时间

打开遥感数据元数据文件，找到卫星数据获取时间的记录字段，标示为“acquisition time”，本实验使用的卫星数据获取时间为 2009 年 6 月 22 时 2 时 18 分 2.32 秒，利用该时间计算日地距离。

2. Excel 设计两种计算日地距离方法

为使得程序具有通用性，将卫星获取时间（年、月、日、时、分、秒）分别保存，Excel 的取整函数为 INT（），π 为 PI（），余弦函数为 cos（）。

3. 实现程序

1）Excel 计算日地距离（用儒略日计算）

$$\begin{aligned} d = 1 - 0.01674 \times \cos\{&0.9856 \times [1721103.5 + \mathrm{INT}(365.25 \times y) \\ &+ \mathrm{INT}(30.6 \times m + 0.5) + D - 2451545] \times \mathrm{PI}() / 180\} \end{aligned} \tag{4-5}$$

式中，$y = 2009$；$m = 6$；$D = 22.09$。

2）Excel 日地距离计算

用 Excel 表示日地距离表达式为

$$\begin{aligned} &d = 1 - 0.01674 \times \cos[0.9856 \times (\mathrm{DOY} - 4) \times \pi / 180] \\ &\mathrm{DOY} = 173 \end{aligned} \tag{4-6}$$

4. 计算结果

根据式（4-5）和式（4-6），日地距离的结果 $d = 1.0165$，这与查表得到 2009 年 6 月 22 时 2 时 18 分 2.32 秒的日地距离 1.01631 结果基本一致。

六、撰写实验报告

按照实习报告格式要求撰写，重点内容包括：从卫星遥感数据的头文件中读取数据获取时间，计算出该时刻的日地距离。

实验五　地物光谱野外测量

一、实验目的

学习地物光谱的测定方法，学会不同地物类型光谱特性数据库建立方法，掌握常见地物光谱曲线特征，学习绘制常见地物反射曲线，为计算卫星遥感数据行星反射率打下基础。

二、实验内容

（1）Ava-Field3 便携式高光谱仪采集主要地物光谱。

（2）根据测定结果，绘制地物，如植被、水体、岩石、土壤等光谱曲线。

（3）光谱库建立。

三、原理与方法

地物光谱反射率测量原理参见有关参考书，本次实验采用垂直测量方法，计算反射率如式（5-1）所示：

$$\rho(\lambda)=\frac{V(\lambda)}{V_{\mathrm{S}}(\lambda)}\cdot\rho_{\mathrm{s}}(\lambda) \tag{5-1}$$

式中，$\rho(\lambda)$ 为被测物体的反射率，$\rho_{\mathrm{s}}(\lambda)$ 为标准板的反射率，$V(\lambda)$ 与 $V_{\mathrm{S}}(\lambda)$ 分别为测量物体和标准板的仪器测量值。

地物光谱野外测量基本方法参照图 5-1。

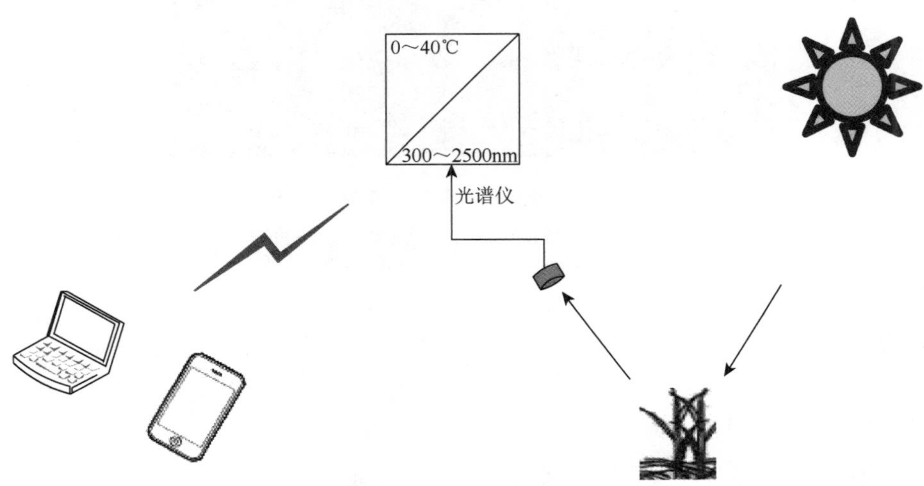

图 5-1　野外光谱采集系统示意

四、实验仪器与数据

（1）AvaField-3 便携式地物波谱仪。

AvaField-3（图 5-2）简介：AvaField-3 便携式高光谱地物波谱仪（野外光谱辐射仪）是荷兰 Avantes 公司的最新产品，波长范围为 200～2500nm，适用于遥感测量、农作物监测、森林研究、海洋学研究及矿物勘探等各领域应用。具有性价比高，测量快速、准确，操作简单，携带方便等特点，配有功能强大的软件包，除了可用作反射率和透过率测量，还可用作辐射度学、光度学和 CIE 色度学测量。其主要参数如下：

光谱范围：200～2500nm。

波长精度：±0.5nm@200～1100nm，±1nm@1000～2500nm。

光谱采样间隔：0.6nm@200～1100nm，6nm@1000～2500nm。

光谱分辨率：1.4nm@200～1100nm，10nm@1000～2500nm。

该仪器具有无线宽带技术和 SD 存储的选项，能实现远距离传输或长时间光谱数据保存。

（2）笔记本 1 台或者智能手机 1 部。

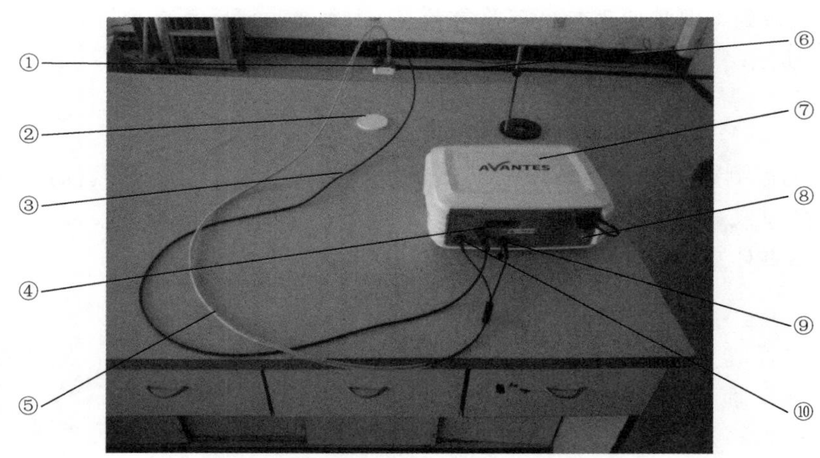

图 5-2　AvaField-3 地物光谱采集系统

注：①镜头；②白板；③控制线；④存储卡；⑤光纤；⑥手柄；⑦AvaField-3 光谱仪；⑧电源开关；⑨近红外（NIR）光纤接口；⑩可见光（VIS）光纤接口

五、实验步骤

1. 测量目标和条件的选择

（1）光照与气象条件要求：无严重大气污染，光照稳定，无卷积云或浓云，避开阴影和强反射体的影响（测量者不穿白色服装）；风力小于 3 级。

（2）测试时间：地方时 9 : 30～14 : 30。

（3）测试地物：主要包括植被（草、油松）、水体、岩石等，测试时选择物体自然状态表面作为观测面，取样面积大于地物自然表面起伏和不均匀的尺度，被测物体要充满整个视场。标准白板表面与被测地物的宏观面平行，与观测仪器等距，要充满整个视场，白板要保持清洁。

2. 记录待测地物目标信息

总体要求是越详细越好。记录的主要信息包括地物名称、测试物所处的空间地理坐标，测试时间、天气状况、记录人员。

3. 仪器连接调试

1）测试系统检测

检查仪器的完好性。野外光谱测试成本高，外部环境艰苦，出发前需要检查光谱仪器是否完好，主要是检查光谱仪电池电量是否充满，仪器光谱仪工作是否正常，白板、镜头、光纤、手柄及笔记本等是否完好。

2）初测检查

将光纤、控制线与光谱仪连接好，在室内环境下对整个测试系统进行检测，确保仪器工作稳定。

测试系统主要包括五部分。

控制终端：由笔记本或手机终端构成，主要是控制光谱仪，进行光谱采集和数据传输控制。

光谱采集终端：主要是采集光谱，也是地物波谱采集系统的核心部分。

光路传输系统：镜头和光纤。

光源系统：野外测试使用太阳光作为光源，室内测试则使用室内光源。

地物系统：待观测的各种地物。

4. 仪器初始化

仪器连接好后，对 AvaField-3 进行初始化。初始化主要是通过操作界面，完成可见光设备及红外设备激活、积分时间设置等一系列操作。

（1）启动 AvaField-3 光谱仪。点击电源开关，启动光谱仪。

（2）笔记本与光谱仪建立无线连接。通过笔记本或智能手机终端，自动搜索 AvaField-3 无线连接。无线连接名称：AvaField-3-1010132，密码：avafield。

（3）启动光谱仪操作界面。启动 IE 浏览器，在地址栏中输入：http: //10.0.1.9：8080，即可打开 AvaField-3 操作界面（图 5-3）。

Home：主界面，也称初始界面。

Configuration：设置，一般不做修改。

Update：操作软件版本更新。

A ANTES
solutions in spectroscopy
AvaField Measurement Tool
Home | Devices | Configuration | Update |
Avantes is a leading manufacturer of fiber optic spectroscopy instruments and systems with almost two decades of experience developing customer-defined spectrometer configurations. With a long history of consulting with clients across diverse industries and applications, Avantes is an experienced partner, equipped to guide customers who want a solution tailored to their application and research needs.

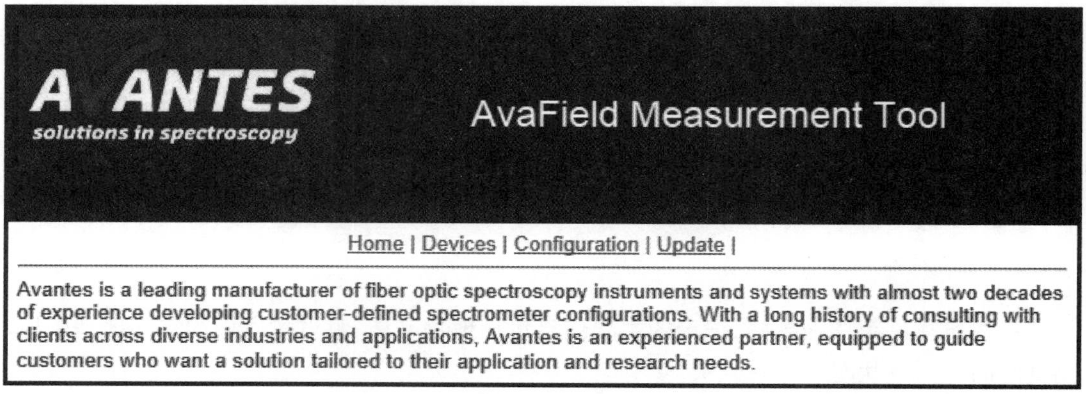

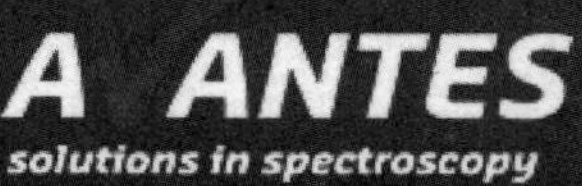

图 5-3　AvaField-3 光谱测试操作初始界面

Devices：激活设备。

（4）激活光谱设备。

AvaField-3 集成了两个设备，光谱设备激活后才能使用，一个为可见光光谱仪设备，序列号是 1010132U1；另一个为红外光谱仪设备，序列号为 1010145U1。点击右侧对应的激活按钮 Activate，即可激活对应的设备。

两个光谱设备可以单独激活，也可以同时激活，本实验使用全色通道，即激活两个设备，点击图 5-4 中的 FOR_TWO_DEVICES 对应的 Activate，即可进入激活后的操作界面（图 5-5）。

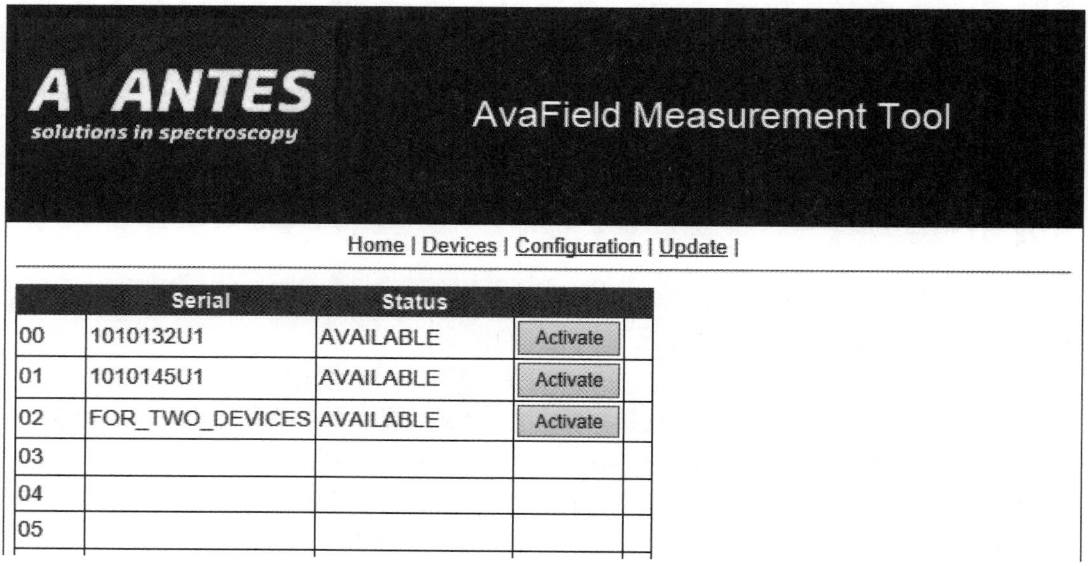

A ANTES
solutions in spectroscopy
AvaField Measurement Tool
Home | Devices | Configuration | Update |
Serial
Status
00
1010132U1
AVAILABLE
Activate
01
1010145U1
AVAILABLE
Activate
02
FOR_TWO_DEVICES
AVAILABLE
Activate
03
04
05

图 5-4　激活 AvaField-3 光谱仪设备

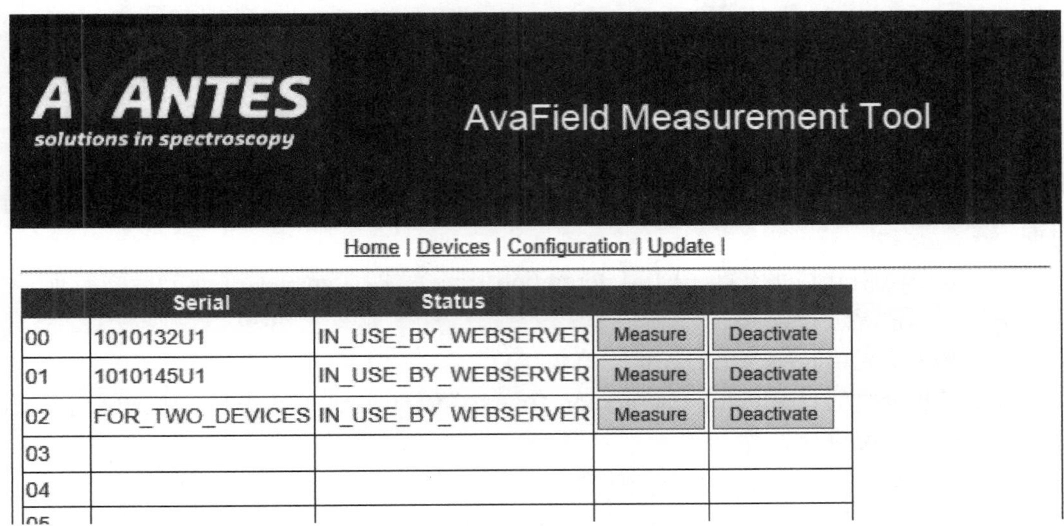

图 5-5　AvaField-3 设备激活后界面

5. AvaField-3 光谱测试

点击图 5-5 中 Measure，进入了 AvaField-3 测试界面（图 5-6）。

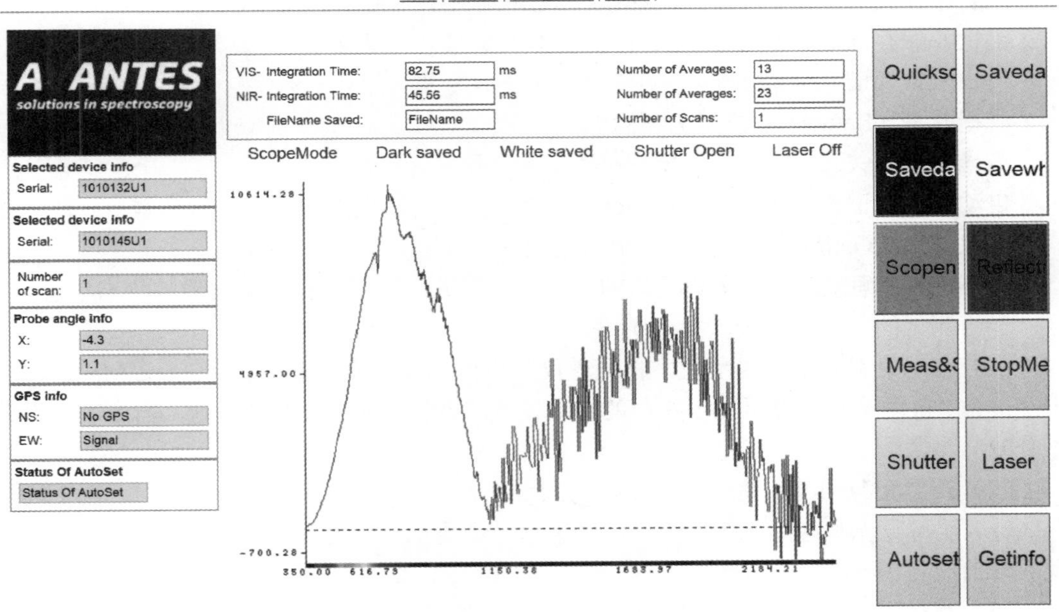

图 5-6　AvaField-3 光谱测试操作初始界面

显示激活设备信息（Selected device info）：1010132U1，1010145U1。

扫描数量（Number of scan）：1。

探测角度 X：表示探头与手柄水平方向的角度，–4.3°。

探测角度 Y：表示探头与手柄垂直方向的角度，1.1°。

GPS 信息：显示接收到的 GPS 信号。

自动设置状态显示：此处显示 OK 表示自动设置的参数正确，否则需要手动设置积分时间。

可见光范围积分时间设置（VIS-Intergration Time）：82.75ms，此值与光源强弱有关，需要根据实际情况进行设置。

可见光采集光谱时所使用的光谱均值数：13。

近红外积分时间设置（NIR-Intergration Time）：45.56ms，此值大小与光强的强弱有关，需要根据实际情况进行设置。

近红外采集光谱时使用的光谱均值数：23。

采集光谱的名称（Filename Saved）：根据地物名称命名。

采集光谱的数量：默认为 1，可以根据需要设置一次采集光谱的数量。

快速扫描（Quickscan）：点击可以获得光谱。

保存数据（Savedata）：保存光谱数据。

保存暗电流（Savedark）：镜头对准白板，点击保存暗电流。

保存白板（Savewhite）：镜头对准白板，点击保存白板数据。

检查模式（Scope Mode）：存储暗电流和白板数据时使用的操作模式。

反射率模式（Reflectance）：测试地物光谱反射率时使用的操作模式。

测试并保存光谱（Meas&Save）：点击即可采集并存储光谱。

终止采集光谱（StopMeas）：点击后即可停止采集光谱。

光栅开关（Shutter）：打开关闭光栅。

激光指示开关（Laser）：打开关闭激光指示开关。

自动设置光谱设备参数（Autoset）：点击后仪器自动设置积分时间等参数。

获取信息（Getinfo）：点击后获取有关信息。

图 5-6 的中间空白处是采集光谱的实时显示区域，上一行标示了仪器的状态信息。

光谱测试的主要操作步骤如下所述。

（1）自动设置光谱仪器参数。将光谱仪工作模式设置为检查模式（Scope Mode），点击 Autoset 自动设置，直至图 5-6 中的自动设置状态栏显示为 OK，否则，需要手动设置积分时间参数。

（2）查看光源强度。镜头对准白板（图 5-7），点击 Quickscan，绘图区出现两个峰值曲线，表明可见光和红外光强适中，可以进行光谱测试，否则需要设置积分时间，直到出现双峰曲线（图 5-6）。

（3）存储暗电流。镜头对准白板，点击 Savedark，保存暗电流（图 5-8）。

（4）存储白板参照信息。镜头对准白板，点击 Savewhite，存储白板参考信息（图 5-9）。

图 5-7　镜头对准白板设置积分时间

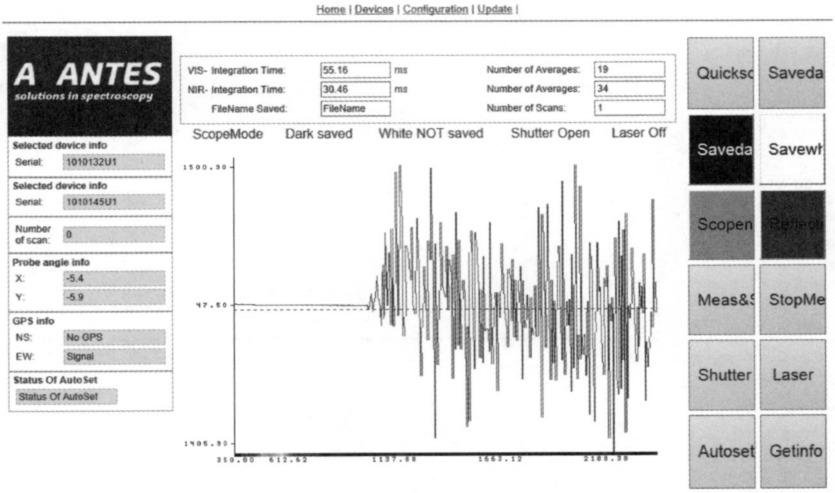

图 5-8　保存暗电流后操作界面

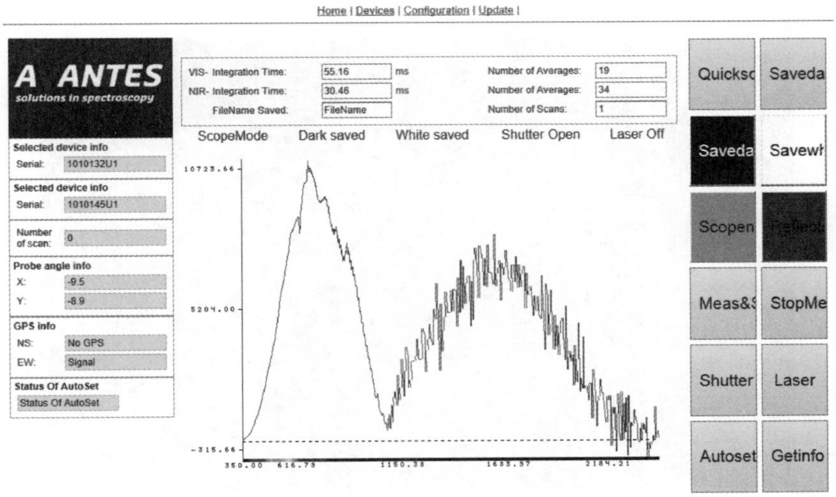

图 5-9　存储白板信息界面

（5）调整仪器工作模式为反射率模式（ReflectanceMode）。点击右侧的 Reflectance Mode，将光谱仪的工作模式调整为反射率模式，镜头对准白板，点击 Quickscan，此时显示光谱显示为一条反射率接近 1 的直线（图 5-10），说明参数设置正确，即可进行光谱采集。否则要重复上述（1）～（4）步，直至满足测试要求。

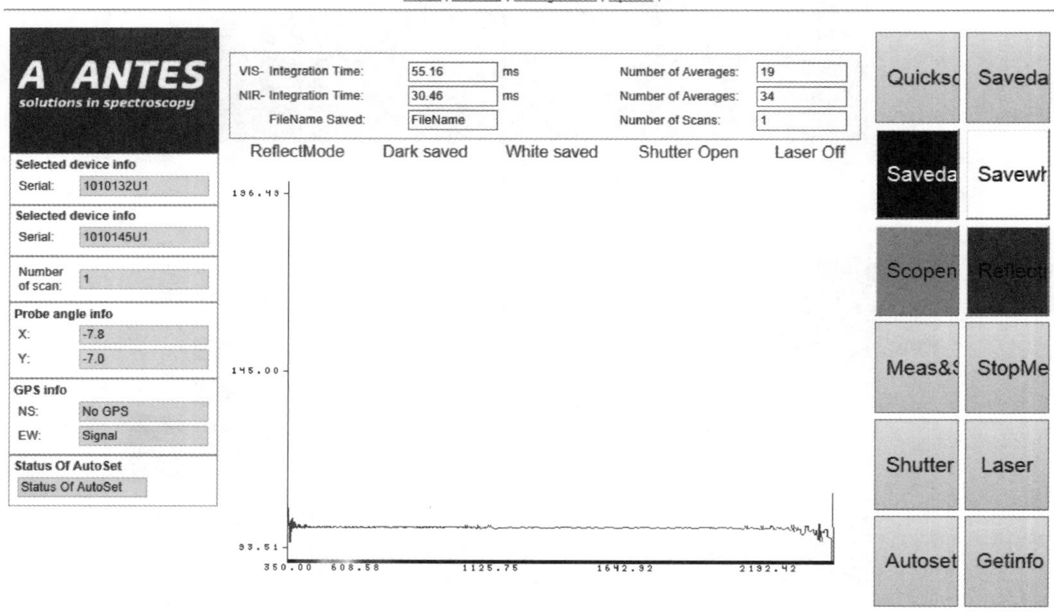

图 5-10　反射率模式下白板的光谱曲线

（6）采集待测物体光谱。镜头对准待测地物，点击 Meas&Save，即完成对此地物的光谱采集。镜头对准其他地物，依此完成其他地物的光谱采集（图 5-11）。

图 5-11　AvaField-3 采集地物光谱

测试时，需要根据太阳光的变化，为保证采集光谱的可靠性，需要实时调整积分时间，重新采集暗电流及白板等操作，一般情况下，每隔五分钟重复（1）～（4）步骤。

6. 光谱数据传输

AvaField-3 采用无线方式进行光谱数据传输，可以通过 FTP 方式将采集的光谱数据下载到电脑。

安装 FTP 后，设置连接主机名：10.0.1.9，采用默认方式即可（图 5-12）。

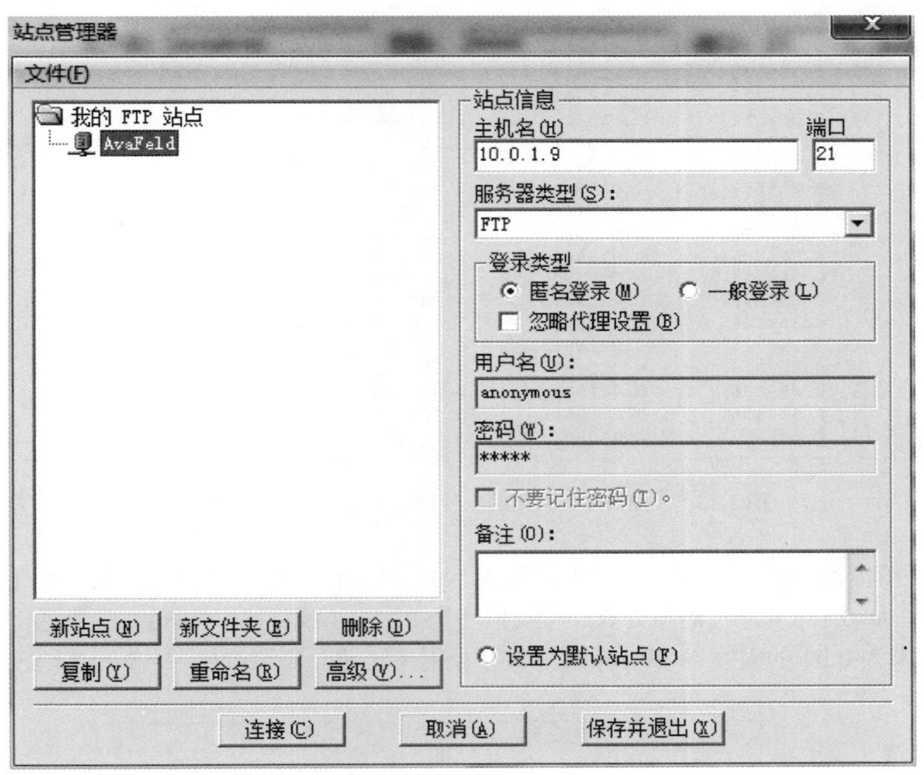

图 5-12　FTP 方式下载 AvaField-3 采集的光谱数据

7. 光谱查看

AvaField-3 采用 USGS 标准格式存储光谱数据，用 AvaField-3 提供的光谱查看软件查看浏览光谱，也可以使用 Excel 软件、ENVI 软件等打开文件，浏览、分析地物光谱。

用文本编辑器打开采集到的一种地物光谱文件，文件头文字部分描述了采集信息，如格式、采集仪器名称、采集时间（UTC）、经纬度坐标等，数据部分由三列构成，第一列是波长，第二列是反射率，第三列为标准差（此处为 0）（图 5-13）。

```
USGS Digital Spectral Library Format
Captured By AvaField Spectrometer

For further information on spectrsocopy, see: http://speclab.cr.usgs.gov

ASCII Spectral Data file contents:
line 15 title
line 16 history
line 17 to end:  3-columns of data:
     wavelength    reflectance    standard deviation

(standard deviation of 0.000000 means not measured)
(      -1.23e34  indicates a deleted number)
----------------------------------------------------
UTC 02:15:02, N: 37.5187 E: 121.3545, Angle X:-59.8 Y:-24.2

       0.350452        0.019704        0.000000
       0.351043        0.019047        0.000000
       0.351634        0.018616        0.000000
       0.352225        0.018383        0.000000
       0.352816        0.015728        0.000000
       0.353407        0.015191        0.000000
       0.353998        0.016454        0.000000
       0.354589        0.015641        0.000000
       0.355180        0.015168        0.000000
       0.355771        0.014961        0.000000
       0.356361        0.014462        0.000000
       0.356952        0.013790        0.000000
       0.357543        0.013570        0.000000
       0.358134        0.013956        0.000000
       0.358724        0.011805        0.000000
       0.359315        0.011633        0.000000
       0.359906        0.011594        0.000000
       0.360496        0.011591        0.000000
       0.361087        0.010603        0.000000
```

图 5-13　AvaField-3 采集的一种地物光谱文件（部分数据）

自然环境下采集的草的光谱曲线（图 5-14），图 5-14 中的曲线具有绿色植被光谱的典型特征，如 0.55μm 绿色通道处有一个反射率为 0.1 的小反射峰，0.68μm 红色通道处有一个反射率为 0.04 的吸收谷，0.76μm 近红外反射率迅速升高至 0.6，1.45μm 和 1.95μm 红

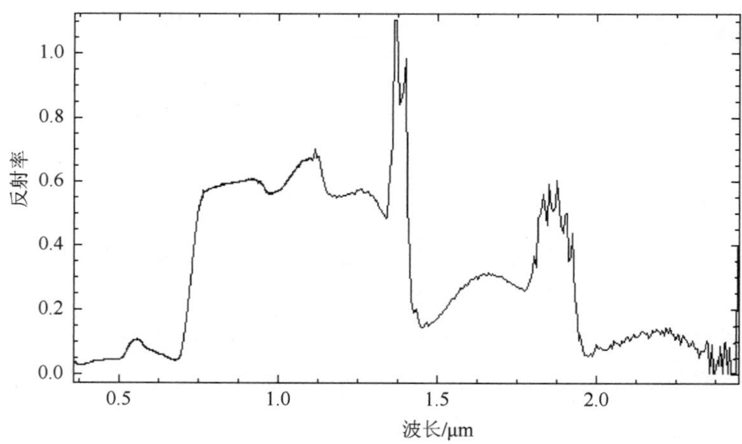

图 5-14　AvaField-3 采集的草光谱曲线

外通道处有水的吸收带，1.36μm 和 1.86μm 通道处，由于大气中水汽的影响，其反射率出现异常，甚至超过 1。

8. 建立不同地物类型反射率光谱数据集

地物反射率光谱库是遥感图像信息提取与解译的基础，地物反射率光谱建库是地物测量工作的延续，国际上有代表性的地物光谱数据库有 JPL（Jet Propulsion Laboratory，美国喷气推进实验室）、美国 USGS 地物反射光谱数据库、JHU 地物反射光谱数据库（Johns Hopking University，美国约翰·普希金斯大学）、ASTER 地物反射光谱数据库（Advanced Spaceborne Thermal Emission and Reflectance Radiometer，先进星载热辐射与反射计）等。国内一些大学和科研机构也相继建成了一些地物反射光谱数据库，ENVI、PCI、ERDAS 等遥感图像处理软件中也包含了多种地物反射率光谱数据库，如 ENVI 软件就包括 IGCP264、JHU_LIBJPL、USGS 及 Veg 等光谱库。

光谱库建设的标准不统一，以 USGS 标准，利用 AvaField-3 野外测量的光谱数据集为例，介绍光谱库构建方法。

1）启动 ENVI 光谱库构建模块

ENVI Classic＞Spectral＞Spectral Libraries＞Spectral Library Builder

2）设置光谱库参数

光谱库参数主要包括波长范围、Y 轴尺度因子、半波长等信息，ENVI 提供三种方法（图 5-15）。即通过数据文件（Data File）、二进制码文件（ASCII File）及第一条输入的光谱等三种方法，设置光谱库波长范围，本实验用 ASCII 方式。

输入测量的光谱文件*.ASC，分别设置好波长列、半波长列、波长单位、Y 轴尺度因子等，并确认（图 5-16）。

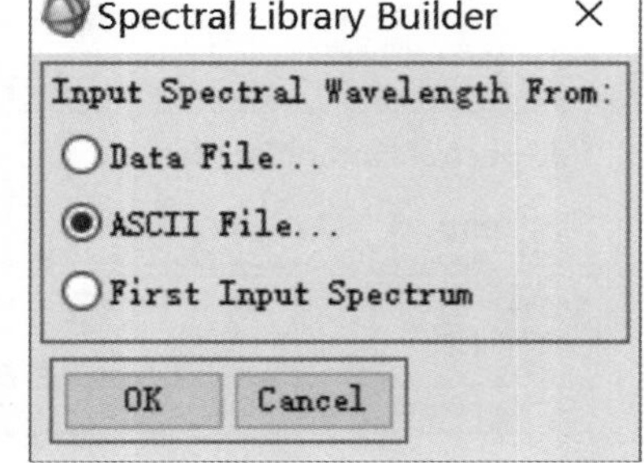

图 5-15　ENVI 光谱库波长范围导入

波长列（Wavelength Column）：1

半波长（FWHM）：无

波长单位（Wavelength）：微米（Micometers）

Y 轴比例因子：1

软件从输入文件中读取了 ASCII 文件，显示出文件的路径，读取并显示该文件保存的一条光谱数据信息，列数（Columns）：3，表示有 3 列数据；行数（Rows）：1572，表示有 1572 个波段。

3）读取光谱数据集

光谱库参数设置完成后，即可启动光谱库建立模块，添加野外测量获得不同地物反射率光谱（图 5-17）。

图 5-17 中，光谱库主要包括光谱名（Spectrum Name）、颜色（Color）、数据源（Source）、波段（Bands）、波长（Wavelength）及状态（Status）等字段信息，根据这些字段要求，可以将野外和实验室条件下采集的光谱逐条导入。

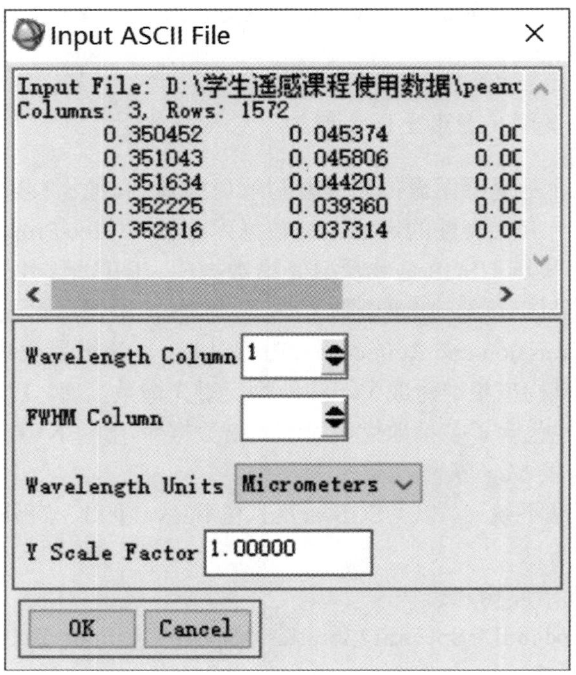

图 5-16　ASCII 文件设置光谱库文件参数

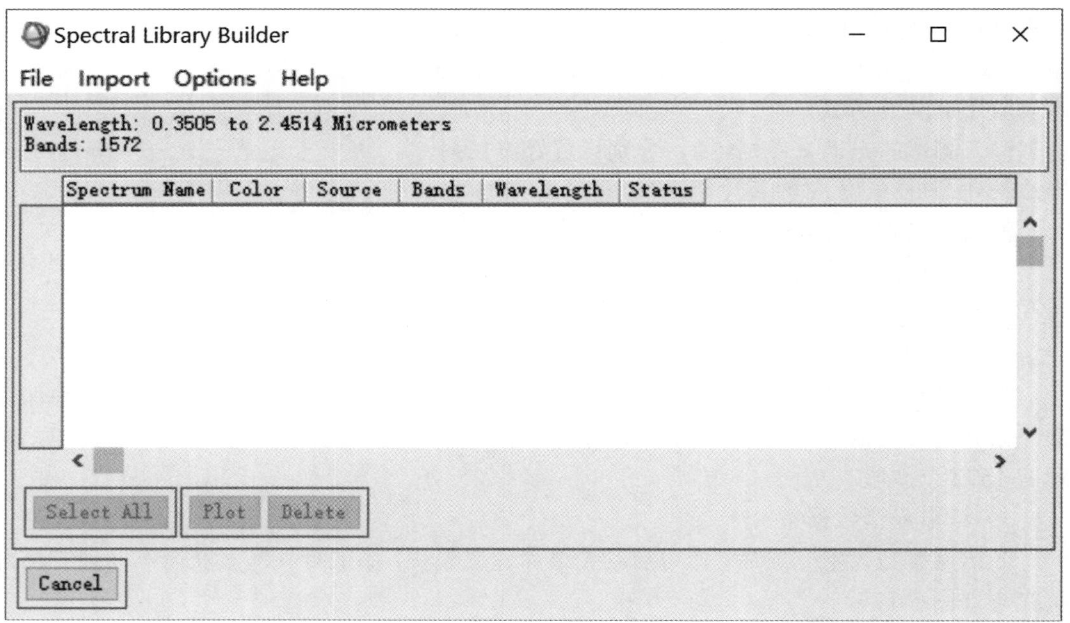

图 5-17　ENVI 地物反射率光谱库建立

地物反射光谱数据集逐条导入。图 5-17，Import＞From ASCII File---，选择 AvaField-3

测量得到的光谱数据，并设置波长轴（X Axis Column = 1）、反射率轴（Select Y Axis Columns = Column 2）、波长单位（Wavelength Units）微米（Micrometer）及 Y 轴尺度因子（Y Scale Factor = 1），并确认（图 5-18）。

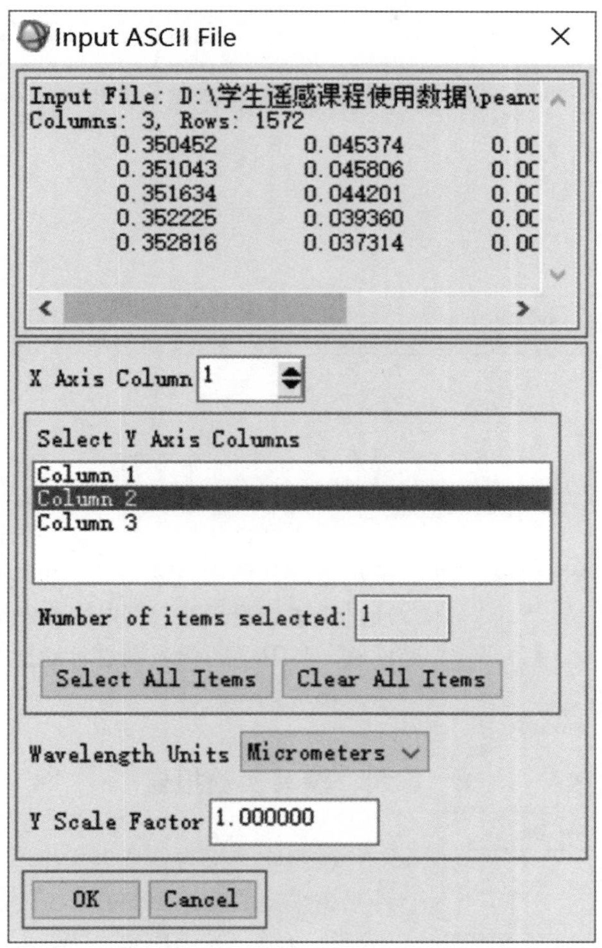

图 5-18　地物反射光谱导入

光谱库信息设置。每导入一条光谱，要进行上述设置，为了区别不同地物光谱曲线，用不同的颜色区分光谱，鼠标移动到每条光谱曲线的 Color，点击鼠标右键，设置不同曲线颜色，如红色表示 peanut leaf 光谱、绿色表示 searock 光谱及蓝色表示 golf glass 光谱（图 5-19）。

4）光谱库文件建立

光谱文件命名。点击图 5-19 中的文件，File＞Save spectra as＞Spectral Library file，并设置光谱文件 ldut spectra.sli，点击 OK，即完成光谱库构建（图 5-20）。

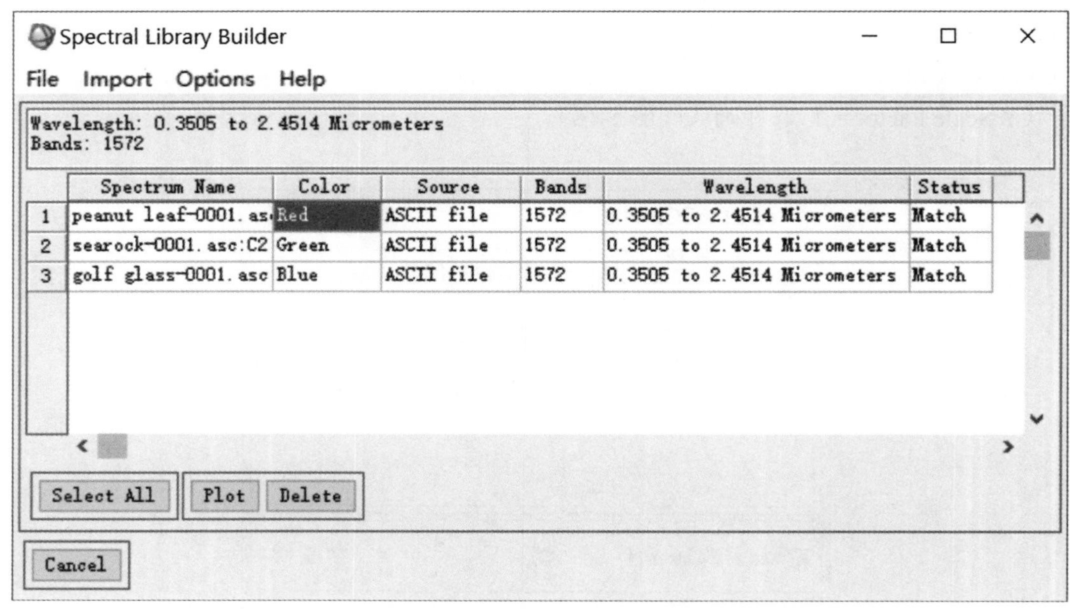

图 5-19　光谱库构建及相关信息设置

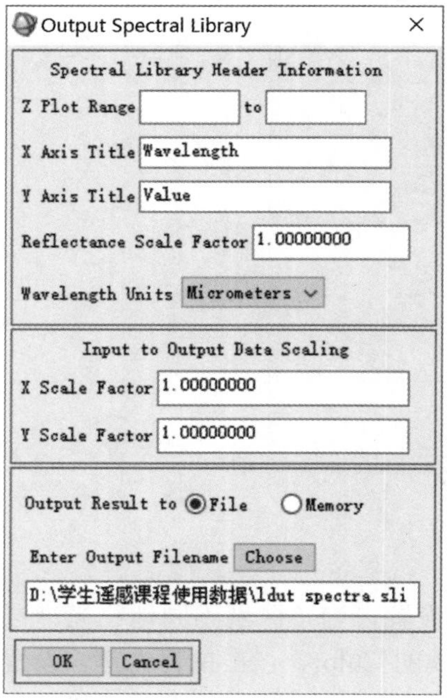

图 5-20　光谱文件命名及参数设置

光谱文件使用。光谱文件的查看，可参照前面有关描述，其使用方法与其他机构构建的光谱库一致，通过光谱库重采样，可以生成不同卫星传感器的光谱曲线，与卫星影像光谱进行对比分析，提高卫星影像信息提取的精度。

六、撰写实验报告

按照实习报告格式要求撰写，重点内容包括：野外光谱采集原理、AvaField-3 使用方法、主要地物光谱特征分析、光谱库建立等。

实验六　View_SPECPR 分析 USGS Splib 光谱数据

一、实验目的

掌握 View_SPECPR 软件的安装及使用方法，了解美国地质调查局建设的三个光谱数据库的主要内容，学会使用光谱分析技术来识别矿物。

二、实验内容

（1）View_SPECPR 软件安装。

（2）Splib 光谱数据的使用。

三、原理与方法

View_SPECPR 是美国内务部与地质调查局（USGS）共同研发的产品，目前的版本是 View_SPECPR 1.2，该软件是用 IDL 开发的，与 ENVI 遥感图像处理软件联合使用。

SPECPR 是一款为遥感科学家和地球科学家收集存储实验室、野外及卫星传感器获得的光谱数据软件，收集了数千种矿物、植被和人造物体的光谱数据，包括反射率数据、波长数据和光谱分辨率数据，也包括光谱采集时间、日期及仪器设置等描述性信息，尤为重要的是，SPECPR 还自动记录了数据采集的历史信息。

截至 2013 年底，SPECPR 数据包括了 Splib04a、Splib05a 及 Splib06a 三个数据库，Splib07a 正在建设之中，可以从附录指定的网站中下载已建设好的光谱数据。为方便三个光谱数据文件使用，需要使用 View_SPECPR 软件来查看、显示、存储数据。

该软件采用了 ENVI4.5/IDL7.0 作为开发平台，既可在 Windows XP 系统中使用，也可以在 UNIX/LINUX 中使用，软件没有在其他系统下测试过，也没在 ENVI 高级版本（如 ENVI 4.7、ENVI 5.0 等版本）及 IDL 高级版本（IDL 8.0、IDL8.1 版本）下测试过，因此不保证能在其他版本下正常使用。

SPECPR 主要功能包括绘制光谱数据曲线、显示光谱的描述信息及保存一条光谱数据记录等功能。

连续统光谱去除方法（continum removal，CR）：是一种常用的高光谱分析处理方法，又称去包络线去除法或基线归一法。最初主要用于岩石矿物的光谱分析，为了去除背景吸收影响，实现突出分析物质的吸收特征的目的。

连续统去除法是一种有效的增强感兴趣吸收特征的光谱分析方法，就是用实际的光谱波段值除以连续统上的相应波段值。经处理后，那些峰值点上的相应值均为 1，那些非峰值点上的值均小于 1，就可以把光谱值统一到[0，1]，数据间也就具备了可比性。

“连续统”是指逐点直线连接随波长变化的反射或吸收的凹凸“峰”“谷”特征点，并使折线在“峰”“谷”处的外角大于 180°，当光谱曲线相似时，直接从光谱曲线中提取光谱特征不便于计算，需要对其做进一步处理以突出光谱的吸收或反射特征。连续统去除就是用实际的光谱波段的反射率值除以“连续统”上的相应波段的反射率值得到的新曲线。经过连续统去除后，那些峰值点上对应的反射率变为 1，非峰值点的反射率小于 1，连续统去除法可有效地突出光谱曲线的吸收和反射特征，使光谱的吸收特征归一化到一致的光谱背景上，这有利于与其他光谱曲线进行特征数值的比较，从而提取特征波段以供分类识别等使用。以“连续统”连接凸值点形成的包络线作为背景，在去除包络线后的剩余曲线可作为光谱的吸收特征曲线，即对光谱反射率曲线去包络后，能够清晰地看到植被的吸收特征，之后可采取相应的算法计算诸如波段深度、波段深度归一化指数、波深中心归一化、波面归一化等，进而反演一些需要的植被生化参量的因子。

四、实验仪器与数据

（1）ENVI4.5、IDL7.0 及 View_SPECPR。
（2）Splib04a、Splib05a 及 Splib06a 数据。

五、实验步骤

（一）SPECPR 软件安装

下面以 Windows 操作系统和 ENVI4.5/IDL7.0 为平台，描述 SPECPR 的安装过程，主要包括四步。

1. 软件下载

从 USGS 的网站下载软件 view_specpr.zip，软件下载网址为：http：//pubs.usgs.gov/of/2008/1183/downloads/。

2. 软件安装

解压 view_specpr.zip 到计算机系统的根目录下，产生一个 C：\view_specpr 文件夹，从解压后的文件夹中拷贝 view_specpr_1_2.sav 文件到指示的路径下，即 C：\Program Files\ITT\IDL70\products\ENVI45\save_add\。

3. 修改 ENVI 主菜单配置文件

ENVI4.5 的主菜单中增加一个 User Functions 菜单，并添加 View_SPECPR 处理函数，方法如下。

用纯文本编辑器打开 Envi4.5 中的 envi.men 文件，文件位于“C：\Program Files（×86）\ITT\IDL70\products\envi45\”目录下，增加如蓝色高亮显示部分，做如下修改：

```
0{Window}
1{Window Finder}{widget controller list}{envi_menu_event}
1{Start New Display Window}{display window}{envi_menu_event}{separator}
1{Start New Vector Window}{vector window}{envi_menu_event}
1{Start New Plot Window}{new window0}{envi_menu_event}
1{Available Files List}{available files list}{envi_menu_event}{separator}
1{Available Bands List}{available bands list}{envi_menu_event}
1{Available Vectors List}{available vectors list}{envi_menu_event}
1{Mouse Button Descriptions}{mouse descriptions}{envi_menu_event}{}
1{Display Information}{display information}{envi_menu_event}
1{Cursor Location/Value}{cursor location}{envi_menu_event}
1{Point Collection}{point collection}{envi_menu_event}
1{Maximize Open Displays}{sort displays}{envi_menu_event}{separator}
1{Link Displays}{link displays}{envi_menu_event}
1{Close All Display Windows}{close all displays}{envi_menu_event}{}
1{Close All Plot Windows}{close all plot windows}{envi_menu_event}
----------------INSERT TEXT FOLLOWING THIS LINE--------------------
0{User Functions}
1{View_SPECPR}{ }{view_specpr}
----------------INSERT TEXT PRECEEDING THIS LINE-------------------
0{Help}
1{Start ENVI Help}{envi help}{envi_menu_event}
1{Mouse Button Descriptions}{mouse descriptions}{envi_menu_event}
1{About ENVI}{about envi}{envi_menu_event}
```

4. View_SPECPR 测试

重新启动 ENVI，出现如图 6-1、图 6-2 所示界面，表示 View_SPECPR 已经安装成功。

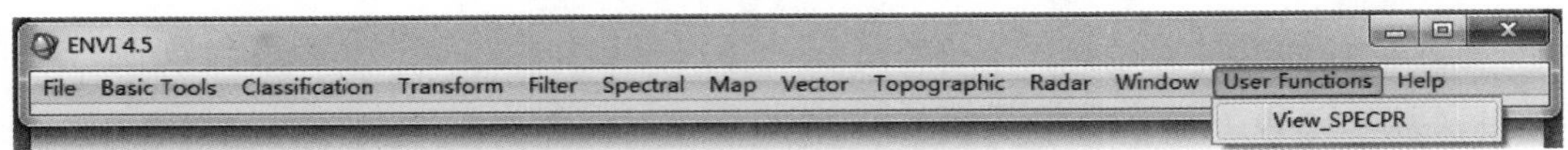

图 6-1　有“User Functions”选项的 ENVI 主菜单

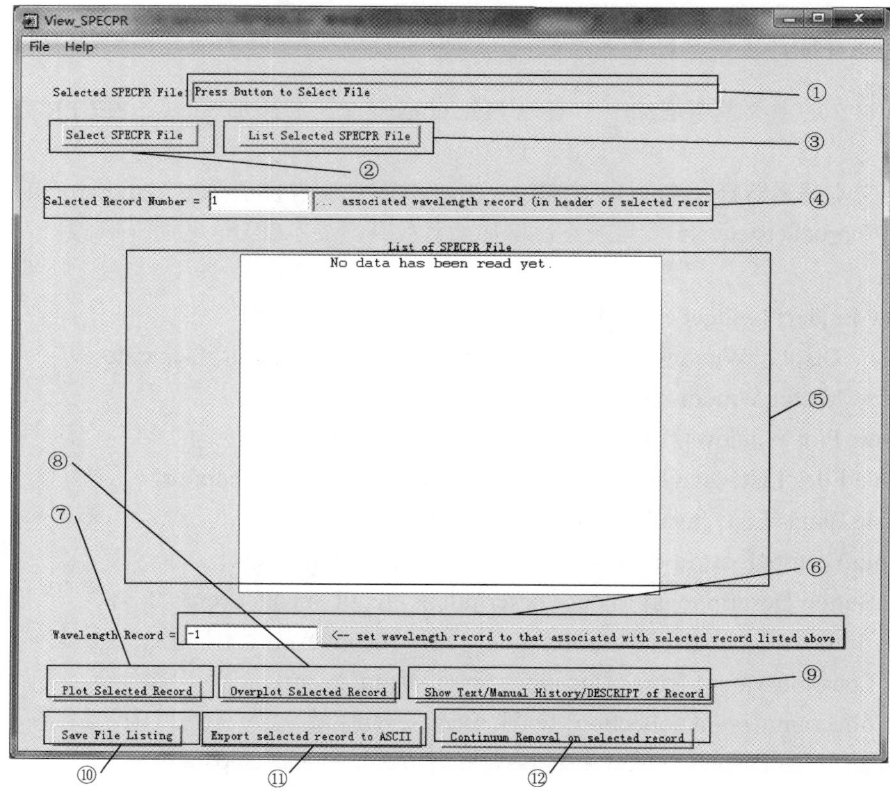

图 6-2　SPECPR 图形界面

注：①显示读入的光谱数据文本框，包括路径及文件名；②读入数据选择按钮；③加载数据按钮；④显示记录顺序号；⑤显示光谱数据文本框，其上方也显示出光谱数据所在的目录及文件名，与①显示的内容一致；⑥光谱数据记录开始号码；⑦将选择的光谱数据绘图；⑧叠加绘图；⑨查看选择的光谱数据文本描述；⑩将⑤中显示的内容保存为纯文本文件；⑪保存选择的光谱记录数据；⑫删除选择的光谱数据

启动 ENVI4.5 后，ENVI 主菜单被添加了一个 User Functions 选项，该选项次一级菜单出现 View_SPECPR 菜单，表示 View_SPECPR 已经集成到了 ENVI 中，点击 View_SPECPR 光谱查看软件，图 6-2 显示出该软件正常启动的主要工作界面，表示 View_SPECPR 设置成功，能正常使用。

SPECPR 的主要功能就包含在图 6-2 中，主要有光谱数据的显示、制图、导出等功能，下面将做详细介绍。

（二）View_SPECPR 使用

1. 功能一：显示 Splib 文件内容

要查看 Splib 中记录信息，主要有两步。

1）加载 Splib 光谱数据文件

点击图 6-2 中的 Select SPECPR File 按钮，选择待加载文件，出现图 6-3 对话框，对话框中可以选择待打开的文件，如 Splib04a、Splib05a 或者 Splib06a 等。

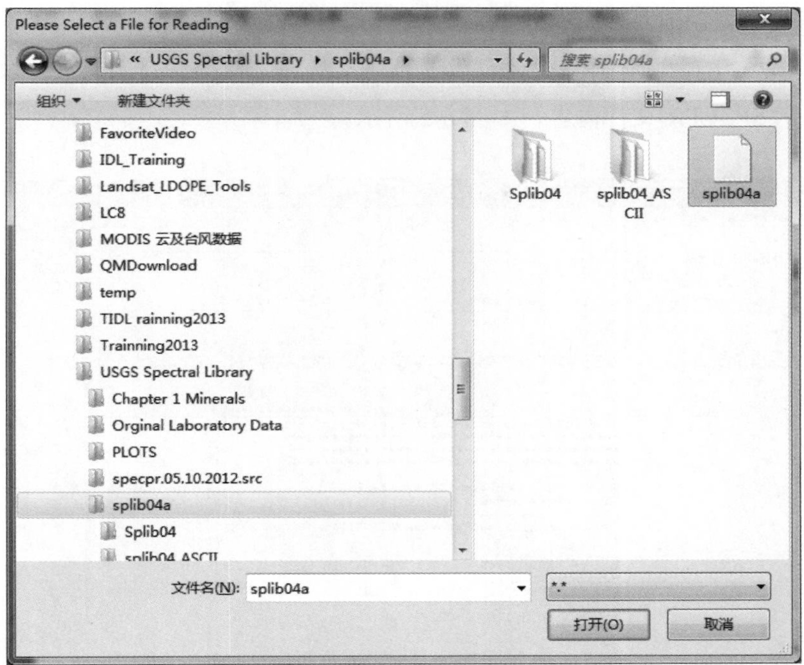

图 6-3　选择待打开的 SPECPR 文件

读入 splib4a 文件后，图 6-2 中的“Selected SPECPR File”对应的文本框中显示出刚才打开的文件名字及文件完整存储路径（图 6-4）。

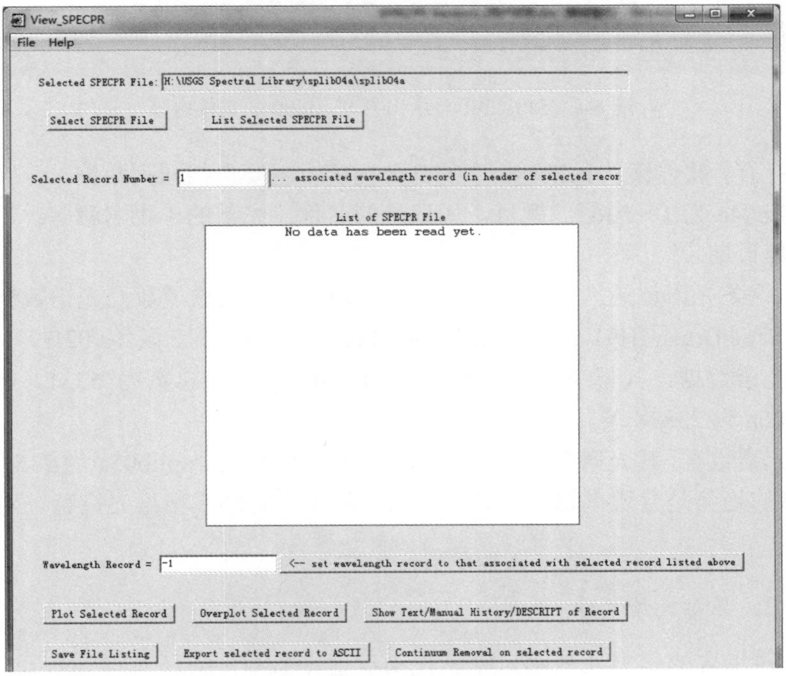

图 6-4　SPECPR 输入 splib04a

2）加载 Splib 文件

点击图 6-2 中的 List Selected SPECPR File 按钮，在原空白的 List of SPECPR File 文本框中显示 SPECPR 文件内容，如图 6-5 所示。

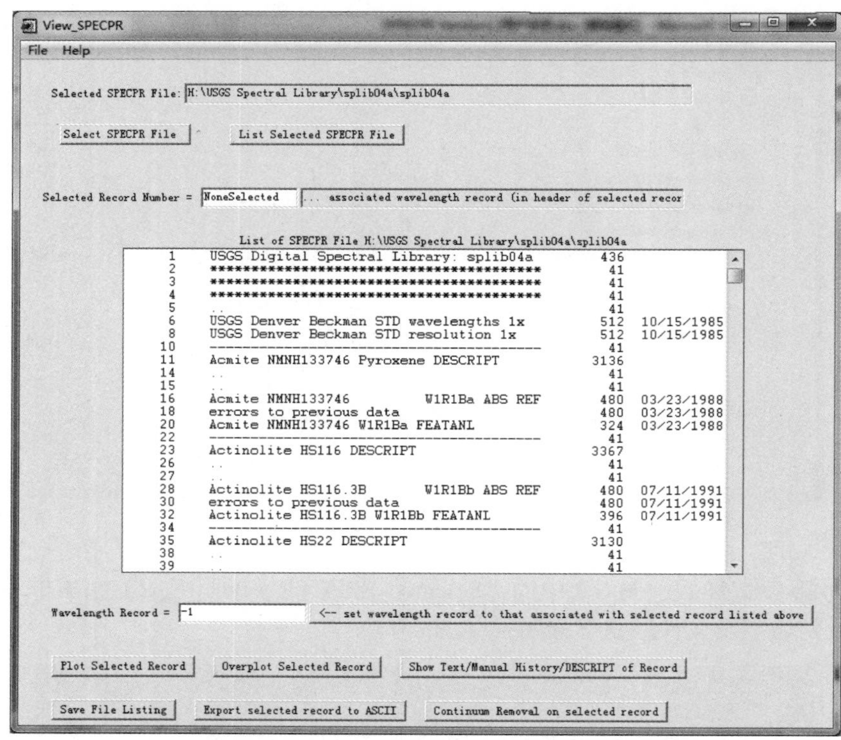

图 6-5　SPECPR 显示出打开 splib04a 文件内容

图 6-5 显示了软件读入 splib04a 中的部分内容，主要包括四列数据，分别是光谱记录序号，如 splib04a 为 1～5363；题目，如记录的名称，光谱的矿物名称等；记录通道数；光谱数据采集日期。

以 5331 这条光谱记录为例，其记录序号、题目、记录通道数及光谱数据采集日期分别为 5331、Sage Brush IH91-1B Whole W1R1Ba ABS REF、512 及 10/02/1991。

不同的光谱数据，其记录的总数不同，splib04a 的记录总数为 5331，splib05a 则为 12255，spib06a 为 33838 条。

不同的光谱数据，其光谱分辨率不同，splib04a 为 512 条，splib05a 为 2151 条，splib06a 为 4280，总的趋势是分辨率越来越高，越来越精细，有助于根据光谱特征对矿物进行分析和识别。

2. 功能 2：显示光谱记录

splib 文件包含的信息比较多，除了光谱反射率数据外，还有描述信息。拖动图 6-5 中的上下滚动条，可以显示不同的数据记录。

3. 功能 3：光谱曲线绘图

可以在一个窗口中绘制一条光谱曲线，也可以绘制多条曲线。绘制光谱曲线时，需要选定有光谱反射率数据的记录，主要包括以下四步。

1）选择光谱记录

点击一条具有光谱数据的记录，如 5331，鼠标左键选中使其高亮显示。

2）获得记录数据位置

点击图 6-2 中的 <-- set wavelength record to that associated with selected record listed above 按钮，对话框中自动显示出光谱数据的开始记录号，如 5331 这条记录的记录号显示为 6。

3）绘制一条光谱曲线

点击图 6-2 中的 Plot Selected Record ，在新窗口中显示出 5331 的光谱曲线（图 6-6）。

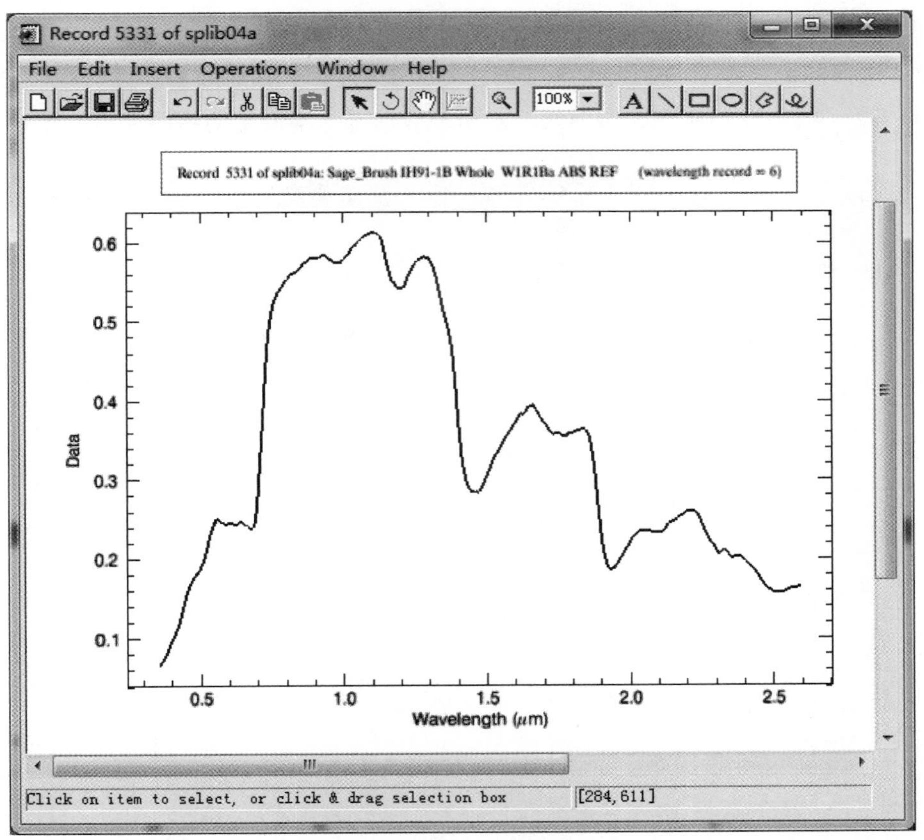

图 6-6 Sage_Brush IH91-1B Whole W1R1Ba ABS REF 光谱曲线

如果没有进行第二步操作，直接进行第三步的绘制光谱曲线，那么就会出现图 6-7 的错误提示。

图 6-7　波长记录未被设置提示

4）绘制多条光谱曲线

在同一窗口中显示两条及以上的光谱数据，同 1）、2），然后选择点击 Overplot Selected Record 按钮，在 5331 光谱曲线上叠加了 5350 记录的光谱曲线窗口（图 6-8），依此方法可以添加更多的光谱数据。

可以对光谱数据曲线进行其他操作，后文将做详细描述。

如果选择的记录中不包括反射率数据，则点击 Plot Selected Record 或者 Overplot Selected Record 按钮绘制图光谱曲线时，出现数据选择不满足的错误提示（图 6-9）。

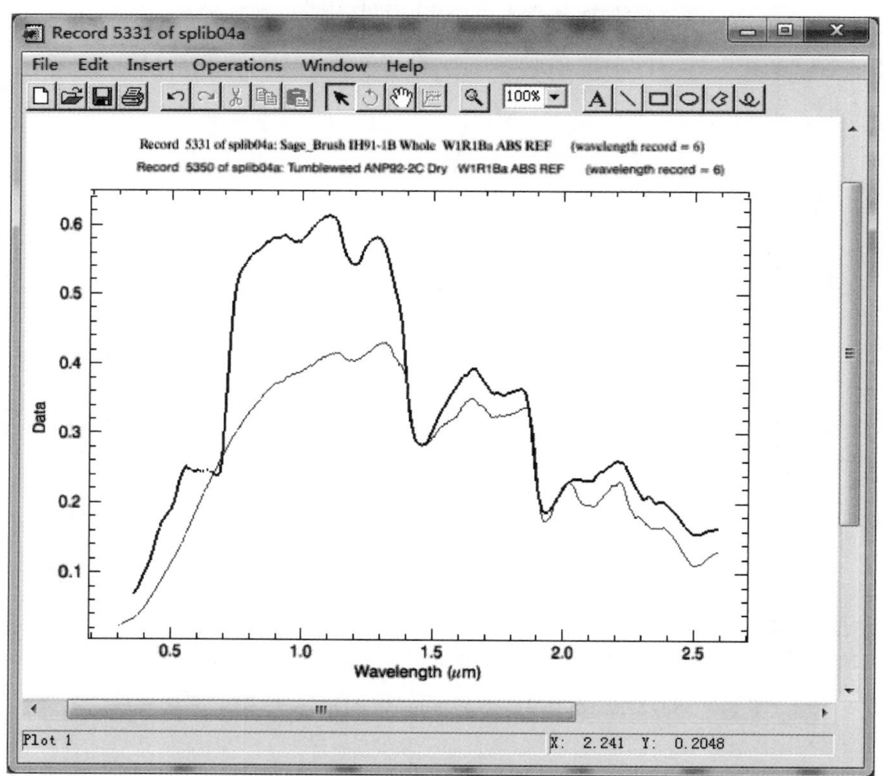

图 6-8　叠加显示 5331 与 5350 两条光谱曲线数据（粗线表示 5331，细线表示 5350）

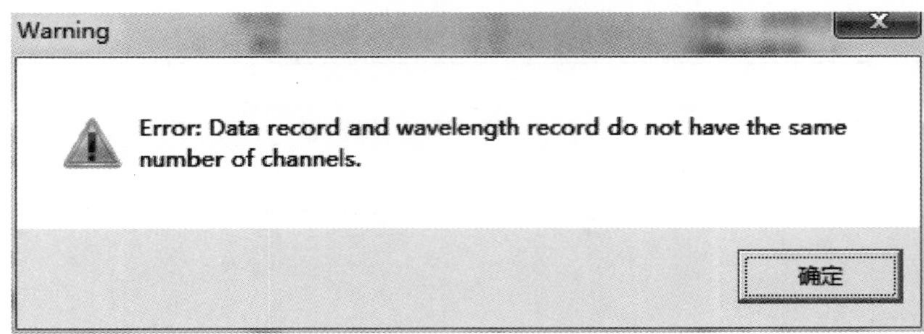

图 6-9　反射率光谱图绘制时选择记录不正确时出现错误提示

4. 功能 4：查看头文件、文本文件和描述文件

Splib 还记录了除光谱数据外其他的一些文本数据，查看文本数据时，主要操作有两步。

1）选择记录号

可以选择任意一条记录，如选择 5331，使其高亮蓝色显示。

2）查看记录数据

点击按钮图 6-2 中的 Show Text/Manual History/DESCRIPT of Record 按钮，生成一个单独文本窗口（图 6-10）。

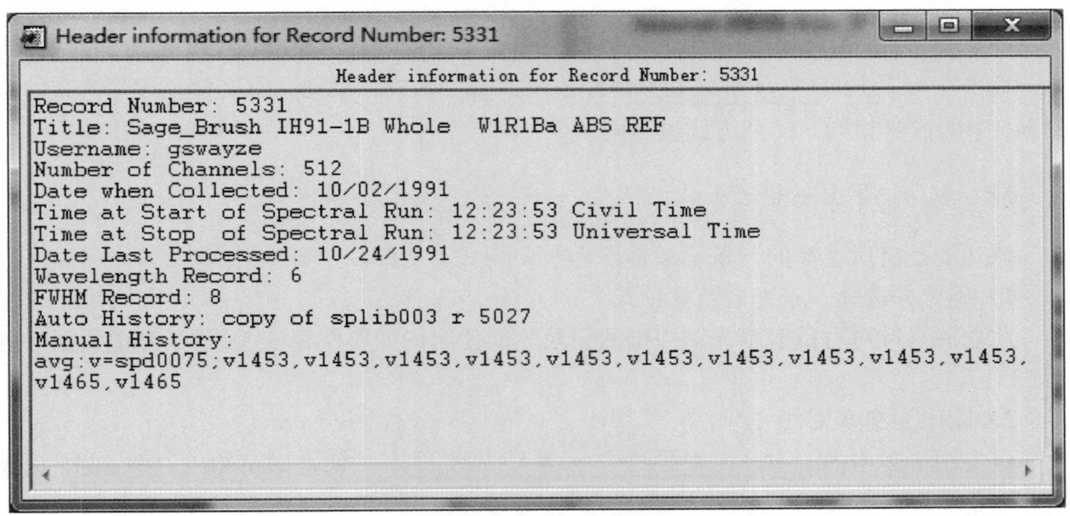

图 6-10　5331 记录中包含的文本信息

文本信息主要包括记录编号、名称、用户名称、光谱通道数、光谱测试日期、光谱测试开始时间和结束时间、数据处理时间、波长记录位置、半波宽度记录位置等，以 5331 为例，记录的头信息如表 6-1 所示。

表 6-1 5331 记录的头信息

类别	内容
记录编号	5331
题目	Sage_Brush IH91-1B Whole W1R1Ba ABS REF
用户名	gswayze
光谱通道数	512
光谱采集日期	10/02/1991
光谱采集开始时间	12：23：53 Civil Time
光谱采集结束时间	12：23：53 Universal Time
数据处理时间	10/24/1991
波段长记录位置	6
半波宽度位置	8
历史数据	copy of splib003 r 5027
手册历史	

不同的数据记录，其头文件中的类别和内容等信息不完全相同。

5. 功能 5：保存为文本文件

当需要将打开的光谱数据中的内容以一个文本文件保存下来时，一步即可完成。

点击图 6-2 中的 Save File Listing 按钮，即可生成一个纯文本文件，该文本文件与图 6-5 中的内容相同，排列方式也相同。

6. 功能 6：导出一条记录

该功能是将所选择的一条记录输出为一个纯文本文件，主要包括两步。

1）确定并选择一条光谱数据记录

此功能只针对有反射率光谱数据的记录才能使用，如要保存 5331 这条光谱数据，选择 5331。

2）输出为文本文件

点击图 6-2 中的 Export selected record to ASCII 按钮，即可输出一个 5331 记录的纯文本文件，文件中记录了反射率数据。

7. 功能 7："连续统去除"法光谱分析

如原理部分所述，该功能主要是在高光谱分析时使用，包括三步。

1）选择一条数据记录

选择数据时，也必须选择带有反射率光谱数据的记录，如 5331 或 5350。

2）启动“连续统去除”功能

点击图 6-2 中的 Continuum Removal on selected record 按钮，即启动 View_SPECPR 的“连续统去除”功能（图 6-11）。

“连续统去除”功能用来分析反射率光谱，通常用来分析光谱的吸收特征，使用该功能前，用户须已经选择好了光谱数据，且对光谱记录号做了准确设置，即做好了功能 3 中的第一步与第二步两个步骤。图 6-11 窗口除了多了一个“Continuum Removal Tool”工具外，其他与图 6-6 与图 6-8 的绘图窗口基本上相同。

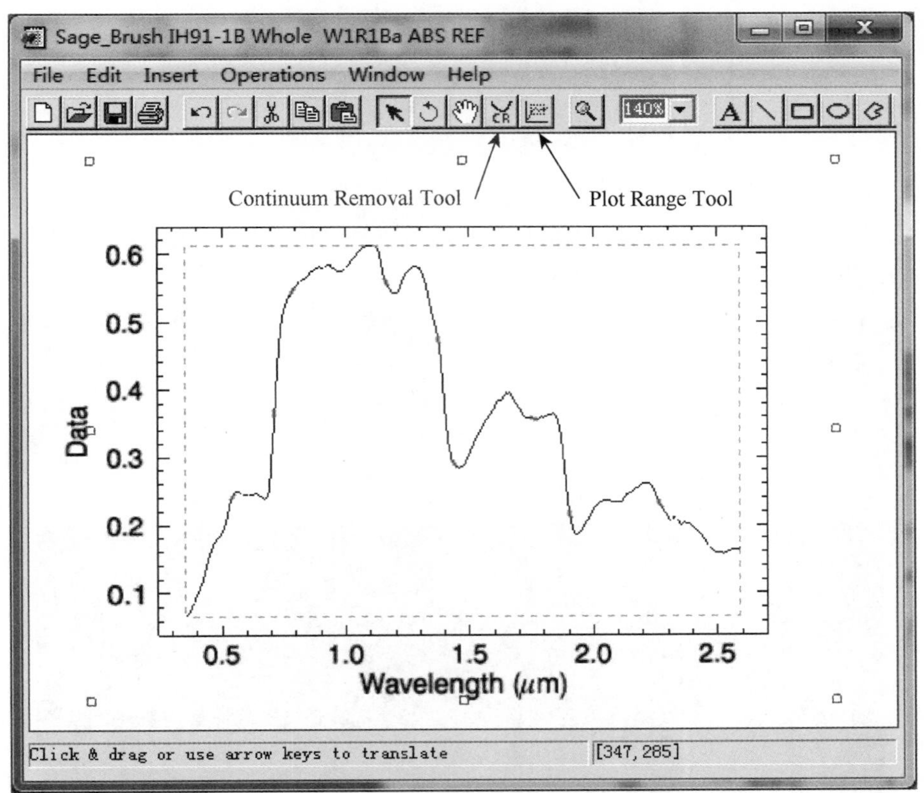

图 6-11 “连续统去除”功能窗口

3）保持光谱数据为选中状态

启动该功能时，光谱数据默认为选中状态，如果进行过其他操作，导致其没有被选中，那可以通过点击按钮选中。

4）“连续统去除”光谱分析

点击图 6-11 窗口工具栏中的按钮，按住鼠标左键，在感兴趣的光谱位置画直线（图 6-12），启动“连续统去除”光谱分析功能（图 6-13），一般来讲，我们对光谱中的吸收谷感兴趣，可跨越吸收谷画直线。

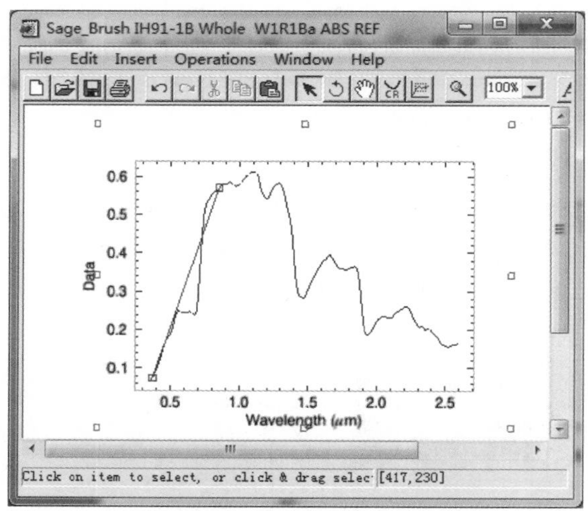

图 6-12　跨光谱吸收谷处画线后“连续统去除”窗口

红色直线与黑色光谱曲线相交的正方形交点所包括的光谱范围即是连续统去除法光谱分析的区间（0.357100～0.828000μm）。

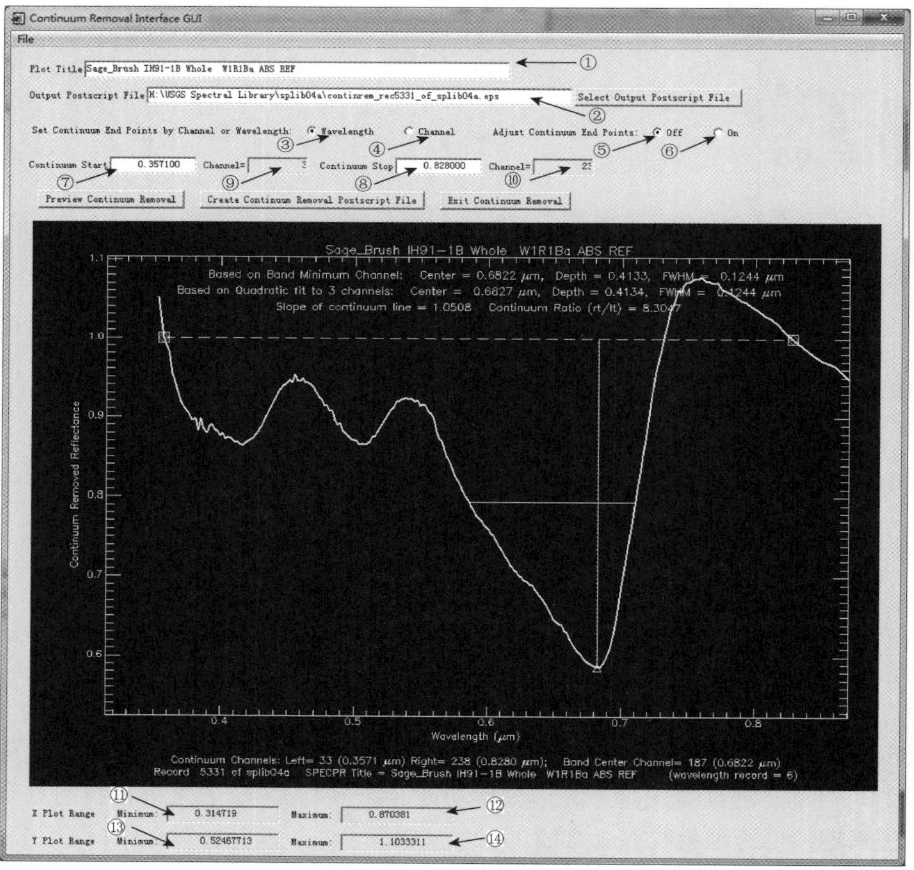

图 6-13　连续统去除图形窗口

连续统去除窗口展现了该方法的全部操作功能，包括波段的中心波长、深度、宽度（full-width at half maximum，FWHM）等。图 6-13 显示两个数据集，一是基于中心波段，即用最小值通道，另外一个就是基于二次拟合到一个波段中心，在通道多的情况下，两种数据集的结果基本相同，因为二次拟合不单单依赖于一个通道且不依赖于光谱噪声，图 6-13 中黑色实线表示二次拟合曲线的深度和 FWHM，点画线表示深和半波宽的中心通道，同时还有对连续统去除曲线的描述信息，特别是线的斜率和终点反射率的比率。

用户可以通过图 6-13 中的一些操作来实现一些连续统去除功能，包括 14 项：

①设置光谱数据记录名称，默认为打开的 SPECPR 数据记录名称，用户可以自己编辑名称。

②输出打印图形文件，默认输出文件包括光谱库名称和记录号，默认的路径是 SPECPR 所在的路径，可以选择 Select Output Postscript File 按钮，重新设置输出路径。

③长，默认为波长状态，这时通道模式为灰色无法操作状态，用户可以更改为通道模式。

④通道，如果使用此模式，则波长模式为灰色无法使用状态。

⑤调整连续统终点关闭，默认为“off”。

⑥调整连续统终点打开，当用户更改为“on”时，可设置终点光谱位置重新画线，当用户点击 Preview Continuum Removal 按钮或者 Create Continuum Removal Postscript File 按钮，线的最高通道处将用来重新计算连续统去除特征。

⑦设置连续统开始波长，图显示的是用户画线时起点波长，之后用户可以在所对应的文本框中更改波长位置。

⑧设置连续统终点波长，图显示的是用户画线时终点波长，之后用户可以在所对应的文本框中更改波长位置。

⑨开始通道，设置连续统去除的开始编号。

⑩结束通道，设置连续统去除的结束编号。

⑪X 轴最小波长。

⑫X 轴最大波长。

⑬Y 轴最小值。

⑭Y 轴最大值。

如果更改了连续统去除法波长（通道）开始和（或）结束的位置，通过点击 Preview Continuum Removal 按钮，即可重新进行连续统去除功能，如将图 6-13 中的⑦与⑧分别改为 0.589 与 0.712，则连续统去除图更新为图 6-14。

对于一些很窄的吸收谷，往往很难画线进行连续统去除操作，可以进行数据放大缩小操作，主要有两步。

（1）启动连续统放大功能。点击图 6-11 中的按钮，图 6-15 为纵横坐标轴出现“+”及“−”放大缩小标示。

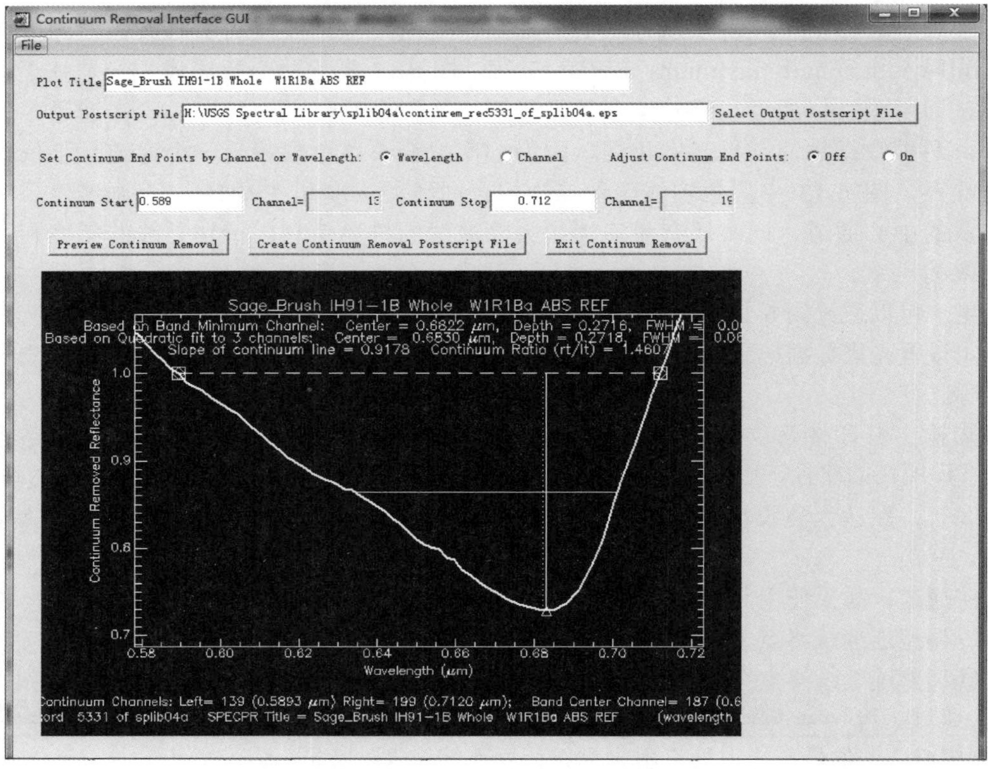

图 6-14　开始和终点波长更改后连续统去除结果

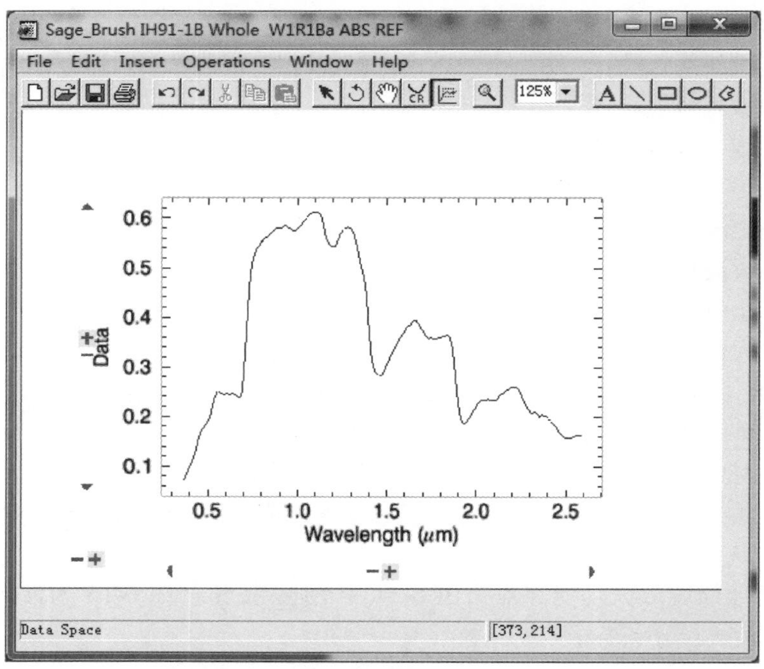

图 6-15　连续统去除中光谱放大操作

（2）确定连续统光谱分析区间。在图 6-15 中，按住鼠标左键不放，在自己感兴趣的光谱区段画矩形，图 6-16 中的虚线矩形框为一段窄的光谱，图 6-17 为放大结果。

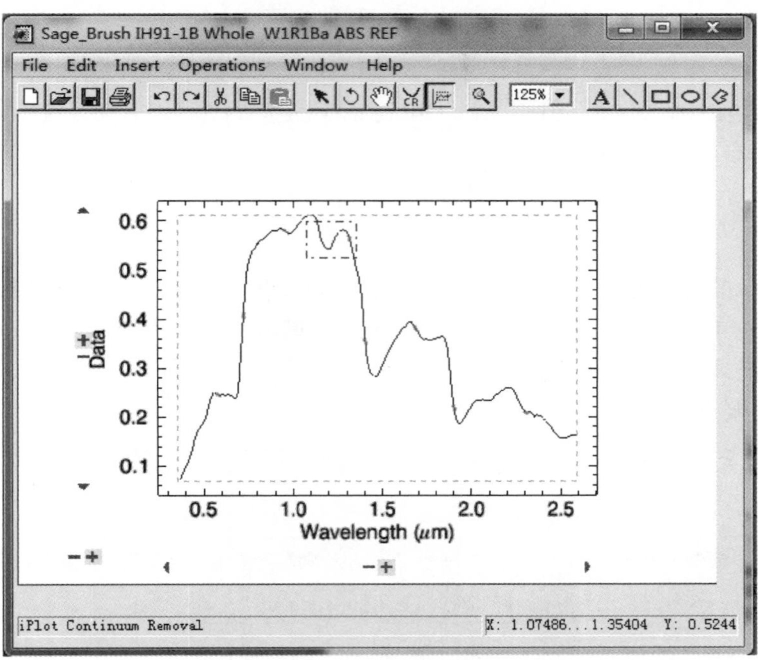

图 6-16　连续统放大选择一个窄的光谱

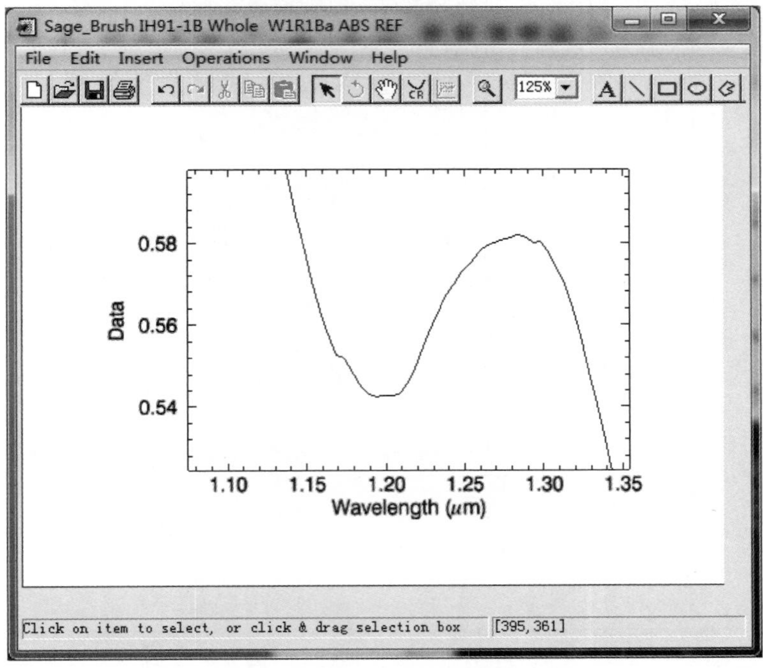

图 6-17　连续统去除放大一段窄光谱结果

在图 6-17 中，可以进行连续统去除分析，操作步骤如前所述。需要注意的是，不应该在启动一次连续统分析中进行多次操作分析。

8. 功能 8：退出软件

点击 File→Exit，即可退出程序。退出连续统操作程序后，前面已经启动的连续统去除分析功能界面，并没有自动关闭。

9. 图形窗口操作

对 splib 中的光谱数据记录，以图形界面显示后可以进一步进行其他操作。如输出为图片格式、ASCII 格式文件及编辑图片界面等，现就两个功能做重点介绍。

1）光谱记录输出为图片文件

该操作主要有三步。

（1）选择一条光谱记录。点击图 6-6 中的 File→Export，出现图 6-18 的界面。

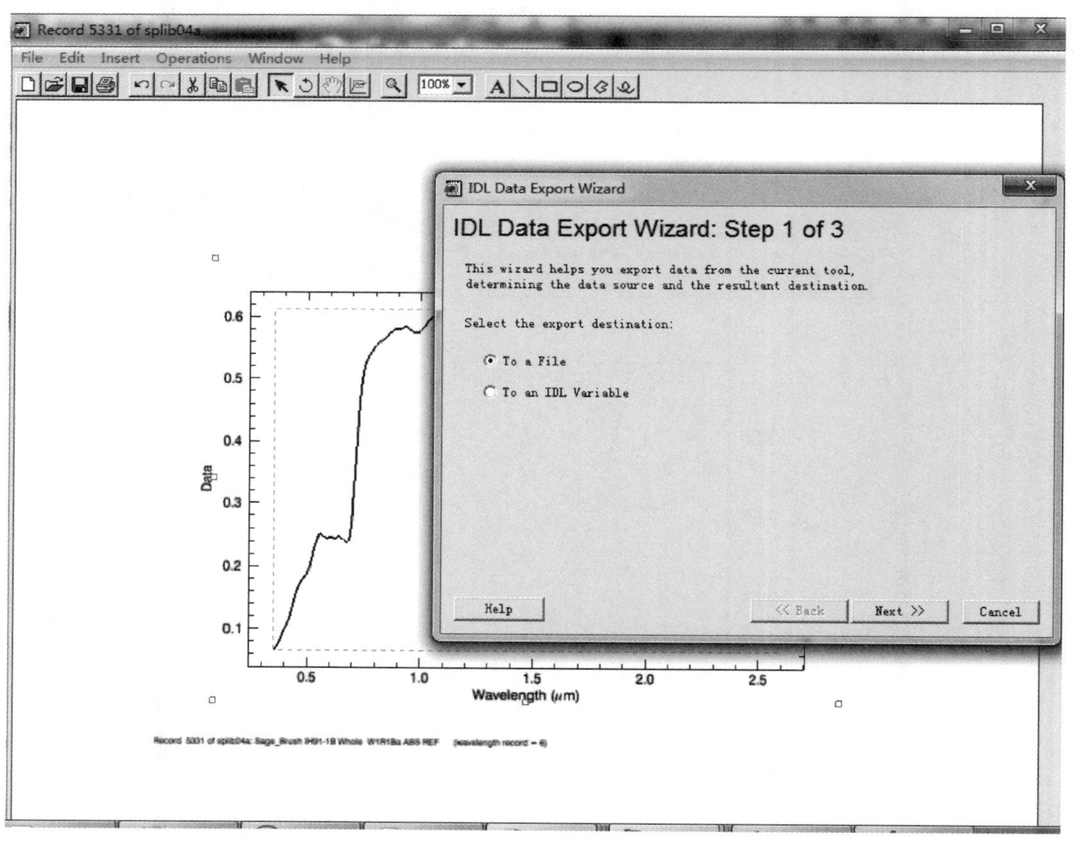

图 6-18　splib04a 中 5331 记录输出为图片

（2）选择输出为文件。点击图 6-18 的 To a File ，点击 Next。

（3）确定输出路径及文件名。在图 6-19 的相应位置输入文件名、类型及存储的路径，如 H：\tmp\Splib04a_5331.png。

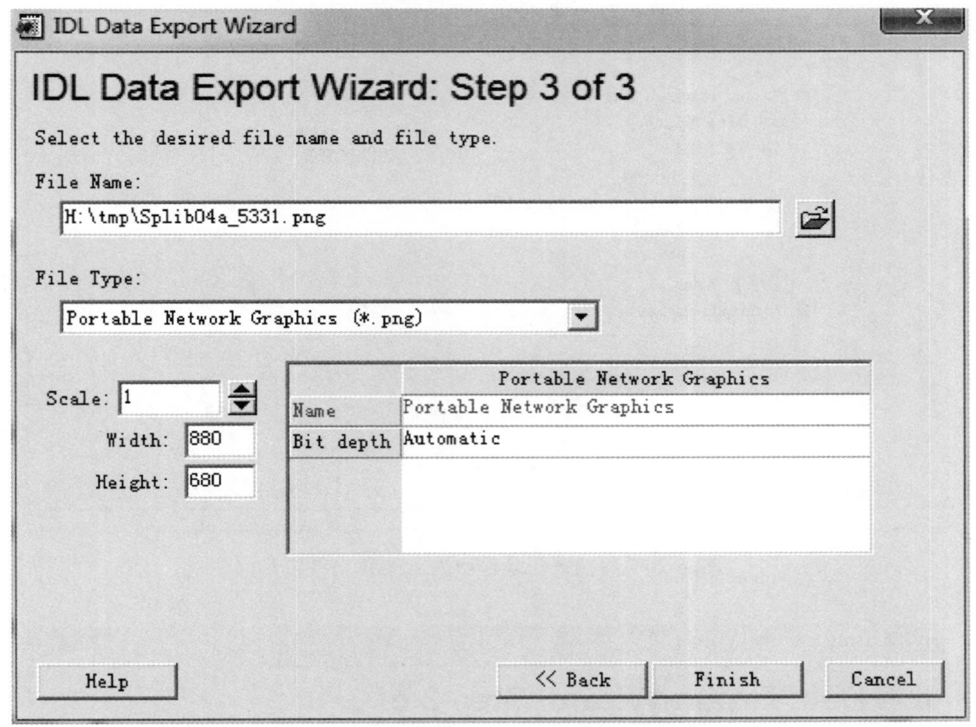

图 6-19 输出一条光谱记录为图形文件窗口

2）光谱记录输出为 ASCII 文件

这个功能将一条记录中的波长或者反射率输出为 ASCII 文本文件，这样输出的数据文件就能被其他软件使用。该操作主要分为三步。

（1）点击图 6-6 中的 File→Export，出现图 6-18 界面。

（2）点击图 6-20 中的“X”或者“Y”，选择“X”表示输出波长，选择“Y”表示输出反射率。

（3）输出文本文件的路径及文件名，点击完成即可（图 6-21），输出 splib04a 第 5331 记录中的波长为 ASCII 文件，文件名为 splib04a_wavelength.txt（图 6-21）。

六、撰写实验报告

按照实习报告格式要求撰写，重点内容包括：目的、View_SPECPR 安装结果及 splib 光谱分析结果。

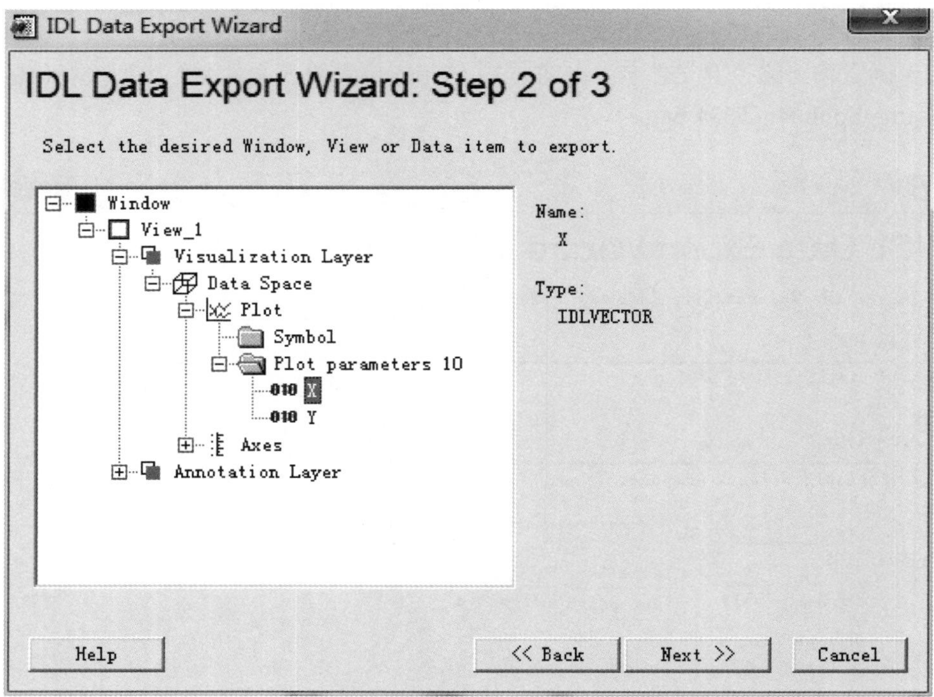

图 6-20　将一条记录输出为 ASCII 文件窗口

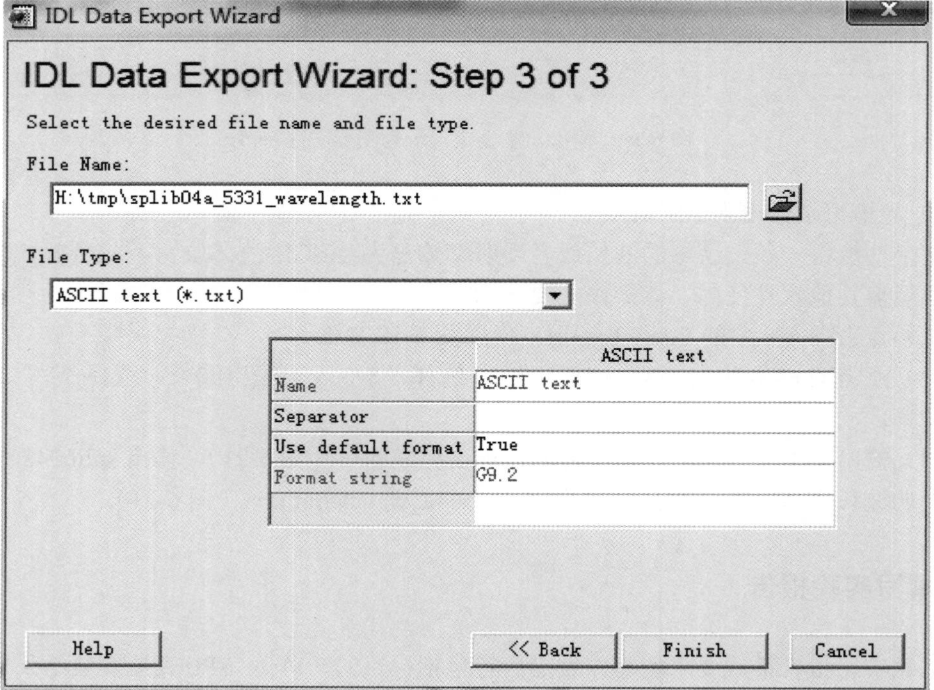

图 6-21　输出一条记录为 ASCII 的文本文件

实验七　免费卫星遥感数据网络下载

一、实验目的

熟练掌握免费卫星遥感数据选择的基本标准及下载方法，尽可能多地了解卫星遥感数据的特点。

二、实验内容

互联网共享卫星数据下载，掌握卫星遥感数据质量评价方法，下载如 Landsat 1-8、ERS1/2、ENVISAT 等卫星数据。本实验主要介绍三个网站下载数据：

（1）美国地质调查局（USGS）网站，网址为 http：//earthexplorer.usgs.gov/。

（2）USGS 另外一个网站，网址为 http：//glovis.usgs.gov/。

（3）中国科学院地理空间数据云，网站为 http：//www.gscloud.cn/。

三、原理与方法

遥感数据对地观测的初级产品，是记录地球表面陆地覆盖和变化的重要媒介，是我们了解、认识和保护地球生态环境的重要数据源，是学习遥感知识的重要载体。目前，在轨运行的卫星有上千种，按照用途可以将其分为公益性卫星、商业卫星和军事卫星，遥感数据分为航空遥感数据和卫星遥感数据。

美国陆地资源卫星 Landsat 是世界上持续对地观测时间最长的卫星（表 7-1）。1972 年美国发射了第一颗陆地资源卫星 Landsat-1，2013 年 2 月 11 日又成功发射了 Landsat-8，Landsat 卫星已经服务了 40 多年，收集了大量陆地地表数据，其数据广泛服务于人类活动监测、科学研究、政府管理等领域。2008 年，USGS 开始通过互联网向全世界免费共享其存档的 Landsa1～Landsat8 所有数据，开创了中等分辨率卫星遥感数据免费共享的历史创举。

表 7-1　美国 Landsat 系列卫星基本情况

卫星名称	发射机构	发射日期	终止日期	轨道高度	传感器	重返周期
Landsat-1	NASA	1972.7.23	1978.1.6	915km	RBV/MSS	18 天
Landsat-2	NASA	1975.1.22	1982.2.25	915km	RBV/MSS	18 天
Landsat-3	NASA	1978.3.5	1983.3.31	915km	RBV/MSS	18 天
Landsat-4	NASA	1982.7.16	2001.6.15	705km	MSS/TM	16 天

续表

卫星名称	发射机构	发射日期	终止日期	轨道高度	传感器	重返周期
Landsat-5	NASA	1984.3.1	2009	705km	MSS/TM	16 天
Landsat-6	NASA	1993.10.5	1993.10.5	发射失败	ETM	16 天
Landsat-7	NASA	1999.4.15	Operating*	705km	ETM +	16 天
Landsat-8	NASA	2013.2.11	Opreating	705km	OLI/TIRS	16 天

注：NASA（National Aeronautics and Space Administration）：美国国家航空航天局，负责卫星的研制发射及在轨测试。

USGS：United States Geological Survey，美国地质调查局，负责卫星数据的接收、分发、存档。

Landsat-7 卫星在 2003 年 5 月 31 号发生故障，其扫描校正部件（Scan Line correction，SLC）坏掉，因此 2003 年 5 月 31 号之前获取的数据标识为 SLC-On，之后的数据标识为 SLC-Off。

卫星数据获取主要通过以下 3 个途径：①通过代理机构购买获得；②在一定范围共享获取；③通过互联网免费获取数据。目前，一般高分辨率卫星影像（＞3m）需付费获取，中等分辨率数据（3～100m）有免费获取，部分需要购买，低分辨率卫星影像（＜100m）获取有免费或者付费两种方式。

（一）准备工作

（1）足够网络带宽。

（2）网络互连。

（3）下载、安装 Google Earth（http：//www.google.com/earth/download/ge/agree.html）。下载 Landsat WRS 系统 Path/Row KML 文件（http：//landsat.usgs.gov/tools_wrs-2_shapefile.php），并双击打开，添加到 Google Earth 上。

（4）Landsat 数据分幅原则。了解卫星遥感数据的分幅原则是快速检索和下载数据的前提。USGS 将 Landasat 获取的数据按照一定的规则分幅，一幅称为一景，一景一个编号，称为全球参考系统（World Reference System，WRS），分为 WRS1 和 WRS2。WRS1 为 Landsat-1、Landsat-2、Landsat-3、Landsat-4 及 Landsat-5 的 MSS 传感器数据编号系统，WRS2 为 Landsa4-5 的 TM、Landsat-7 的 ETM + 及 Landsat-8 的 OLI/TIRS 传感器数据编号系统。

WRS 编号由两组数字构成，每一组数字由三位数构成，第一组数字是轨道号（path）；第二组数字表示行号（row），如烟台地区的轨道编号为 path/row = 120/34。对于 Landsat MSS 数据，其 path + 9 与 Landsat TM、ETM + 的 path 覆盖范围相同，其 row 与 TM/ETM + /OLI 相同，即 MSS 数据 128/34 和 TM/ETM + 的 119/34 在空间覆盖范围上是相同的。

Landsat 重返周期为 16 天，绕地 233 圈，path = 001～233，规定西经 64.6°为 001，第 1 行为北纬 80°47′N，与赤道重叠处（降交点）为 60；到南纬 81°51′为 122 行，然后开始第 123 行，向北行数增加，穿过赤道（path = 184），并继续向北至北纬 81°51′为 246 行，从 123 行到 256 行为夜间数据。

中国大部分地区 Landsat 数据位于 path = 113～146，row = 23～48。

（二）共享网站站点

互联网提供了大量可以免费下载的数据源，这些数据有的来自国内数据服务机构，有的来自国外数据服务机构（表 7-2）。

表 7-2　互联网免费遥感数据源

序号	网站名称	IP 地址	卫星数据
1	美国地质调查局（USGS）	http：//earthexplorer.usgs.gov/ http：//edcsns17.cr.usgs.gov/EarthExplorer/ http：//glovis.usgs.gov/	Landsat 系列
2	美国马里兰大学	http：//glcfapp.umiacs.umd.edu：8080/esdi/index.jsp	Landsat 系列
3	地理空间数据云	http：//www.gscloud.cn/	Landsat
4	对地观测数据共享计划（中国科学院遥感与数字地球研究所）	http：//ids.ceode.ac.cn/query.html	Landsat 系列 ERS IPR ENVISAT
5	Google 公司 Google Earth	http：//www.google.com/earth/download/ge/agree.html	

四、实验仪器与数据

联网计算机，数据存储设备。

五、实验步骤

介绍三个卫星遥感数据共享网站的使用方法，即 USGS Earth Explorer、USGS Glovis 及地理空间数据云三个网站。

（一）USGS Earth Explorer 下载数据

从美国地质调查局网站下载数据。输入 http：//earthexplorer.usgs.gov/，图 7-1 为该网站的数据共享的主界面，通过网络从 USGS 上查询并下载数据。

网站对数据检索与下载设置了四个卡片目录，对应图 7-1 中②、③、④及⑤。

卡片 1 为查询标准（Search Criteria）设置：主要设置轨道编号、查询时间及查询结果显示数量等。

卡片 2 为数据集（Data Sets）设置：主要设置传感器数据集。

卡片 3 为附加条件（Additional Criteria）设置：相当于二次检索条件设置，如增加一些云量、时间等限制性条件。

卡片 4 为结果（Results）：显示查询结果。

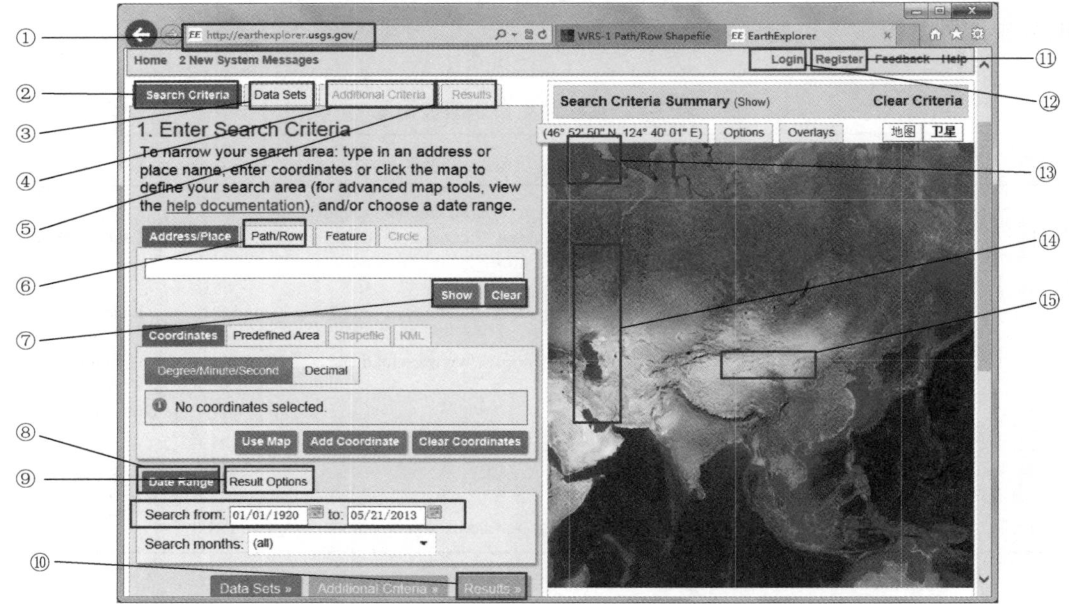

图 7-1　USGS 免费卫星数据网络下载页面

图 7-1 中用数字①～⑮标识了不同数据查询操作。①美国 USGS 网址；②数据检索条件；③数据集；④附加检索条件；⑤显示检索结果；⑥轨道编号 Path/Raw；⑦显示位置；⑧数据时间范围；⑨检索结果选项；⑩检索结果；⑪注册；⑫登录；⑬移动检索空间位置；⑭放大缩小；⑮检索位置卫星图像显示窗口

1. 打开网页，网上注册并登录为注册用户

打开网址。用一款兼容性好的浏览器，如 IE8.0 以上，同时要安装适合的 Java 程序，键入如上的网站地址，打开 USGS 的免费卫星下载网站。

注册。点击⑪的 Register，进入注册界面，之后按照界面提示，一步一步添加必要信息，需要提醒的是，添加的电子邮箱必须是准确的，以备定制数据使用。

登录为注册用户。如果是已经注册过的有效用户，可以直接点击⑫Login 登录。只有成为注册用户，查询的数据才能下载。

2. 轨道查询设置

点击查询标准（Search Criteria）卡片，即 Search Criteria→Path/Row（图 7-1②），出现轨道编号（图 7-2），在 Path 和 Row 对话框中输入待查询 Landsat 轨道编号信息，如 Parth/Row = 119/34。

点击 Show，设置好待查询的 Landsat 系列轨道号。图 7-2 中的空白显示出 1 条 119/34 中心经纬度坐标信息（图 7-2）：“Lat：37° 28′46″N，Lon：121° 58′53″E”。

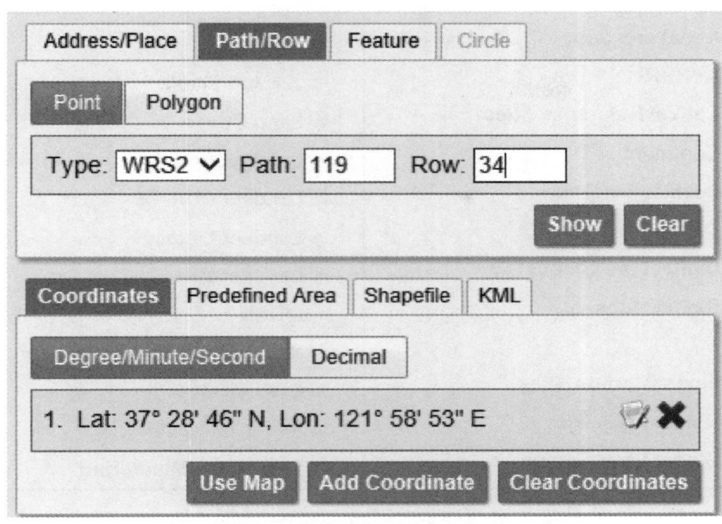

图 7-2　轨道编号设置

3. 日期设置

点击 Date Range（图 7-1⑧），输入查询的时间，默认时间从 01/01/1920 到当前查询时间（05/22/2013）。

4. 查询结果返回数量设置

点击 Result Options（图 7-1⑨），设置返回查询结果数量（图 7-3），此值要设置大于存档数量，否则将导致查询结果不全，此设置为 500 景（截至本文成稿，可允许设置最大的查询数量为 500，超过此数量后，变为默认数量 100）。

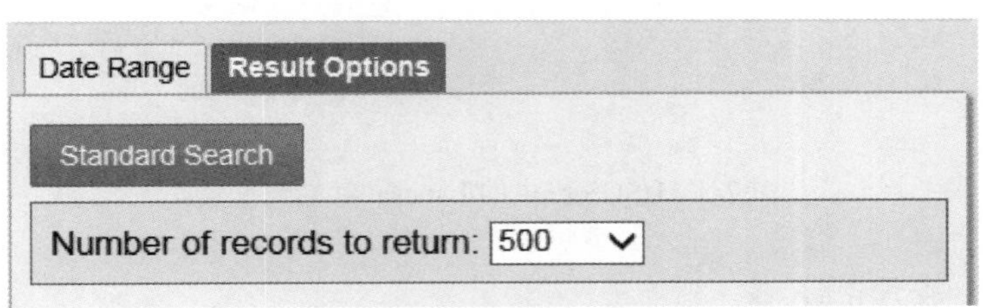

图 7-3　Landsat 返回查询记录数量设置

5. 数据集设置

此步骤主要设置查询数据集，USGS 网站上提供的数据集有很多，从航空相片到卫星遥感数据（图 7-4）。

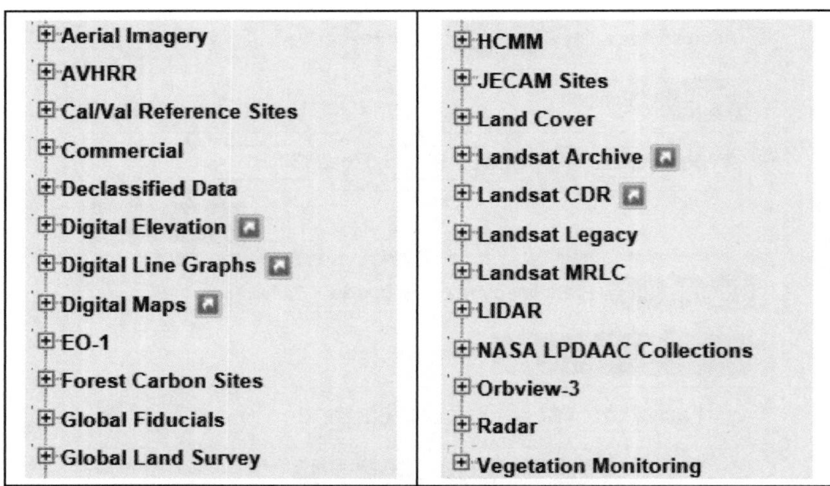

图 7-4　USGS 提供的免费下载数据集

点击 Data Sets→Landsat Archive（图 7-1③），多选框中选择一个或者多个数据集（图 7-5），下图选择 L8 OLI/TIRS、Landsat-7 ETM + SLC-on、Landsat4-5 TM 及 L1-5 MSS 数据集。

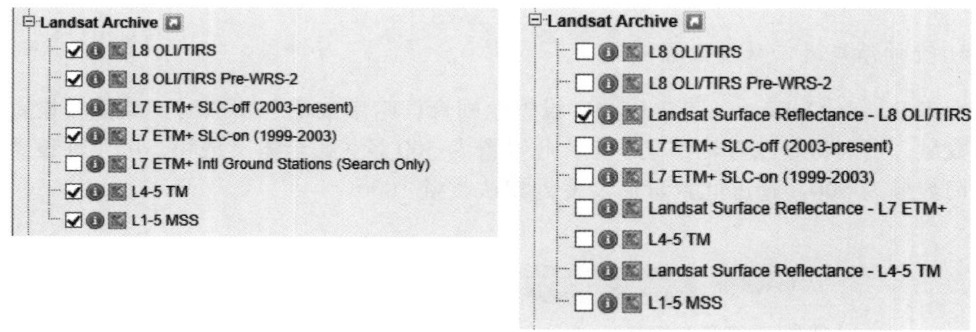

图 7-5　USGS 提供的 Landsat 存档数据集

6. 设置附加查询条件

设置附加查询条件主要包括云覆盖大小设置、地面站设置、数据产品级别设置及数据获取时间（白天与晚上）数据设置等，默认是不考虑这些条件。

点击 Additional Criteria（图 7-1④），可以跳过此步。

7. 显示查询结果

点击 Results（图 7-1⑤），显示结果（图 7-6），通过 Next 与 Last 按钮，浏览查询结果。

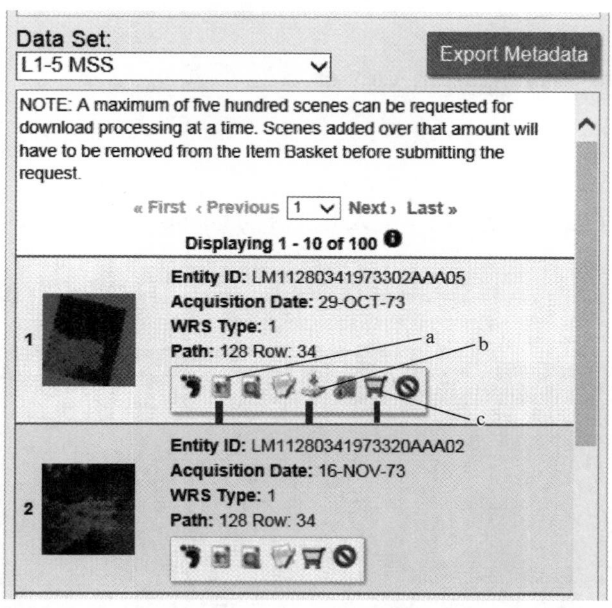

图 7-6　查询的部分结果

8. 数据下载与订购

图 7-6 显示了下载和订购页面。

（1）点击 a，将快视图叠加到 Google Earth 上。

（2）点击 b，为下载。

（3）点击 c，为订购。

订购就是搜索到数据，但数据目前不在线，无法下载，点击图 7-6 中 c，将数据添加到购物框，一次可以订购多景，之后点击图 7-7 中的 a，按照提示操作，就可以将数据定制好，2～3 天后，USGS 会将订购数据的下载链接发到你注册的电子邮箱中，就可以下载。

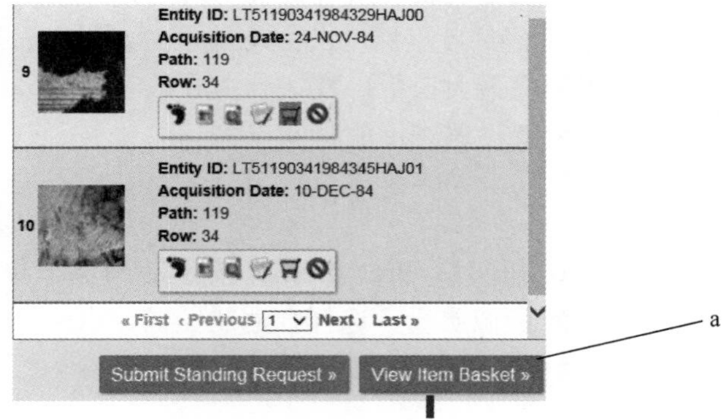

图 7-7　Landsat 卫星数据定制

（二）USGS Global Visualization Viewer 数据下载

1. 打开网页

键入网址：http：//glovis.usgs.gov/，进入 USGS 的 Glovis 卫星数据查询下载页面（图 7-8）。

图 7-8　Glovis 卫星遥感数据下载页面

2. 设置数据查询条件

（1）数据集设置（Collection）。点击图 7-8 中的 Collection，从对应的菜单中选择卫星数据集，如 Aerial、ASTER、EO-1、Landsat Archive、Global Land Survey、Landsat MRLC Collections、Landsat Legacy Collections、MODIS Aqua、MODIS Terra、MODIS Combined 及 TerralLook 等。本实验选择 Landsat8 数据（Collection→Landsat Archive→Landsat8 OLI）。

（2）空间位置设置。选择 WRS-2 Path/Row = 119/34，点击对应的 go 按钮，也可以在经纬度坐标 Lat/long 上键入要查询的经纬度坐标，如 Lat/long = 37.5/122.0，点击对应的 go 按钮。

（3）云量限制。可以设置影像最大云量，默认为 100%。

（4）时间设置。在对应的位置设置查询的时间点击 go。

3. 添加查询到的数据

通过点击向前 Next Scene 和向后 Prev Scene 按钮，浏览卫星图像，通过 Scene Information 下面的信息框，查看图像质量，选择合适的图像，点击 Add 按钮，图像就被添加到图像列表中。

4. 添加查询数据到购物车

点击 Send to Cart，即可以将选择的一景或者多景数据添加到购物车。如果用户没有在 USGS 网站上注册，那么系统会提示注册，如果已经注册，那么系统会提示要登录，登录之后就会调用 USGS 下载界面（图 7-9）。

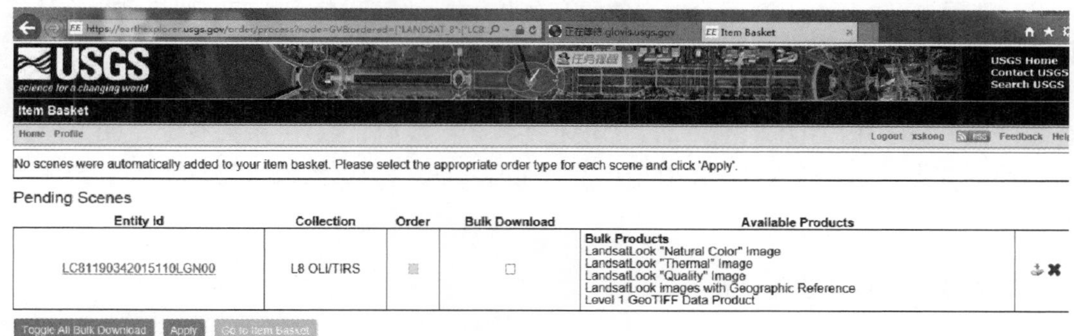

图 7-9　Glovis 购物车界面

5. 下载

点击图 7-9 中的⚓，即可下载购物车中的数据。

（三）地理空间数据云下载

地理空间数据云平台（Geospatial Data Cloud，GsCloud）是中国科学院计算机网络信息中心提供的共享数据资源及模型服务。

1. 打开页面，注册并登录

打开页面：键入 http：//www.gscloud.cn/csearch.jsp，图 7-10 为共享工作界面，通过相应操作，提供浏览、检索、下载等服务。

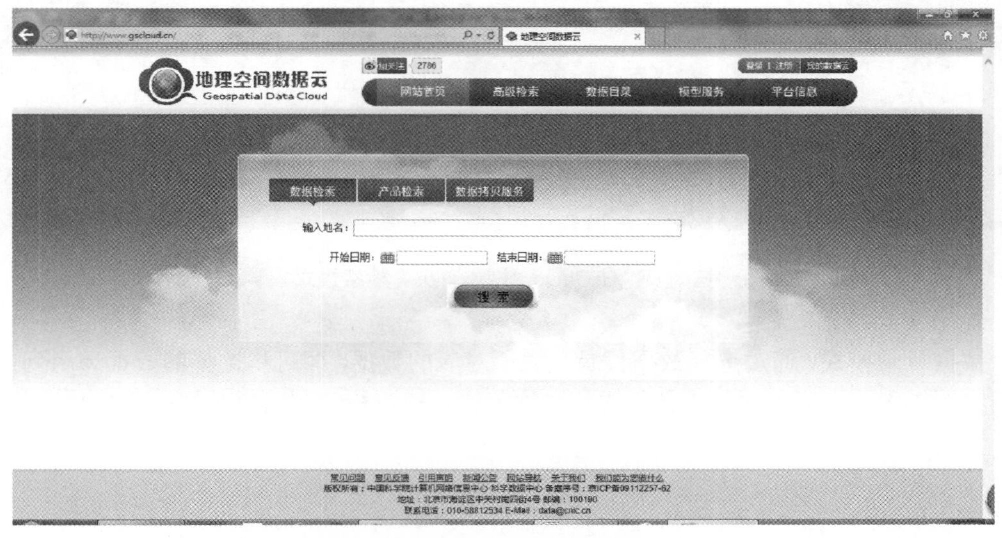

图 7-10　中国科学院计算机网络中心地理空间云服务

注册：键入 http：//auth.csdb.cn/reg01.jsp?url = http：//www.gscloud.cn，按照页面要求，用户填写必要真实信息后，可以免费注册。

注册用户可以下载共享平台发布的所有公开数据，并可以使用所有在线模型提交计算任务。

该共享中心提供了美国 Landsat 系列数据、MODIS 陆地标准产品、MODIS 中国合成产品、MODIS L1B 标准产品、DEM 数字高程数据、EO-1 系列数据、GLS 全球陆地调查数据、NOAA AVHRR 数据产品、全球 LUCC 数据集及典型区域高分辨率数据集等。

2. 共享数据检索条件设置

注册登录 GsCloud 平台，平台提供了三种数据检索方式，即“网站首页”“高级检索”及“数据目录”，用户输入检索条件，即可检索共享数据。

网站首页模式：可以直接输入地名及检索起止时间等信息，点击图 7-11 中的检索，即可检索到共享数据（图 7-11）。

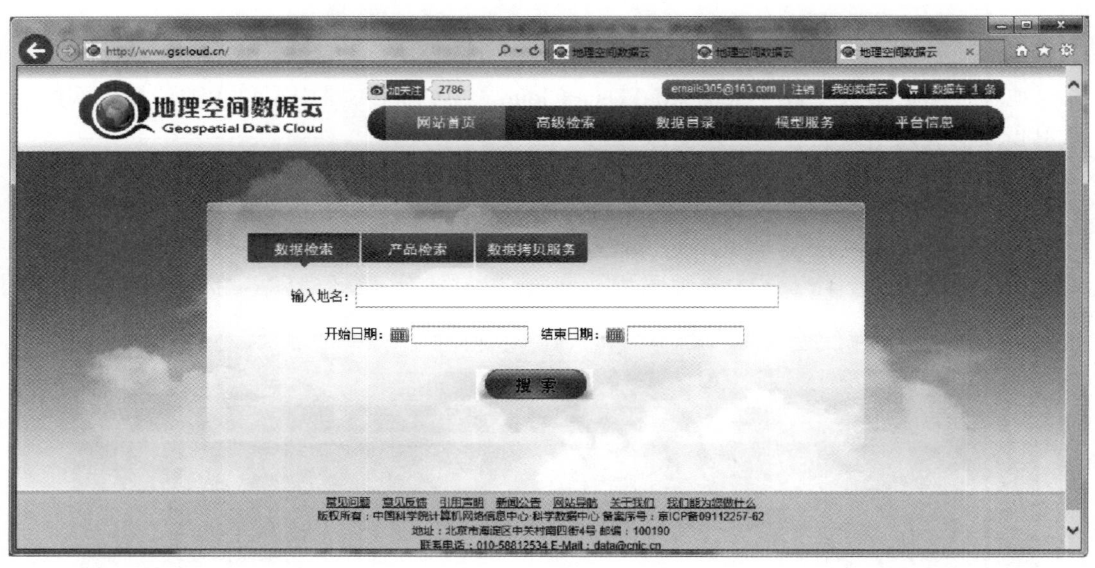

图 7-11　GsCloud“网站首页”检索模式

数据目录模式：通过选择数据目录列表所对应的数据，即可将选择的数据调用到当前数据集图框中，之后按照用户条件进行二次筛选，即可检索到所需数据（图 7-12）。

图 7-12　GsCloud“数据目录”检索模式

高级检索模式：可以按照检索的地名、经纬度、行政区及起止时间等信息，选择所需的数据集来检索所需的数据（图 7-13）。

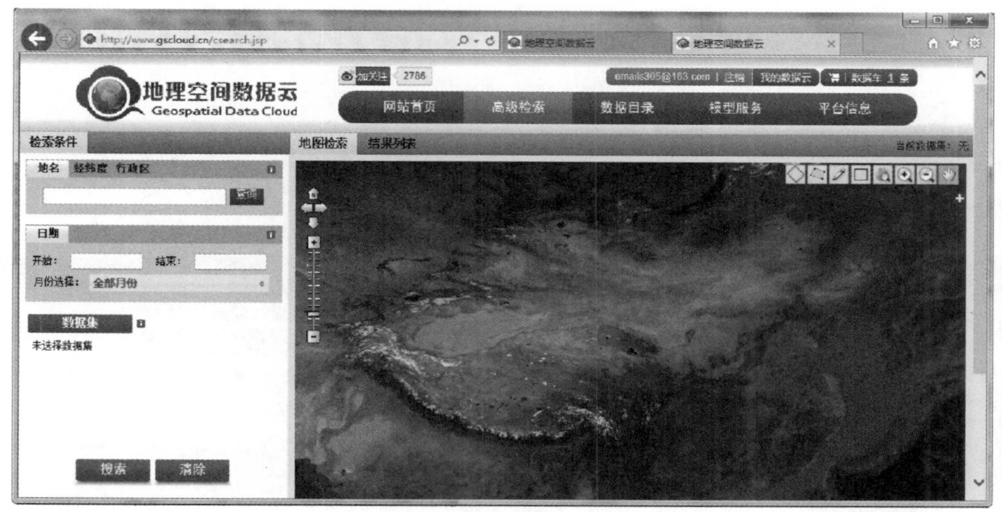

图 7-13　GsCloud“高级检索”模式

下面重点介绍高级检索模式的使用方式。

检索条件如下。

地名：在对话框中输入要检索地名，之后点击查询，如输入“中国山东省烟台”，点击查询，在信息栏中显示了该矩形区域的四个顶点的经纬度坐标，即确定了检索的空间位置。

日期：点击开始和结束后的空白对话框，即可输入检索的起止时间，默认为全部时间。

数据集：点击数据集，调用数据集选择对话框，在多选框中选择对应的数据集，如 Landsat8 OLI_TIRS、Landsat7 ETM+SLC-on、Landsat4-5 TM 及 Landsat4-5 MSS 数据（图 7-14），并点击“确定”按钮。

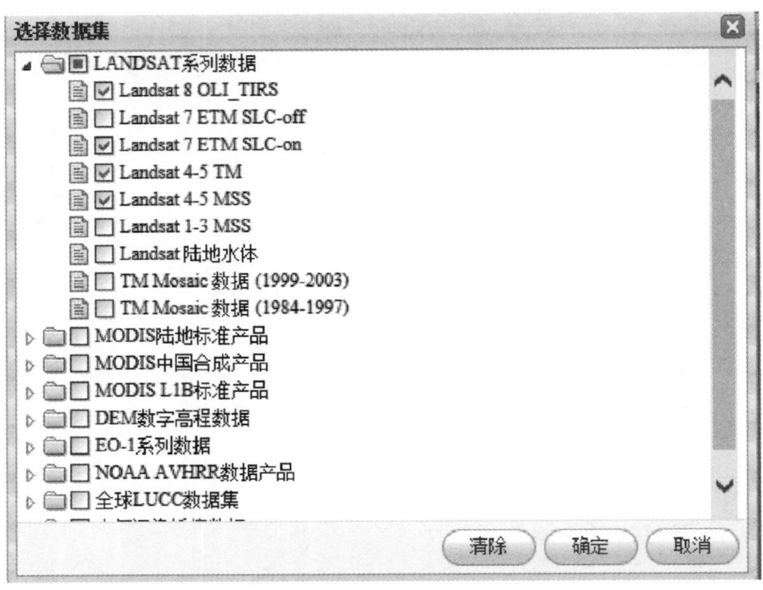

图 7-14　GsCloud“高级检索”模式数据集选择对话框

3. 检索

设置好空间位置、时间及数据集等检索条件后，点击“搜索”按钮，即可检索到 GsCloud 共享数据平台中满足设定条件的数据，并显示在检索结果列表中（图 7-15）。

图 7-15　GsCloud“高级检索”模式检索结果

4. 下载

图 7-15 中，点击“操作”下面的“更多”列表，选择“下载数据”即可下载对应的数据。查询结果按照“编号”“数据标示”“条带号”“行编号”“日期”“经度”“纬度”“云量”“缩略图”及“操作”等进行显示，可以在二次筛选所对应的空白处，选择合适的二次筛选条件，对数据进行再次选择，直到满足要求为止。

六、撰写实验报告

按照实习报告格式要求撰写，重点内容包括：常用共享卫星数据下载方法及不同网站数据的异同点。

实验八　卫星遥感数据行星反射率计算

一、实验目的

理解行星反射率计算的基本原理，读懂卫星遥感数据的头文件，掌握行星反射率的计算方法，理解典型地物行星反射率光谱曲线、DN 波段曲线及真实光谱曲线间的异同点。

二、实验内容

（1）基于 Landsat 卫星遥感数据，计算其行星反射率。

（2）典型地物行星反射率光谱曲线和 DN 波段曲线绘制与统计特征分析。

（3）与 USGS 波谱库中的植被光谱曲线对比分析。

三、原理与方法

行星反射率：未经大气辐射校正处理，由卫星遥感数据计算出来的地表反射率，又称为大气层顶反射率、表观反射率等，与地表真实反射率的关系可以用图 8-1 表示。

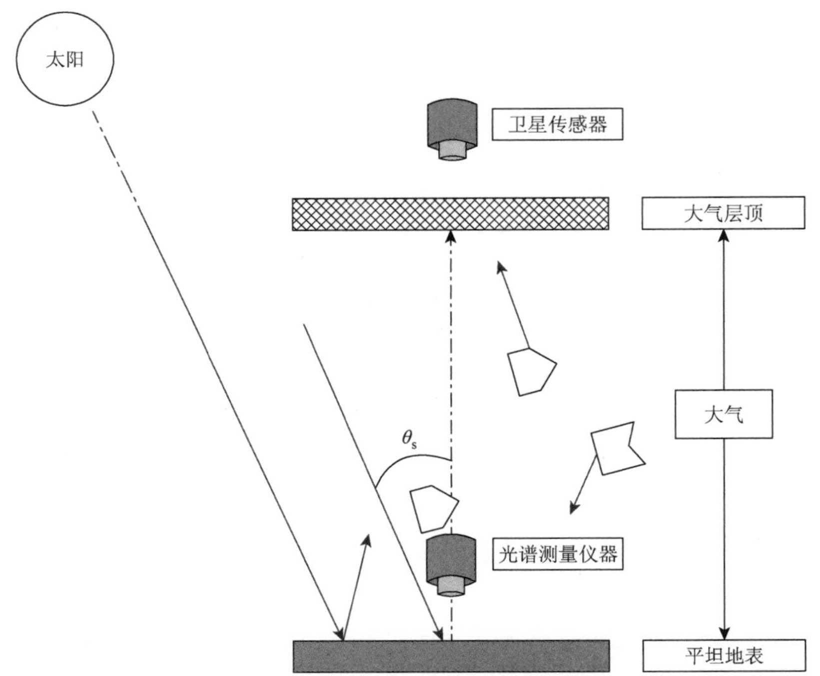

图 8-1　地表真实反射率与行星反射率关系示意

基于卫星遥感数据，行星反射率可由式（8-1）计算得到：

$$\rho^* = \frac{\pi \cdot L_\lambda \cdot d^2}{\mathrm{ESUN}_\lambda \cdot \cos\theta_\mathrm{s}} = \frac{L_\lambda}{\dfrac{\mathrm{ESUN}_\lambda}{\pi \cdot d^2} \cdot \cos\theta_\mathrm{s}} \tag{8-1}$$

式中，ρ^*为行星反射率；θ_s为太阳天顶角，由头文件中提供的太阳高度角计算，即天顶角 = 90°−高度角，ESUN_λ为传感器的光谱辐照度，为常数；L_λ为光谱亮度值，$\mathrm{W/(m^2 \cdot sr \cdot \mu m)}$；$d$为卫星过境成像时刻日地距离（天文单位）。

给定一幅卫星遥感数据，要计算出其行星反射率图像，根据式（8-1），ESUN_λ、θ_s与d三个参数中，只有d需要通过前面的实验计算获得，其余两个参数是常数，通过查阅有关文件就可以获得，行星反射率ρ^*与地物亮度成正比，地物亮度与传感器的增益和偏置有关，增益和偏置参数可以从头文件中获得，用 ENVI 的 Band Math 来计算卫星数据的行星反射率。

遥感数据的头文件中记录了行星反射率计算的一些重要参数。卫星遥感数据分发时，制定了不同的数据格式，大体可以分为数据文件和元数据文件。数据文件主要是以数字方式记录地物特性的文件。元数据是关于数据的数据，元数据文件是记录了数据的数据文件。遥感数据元数据文件是记录了遥感数据获取有关的参数和获取后所进行的处理信息的文件，主要有：影像获取及处理的日期和时间、传感器的名称、投影参数、几何光学条件、几何校正与传感器辐射校正参数等信息，同一传感器类型，信息也会因数据处理系统的差异而有所不同，不同的传感器类型，信息差异会更大一些。

遥感数据的元数据一般就是指遥感数据的头文件，它与图像数据同时发布，或者嵌入到图像文件中，或者为单独文件，元数据多为文本文件，可以用记事本或者写字板打开，查阅有关的信息。

Landsat 系列卫星，自 1972 年发射至今，一共成功发射了 Landsat1、Landsat2、Landsat3、Landsat4、Landsat5、Landsat7 和 Landsat8 等 7 颗卫星，携带的传感器类型有 MSS、TM、ETM + 和 OLI。由于卫星数据处理系统的差异，卫星数据的头文件名称不尽同，在 MSS 中为*WO.txt，在 TM、ETM + 和 OLI 中为*_MTL.txt，有些系统将头文件命名为 header.dat。

Landsat 系列卫星传感器主要特性总结如表 8-1～表 8-4 所示，其他卫星参数可查阅有关文献。

表 8-1 Landsat MSS 传感器光谱范围、增益系数及大气层顶太阳光谱辐照度

波段	光谱范围/μm	中心波长/μm	最小亮度/[W/（m²·sr·μm）]	最大亮度/[W/（m²·sr·μm）]	增益/[W/（m²·sr·μm）/DN]	偏置/[W/（m²·sr·μm）]	ESUN$_\lambda$[W/（m²·μm）]
Landsat MSS（$Q_{\mathrm{calmin}}=0$，$Q_{\mathrm{calmax}}=127$），L1 MSS（NLAPS）							
4	0.499～0.597	0.548	0	248	1.952760	0	1823
5	0.603～0.701	0.652	0	200	1.574800	0	1559
6	0.694～0.800	0.747	0	176	1.385830	0	1276
7	0.810～0.989	0.900	0	153	1.204720	0	880.1

续表

波段	光谱范围/μm	中心波长/μm	最小亮度/[W/（m^2·sr·μm）]	最大亮度/[W/（m^2·sr·μm）]	增益/[W/（m^2·sr·μm）/DN]	偏置/[W/（m^2·sr·μm）]	$ESUN_\lambda$[W/（m^2·μm）]
			L2 MSS（NLAPS）				
4	0.497～0.598	0.548	8	263	2.007870	8	1829
5	0.607～0.710	0.659	6	176	1.338580	6	1539
6	0.697～0.802	0.750	6	152	1.149610	6	1268
7	0.807～0.990	0.899	3.66667	130.333	0.997373	3.66667	886.6
			L3 MSS（NLAPS）				
4	0.497～0.593	0.545	4	259	2.007870	4	1839
5	0.606～0.705	0.656	3	179	1.385830	3	1555
6	0.693～0.793	0.743	3	149	1.149610	3	1291
7	0.812～0.979	0.896	1	128	1.000000	1	887.9
			L4 MSS（NLAPS）				
4	0.495～0.605	0.550	4	238	1.842520	4	1827
5	0.603～0.696	0.650	4	164	1.259840	4	1569
6	0.701～0.813	0.757	5	142	1.078740	5	1260
7	0.808～1.023	0.916	4	116	0.881890	4	866.4
			L5 MSS（NLAPS）				
1	0.497～0.607	0.552	3	268	2.086610	3	1824
2	0.603～0.697	0.650	3	179	1.385830	3	1570
3	0.704～0.814	0.759	5	148	1.125980	5	1249
4	0.809～1.036	0.923	3	123	0.944882	3	853.4

表 8-2　Landsat TM 传感器光谱范围、增益系数及大气层顶太阳光谱辐照度

波段	光谱范围/μm	中心波长/μm	最小亮度/[W/（m^2·sr·μm）]	最大亮度/[W/（m^2·sr·μm）]	增益/[W/（m^2·sr·μm）/DN]	偏置/[W/（m^2·sr·μm）]	$ESUN_\lambda$/[W/（m^2·μm）]
			Landsat TM（$Q_{calmin}=1$，$Q_{calmax}=255$），L4 TM（NLAPS）				
1	0.452～0.518	0.485	−1.52	152.10	0.602431	−1.52	1983
2	0.529～0.609	0.569	−2.84	296.81	1.175098	−2.84	1795
3	0.624～0.693	0.659	−1.17	204.30	0.805765	−1.17	1539
4	0.776～0.905	0.841	−1.51	206.20	0.814549	−1.51	1028
5	1.568～1.784	1.676	−0.37	27.19	0.108078	−0.37	219.8
6	10.42～11.66	11.040	1.2378	15.3032	0.055158	1.2378	—
7	2.097～2.347	2.222	−0.15	14.38	0.056980	−0.15	83.49
			L4 TM（LPGS）				
1	0.452～0.518	0.485	−1.52	163	0.647717	−2.17	1983
			−1.52	171	0.679213	−2.20	
2	0.529～0.609	0.569	−2.84	336	1.334016	−4.17	1795
3	0.624～0.693	0.659	−1.17	254	1.004606	−2.17	1539

续表

波段	光谱范围/μm	中心波长/μm	最小亮度/[W/（m^2·sr·μm）]	最大亮度/[W/（m^2·sr·μm）]	增益/[W/（m^2·sr·μm）/DN]	偏置/[W/（m^2·sr·μm）]	ESUN$_\lambda$/[W/（m^2·μm）]
L4 TM（LPGS）							
4	0.776～0.905	0.841	−1.51	221	0.876024	−2.39	1028
5	1.568～1.784	1.676	−0.37	31.4	0.125079	−0.50	219.8
6	10.42～11.66	11.040	1.2378	15.3032	0.055376	1.2378	—
7	2.097～2.347	2.222	−0.15	16.6	0.065945	−0.22	83.49
L5 TM（LPGS）							
1	0.452～0.518	0.485	−1.52	169	0.671339	−2.19	1983
			−1.52	193	0.765827	−2.29	
2	0.528～0.609	0.569	−2.84	333	1.322205	−4.16	1796
			−2.84	365	1.448189	−4.29	
3	0.626～0.693	0.660	−1.17	264	1.043976	−2.21	1536
4	0.776～0.904	0.840	−1.51	221	0.876024	−2.39	1031
5	1.567～1.784	1.676	−0.37	30.2	0.120354	−0.49	220.0
6	10.45～12.42	11.435	1.2378	15.3032	0.055376	1.18	—
7	2.097～2.349	2.223	−0.15	16.5	0.065551	−0.22	83.44

表 8-3　Landsat ETM＋传感器光谱范围、增益系数及大气层顶太阳光谱辐照度

波段	光谱范围/μm	中心波长/μm	最小亮度/[W/（m^2·sr·μm）]	最大亮度/[W/（m^2·sr·μm）]	增益/[W/（m^2·sr·μm）/DN]	偏置/[W/（m^2·sr·μm）/DN]	ESUN/[W/（m^2·μm）]
Landsat ETM＋（$Q_{calmin}=1$，$Q_{calmax}=255$），低增益模式（LPGS）							
1	0.452～0.514	0.483	−6.2	293.72	1.180709	−7.38	1982.17
2	0.519～0.601	0.560	−6.4	300.92	1.209843	−7.61	1836.24
3	0.631～0.692	0.662	−5.0	234.47	0.942520	−5.94	1554.94
4	0.772～0.898	0.835	−5.1	241.16	0.969291	−6.07	1052.99
5	1.547～1.748	1.648	−1.0	47.57	0.191220	−1.19	226.81
6	10.31～12.36	11.335	0.0	17.04	0.067087	−0.07	1372.71
7	2.065～2.346	2.206	−0.35	16.54	0.066496	−0.42	74.93
Pan	0.515～0.896	0.706	−4.7	243.15	0.975591	−5.68	1372.63
高增益模式（LPGS）							
1	0.452～0.514	0.483	−6.2	191.64	0.778740	−6.98	1982.17
2	0.519～0.601	0.560	−6.4	196.52	0.798819	−7.20	1836.24
3	0.631～0.692	0.662	−5.0	152.94	0.621654	−5.62	1554.94
4	0.772～0.898	0.835	−5.1	157.43	0.639764	−5.74	1052.99
5	1.547～1.748	1.648	−1.0	31.06	0.126220	−1.13	226.81
6	10.31～12.36	11.335	3.2	12.65	0.037205	3.16	1372.71
7	2.065～2.346	2.206	−0.35	10.80	0.043898	−0.39	74.93
Pan	0.515～0.896	0.706	−4.7	158.3.	0.641732	−5.34	1372.63

表 8-4　Landsat8 OLI、Landsat9 OLI-2 传感器光谱范围、增益系数及大气层顶太阳光谱辐照度

波段	光谱范围/μm	中心波长/μm	最小亮度/[W/（m^2·sr·μm）]	最大亮度/[W/（m^2·sr·μm）]	增益/[W/（m^2·sr·μm）/DN]	偏置/[W/（m^2·sr·μm）/DN]	ESUN/[W/（m^2·μm）]
Landsat8 OLI（$Q_{calmin}=1$，$Q_{calmax}=65535$）							
1	0.433～0.453	0.443	−64.02	775.52	1.28E−02	−64.05	1946.33
2	0.450～0.515	0.482	−65.54	794.13	1.31E−02	−65.59	1979.72
3	0.525～0.600	0.562	−60.41	731.84	1.20E−02	−60.44	1845.68
4	0.630～0.680	0.655	−50.97	617.17	1.01E−02	−50.97	1575.13
5	0.845～0.885	0.865	−31.14	377.63	6.23E−03	−31.19	977.03
6	1.560～1.660	1.610	−7.73	93.90	1.55E−03	−7.75	243.53
7	2.100～2.300	2.200	−2.67	31.63	5.22E−04	−2.61	82.33
Pan	0.500～0.680	0.640	−57.69	698.47	1.15E−02	−57.68	1748.76
9	1.360～1.390	1.375	−12.13	147.55	2.43E−03	−12.19	360.77
Landsat9 OLI-2（$Q_{calmin}=1$，$Q_{calmax}=65535$）							
1	0.430～0.450	0.443	−60.51	732.90	1.21E−02	−60.53	1944.81
2	0.450～0.510	0.482	−62.12	752.76	1.24E−02	−62.17	1979.47
3	0.530～0.590	0.562	−57.38	694.45	1.14E−02	−57.36	1846.59
4	0.640～0.670	0.655	−48.38	585.03	9.66E−03	−48.32	1576.31
5	0.850～0.880	0.865	−29.69	358.67	5.920E−03	−29.61	976.84
6	1.570～1.650	1.610	−7.34	89.18	1.47E−03	−7.36	243.84
7	2.110～2.290	2.200	−2.48	30.04	4.96E−04	−2.48	82.37
Pan	0.500～0.680	0.590	−54.55	660.35	1.09E−02	−54.53	1742.72
9	1.360～1.380	1.375	−11.54	140.12	2.31E−03	−11.57	360.46

四、实验仪器与数据

（1）ENVI 软件。

（2）Landsat5 TM 数据，Path/Row = 120/34，时间为 2006 年 10 月 27 日。

五、实验步骤

从一幅卫星遥感数据中计算其行星反射率和查看计算结果，主要包括读取计算参数、DN 向亮度值转换、亮度值向行星反射率计算和查看主要地物光谱曲线等四个步骤。

1. 从头文件中获取计算参数

（1）卫星获取时间参数。从遥感数据的头文件（元数据文件）中获取时间、太阳天顶角、传感器增益与偏置及 DN 范围等参数。

（2）时间参数获取：用写字板打开该影像头文件 L5120034_03420061027_MTL.txt，读取字段“ACQUISITION_DATE = 2006-10-27”，即卫星获取数据时间：2006 年 10 月 27 日。

（3）太阳天顶角参数获取：读取字段“SUN_ELEVATION = 37.0248866”，根据太阳高度角 θ_s = 90–SUN_ELEVATION，太阳天顶角为 52.9751134°。

（4）传感器的增益和偏置参数获取：“GROUP = MIN_MAX_RADIANCE”和“END_GROUP = MIN_MAX_RADIANCE”字段间的数值表示波段亮度值的最大和最小值，据此可以计算出增益和偏置参数，与表 8-2 中的数值一致。

（5）DN 的范围参数获取：“GROUP = MIN_MAX_PIXEL_VALUE”和“END_GROUP = MIN_MAX_PIXEL_VALUE”字段间的数值表示波段 DN 的最大和最小值，本次实验使用的数据 DN 的最大值和最小值分别是 255 和 1。

2. DN 值亮度值转换

1）转换公式

Landsat 卫星遥感数据是以 DN 来发布的，将 DN 转换成亮度值（又称传感器入瞳处地物光谱辐亮度），转换公式为

$$L_\lambda = (Q_{\mathrm{cal}} - Q_{\mathrm{calmin}}) \times \frac{L_{\max} - L_{\min}}{Q_{\mathrm{calmax}} - Q_{\mathrm{calmin}}} + L_{\min} \tag{8-2}$$

式中，L_λ 表示入瞳处光谱辐射亮度［$\mathrm{W/(m^2 \cdot sr \cdot \mu m)}$］；$Q_{\mathrm{cal}}$ 表示影像数据的 DN（DN）；Q_{calmax} 表示影像数据中 DN 的最大值（DN）；Q_{calmin} 表示影像数据中 DN 的最小值（DN）；$L_{\max}$ 表示最大亮度值［$\mathrm{W/(m^2 \cdot sr \cdot \mu m)}$］；$L_{\min}$ 表示最小亮度值［$\mathrm{W/(m^2 \cdot sr \cdot \mu m)}$］。

有些时候，人们也把式（8-2）改写为式（8-3）的形式。

$$L_\lambda = G_{\mathrm{rescale}} \times Q_{\mathrm{cal}} + B_{\mathrm{rescale}} \tag{8-3}$$

式中，G_{rescale} 为增益系数（Gain），$G_{\mathrm{rescale}} = \frac{L_{\max} - L_{\min}}{Q_{\max} - Q_{\min}}$，单位为 $\mathrm{W/(m^2 \cdot sr \cdot \mu m)/DN}$；$B_{\mathrm{rescale}}$ 为偏置系数（Bias），$B_{\mathrm{rescale}} = L_{\min} - Q_{\mathrm{calmin}} \times \frac{L_{\max} - L_{\min}}{Q_{\max} - Q_{\min}}$，单位为 $\mathrm{W/(m^2 \cdot sr \cdot \mu m)/DN}$。

2）Band Math 表达亮度值计算公式

启用 ENVI 的 Band Math 功能，即点击 Basic Tools→Band Math，根据式（8-2）及头文件中获得的参数，在图 8-2 的`Enter an expression:`对话框中依次填写实验数据 6 个通道的亮度值，计算公式（8-4），并点击`Add to List`，6 个表达式被添加到`Previous Band Math Expressions:`下面的对话框中。

$$(b1-1)*(193.0+1.52)/254-1.52$$
$$(b2-1)*(365.0+2.84)/254-2.84$$
$$(b3-1)*(264.0+1.17)/254-1.17$$
$$(b4-1)*(221.0+1.51)/254-1.51$$

$$(b5-1)*(30.2+0.37)/254-0.37$$
$$(b7-1)*(16.5+0.15)/254-0.15 \tag{8-4}$$

式（8-4）中的字母变量 $b1$ 到 $b5$、$b7$ 分别对应 TM1～TM5、TM7 等 6 个反射通道。

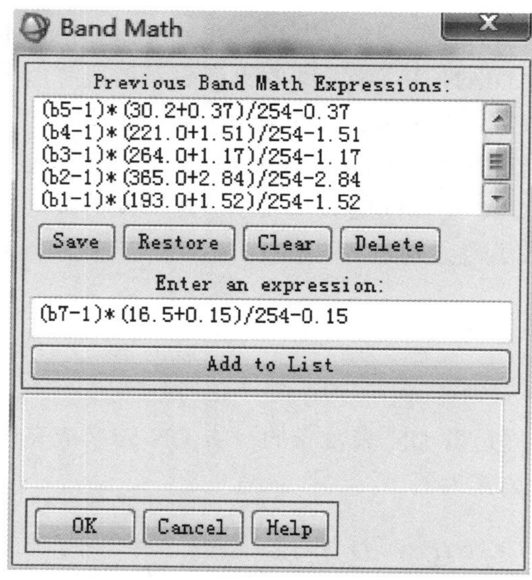

图 8-2　Band Math 输入 DN 向亮度值转换表达式

为方便以后计算，点击图 8-2 中的 Save 按钮，将 Band Math 中的表达式存储为文件（图 8-2），再次使用该公式时，启动 Band Math，点击图 8-2 中的 Restore 按钮，即可将保存的表达式直接恢复过来（图 8-3）。

图 8-3　Band Math 表达式输出和恢复

3）计算亮度值并存储为单独亮度值文件

（1）计算亮度值图像。依次选择图 8-2 中的 6 个公式，点击 OK ，启动变量与波段匹配对话框图 8-4。

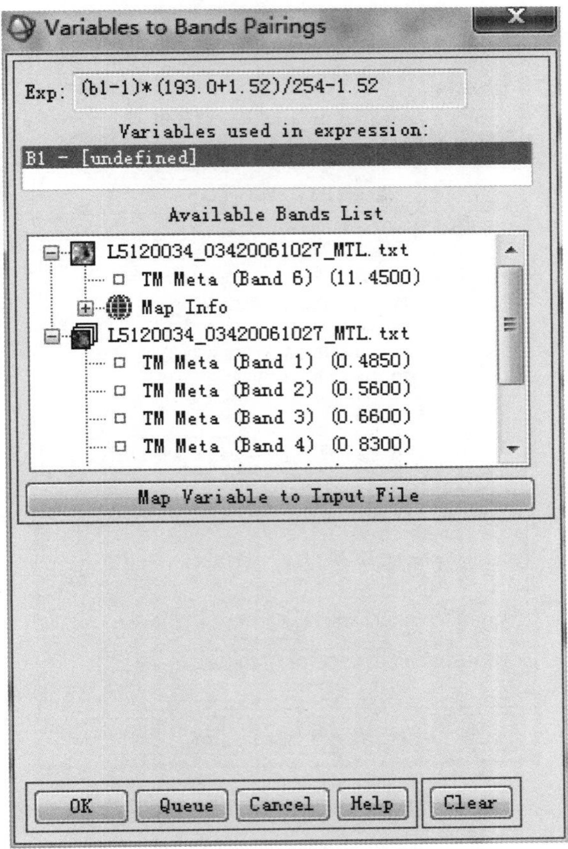

图 8-4　Band Math 变量与波段匹配对话框

此时表达式中的变量呈蓝色高亮显示，图 8-4 中显示变量 *b*1 尚未匹配，在图 8-4 的下拉式滚动条中选择与 *b*1 变量对应的 TM1 波段，将计算得到 TM1 亮度值图像输出到文件或到内存 Output Result to ◉File ○Memory，本实验选择输出到文件，并命名为 L5120034_03420061027_B10_Radiance.tif（图 8-5）。依次将其余五个通道的 DN 值图像输出到文件，并分别命名为 L5120034_03420061027_B20_Radiance.tif、L5120034_03420061027_B30_Radiance.tif、L5120034_03420061027_B40_Radiance.tif、L5120034_03420061027_B50_Radiance.tif 和 L5120034_03420061027_B70_Radiance.tif。

（2）亮度值图像合并为一个文件。单个亮度值图像既不好管理，也不方便后继使用。使用 ENVI 的图像波段合成功能将前面生成的亮度值图像文件合并为一个文件。

点击 File→Save File As→ENVI Standard（图 8-6），点击图 8-6 中的 Import File... ，将需要合并的文件导入，可以使用 Shift 和 Contrl 键选择 6 个文件全部导入（图 8-7），点击 Reorder Files... 按钮，对导入文件进行排序（图 8-8），按住图 8-8 的某一个文件拖动，逐个使波段亮度值文件分别与左边的数字相对应，如数字 1 对应 TM1 通道的亮度值图像，全部调整好后，点击 OK ，之后，将合并的文件命名为 L5120034_03420061027_Radiance.tif。

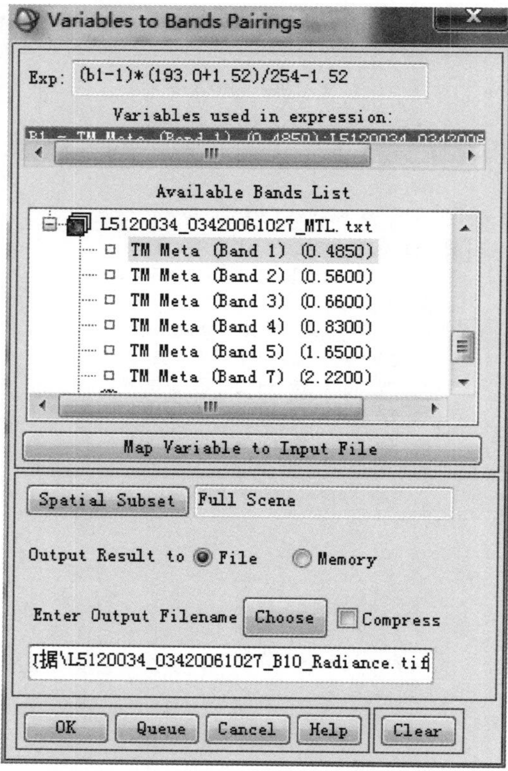

图 8-5　Band Math 计算 TM1 波段亮度值

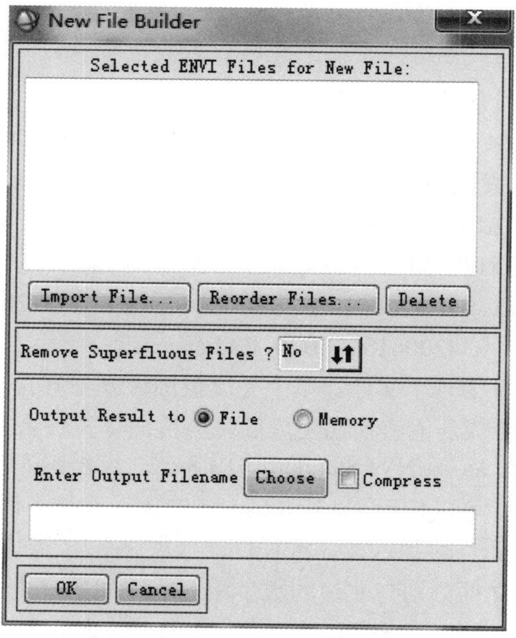

图 8-6　多个单独文件合并为一个文件

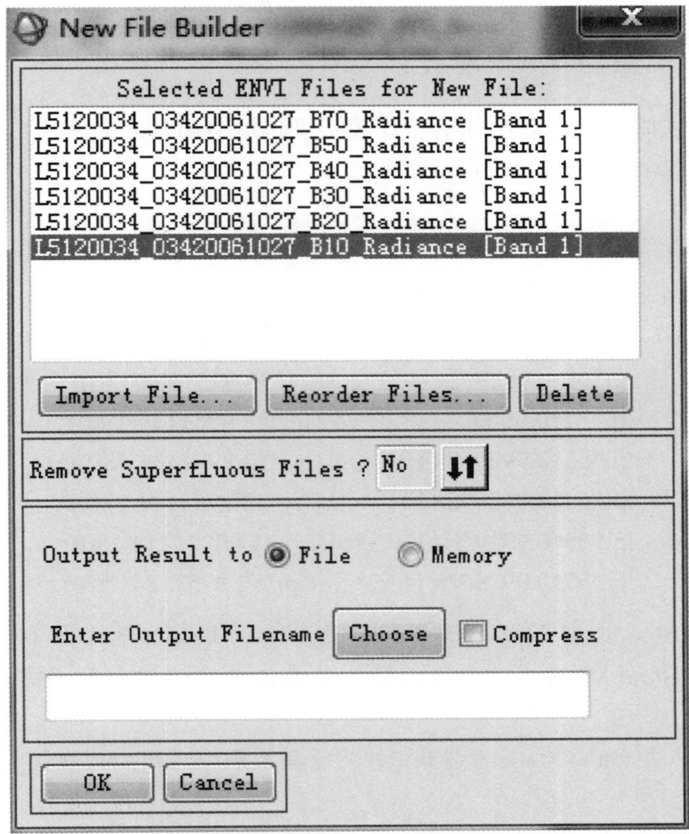

图 8-7　TM 亮度值图像导入结果

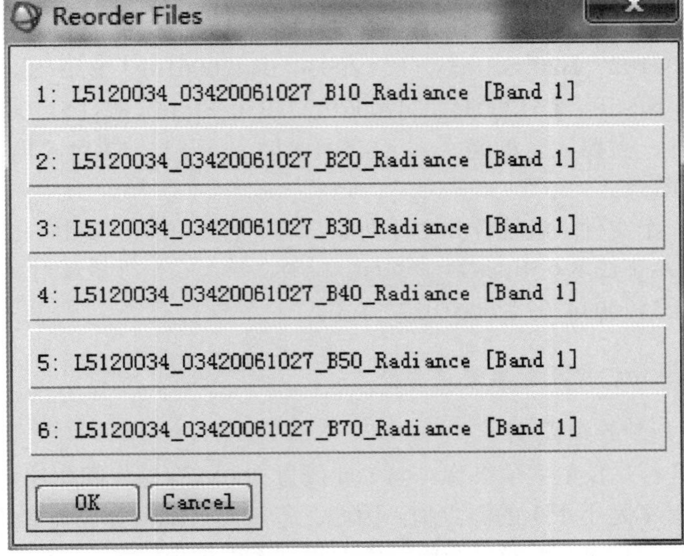

图 8-8　调整亮度值图像波段顺序

3. 亮度值转换为行星反射率值

根据卫星成像时间，由前面的实验计算得到日地距离 $d = 0.9929$，$\theta_s = 21.608116$，根据式（8-1）由亮度值图像计算反射率图像。

1）计算公式

见公式（8-1）。

2）Band Math 表达行星反射率计算公式

依据公式（8-1），利用 Band Math 写出行星反射率计算表达式为

$$
\begin{aligned}
&!\mathrm{pi}*b1*0.9929\wedge 2/(1957*\cos(!\mathrm{pi}*52.9751134/180))\\
&!\mathrm{pi}*b2*0.9929\wedge 2/(1829*\cos(!\mathrm{pi}*52.9751134/180))\\
&!\mathrm{pi}*b3*0.9929\wedge 2/(1557*\cos(!\mathrm{pi}*52.9751134/180))\\
&!\mathrm{pi}*b4*0.9929\wedge 2/(1047*\cos(!\mathrm{pi}*52.9751134/180))\\
&!\mathrm{pi}*b5*0.9929\wedge 2/(219.3*\cos(!\mathrm{pi}*52.9751134/180))\\
&!\mathrm{pi}*b7*0.9929\wedge 2/(74.52*\cos(!\mathrm{pi}*52.9751134/180))
\end{aligned}
\tag{8-5}
$$

式（8-5）中的字母变量 $b1$～$b5$、$b7$ 分别对应 TM1～TM5、TM7 等 6 个反射通道，!pi 为双精度 π，在 Band Math 中，余弦函数中的数值使用弧度单位，需要将天顶角由度数转换为弧度。

式（8-5）输入到 Band Math 表达式，并将行星反射率计算公式存储为一个 Band Math 表达式文件。

3）计算行星反射率并存储为单独亮度值文件

（1）行星反射率值图像计算。

将 Band Math 中的行星反射率计算公式（8-5）进行变量匹配，计算出 TM1～TM5、TM7 等 6 个反射通道行星反射率值图像，分别命名为 L5120034_03420061027_B10_SR.tif、L5120034_03420061027_B20_SR.tif、L5120034_03420061027_B30_SR.tif、L5120034_03420061027_B40_SR.tif、L5120034_03420061027_B50_SR.tif 和 L5120034_03420061027_B70_SR.tif 等文件。需要注意的是，式（8-5）中的 $b1$～$b5$、$b7$ 对应前面已计算好的相应波段的亮度值图像。

（2）合并为一个文件。启动合并文件功能与前述方法相同，点击 File→Save File As→ENVI Standard，点击图 8-6 中的 Import File...，导入 6 个行星反射率值图像文件，将合并的文件命名 L5120034_03420061027_SR.tif。

4. 查看主要地物行星反射率光谱曲线

1）打开行星反射率值图像

用 ENVI 打开行星反射率值图像。与 DN 图像 360M 存储空间相比，DN 值图像为整数型，而行星反射率是小于 1 的浮点型，因此，行星反射率值图像需要的存储间增大了，文件大小约为 1.4G。图 8-9 假彩色合成影像上识别不同的地物类型，绿色为植被，黑色为水体，白色为机场跑道，淡黄色为土壤。

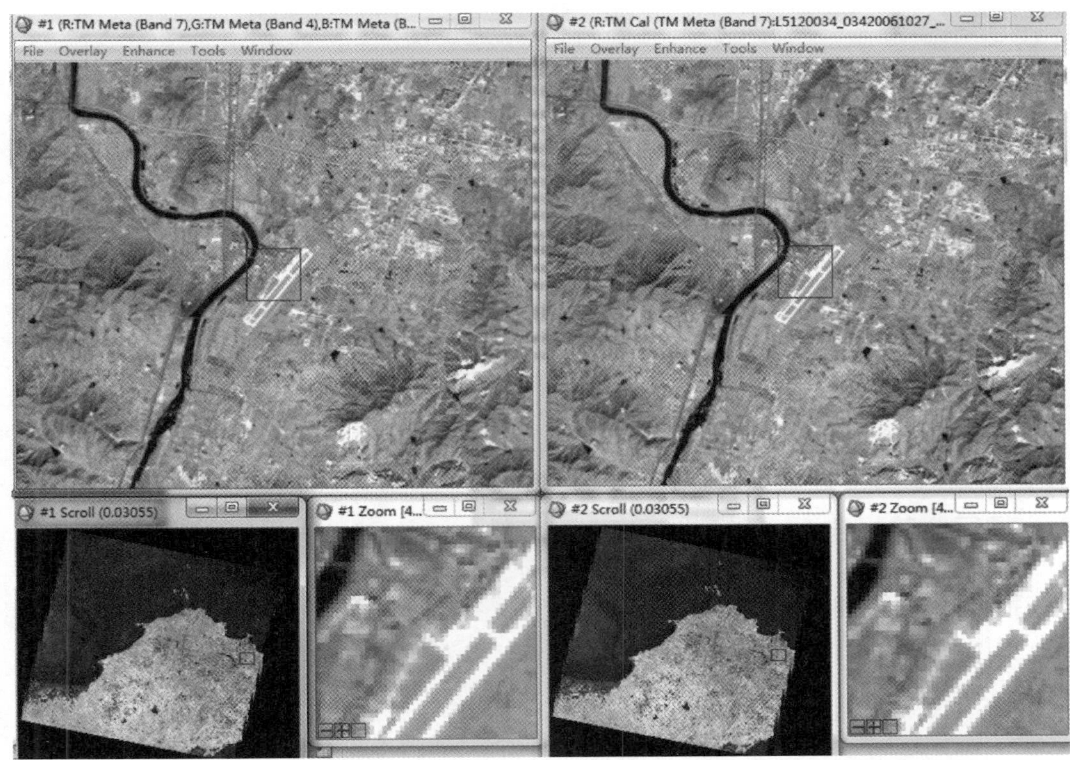

(a) DN值假彩色合成图像　(b) 行星反射率值假彩色合成影像

图 8-9　Landsat TM 假彩色合成影像（TM7-R，TM4-G，TM2-B；）

2）统计行星反射率值图像特点

启动 ENVI 统计功能。点击 Basic Tools→Statistics→Compute Statistics，分别计算 DN 值图像和行星反射率图像基本统计信息（表 8-5）。

在本影像中，DN 值图像的值域为[1，255]，行星反射率为[0，1]。

表 8-5　DN 值图像和行星反射率值图像基本信息统计

波段号	DN				行星反射率			
	Min	Max	Mean	Stdev	Min	Max	Mean	Stdev
TM1	1	255	51.91	39.23	0.00	0.50	0.10	0.08
TM2	1	221	22.96	17.47	0.00	0.91	0.09	0.07
TM3	1	255	22.59	17.84	0.00	0.89	0.07	0.06
TM4	1	255	20.01	19.88	0.00	1.00	0.08	0.08
TM5	1	255	26.86	34.34	0.00	0.71	0.07	0.09
TM7	1	255	14.67	19.05	0.00	1.00	0.05	0.07

3）典型地物行星反射率光谱与 DN 值曲线

绘制典型地物行星反射率曲线和 DN 值曲线（图 8-10），点击 Tools→Profiles→Z Profile（Spectrum）。

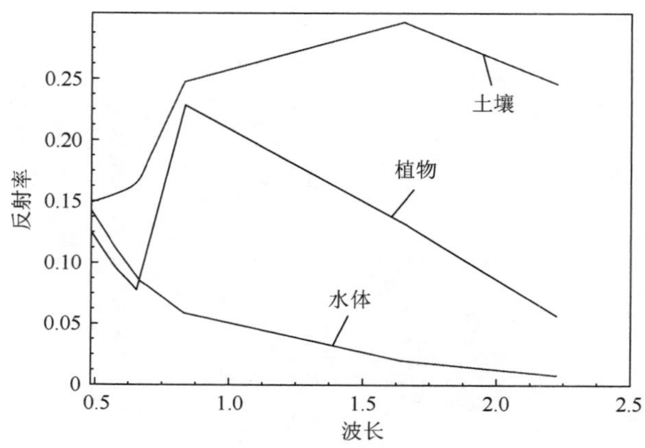

图 8-10　典型地物行星反射率值曲线

六、撰写实验报告

按照实习报告格式要求撰写，重点内容包括：行星反射率计算方法、绘制典型地物（植被、水体、土壤）行星反射率曲线、分析行星反射率曲线与 DN 值曲线的异同点。

实验九　几何校正处理

一、实验目的

掌握几何校正处理基本原理，学会图像到地图、图像到图像的几何校正方法。

二、实验内容

（1）图像到地图几何校正方法对图像进行地理配准。
（2）图像到图像对遥感数据进行几何校正处理。

三、原理与方法

在对图像进行分析及提取信息过程中，要求将信息表达在一个规定的图像投影参照坐标系统中，以便进行图像的量测、对比、分析等处理。当原始图像上的地物空间位置、形状大小等特征与参照坐标系统中的表达要求不一致时，就产生了几何畸变，减小几何畸变的处理称之为几何校正处理。

按照畸变产生的特征的差异，遥感图像的几何畸变可以分为静态误差和动态误差两类。静态误差是指在成像过程中，传感器相对于地球表面呈精致状态时所具有的各种变形误差；动态误差则是指在成像过程中地球旋转所造成的图像变形误差。

按照静态误差产生的环境差异，可以将其分为内部误差和外部误差。内部误差是由于传感器自身的性能、技术指标偏离参数引起的畸变；外部误差指的是传感器本身在正常工作的条件下，由于传感器以外的各种因素引起的畸变，如传感器的外方位（位置、姿态）变化、传感介质不均匀、地球曲率、地形起伏、地球旋转等因素引起的畸变。

扫描类图像，如纸质地形图扫描后发生几何畸变主要源于两个方面：一是由于扫描仪的分辨率、扫描仪本身的稳定性等因素影响；二是由于图纸在存放过程中，不同的位置变形不均匀、图纸折叠等因素造成。

遥感数字图像几何校正的一般流程包括：①建立投影坐标系；②原始数字图像输入；③选择控制点（ground），建立校正变换函数；④确定输出影像范围；⑤确定影像几何位置校正方法；⑥确定像元重采样方法；⑦输出校正影像。

对于图像到图像的几何校正，第一步就应变为选择投影坐标系，即选择像素投影坐标系。

四、实验仪器与数据

（1）1∶50000 地形图。

（2）待几何校正的遥感图像。

（3）ENVI 遥感图像处理软件。

五、实验步骤

（一）建立坐标系

目前，我国的地图投影坐标系有两个，一个是北京 54 坐标系；一个是西安 80 坐标系。ENVI 的版本中不包含这两个坐标系，需要单独设置。建立坐标系主要包括以下三步。

1. 查看投影参数文件

找到 ENVI 安装目录结构中的 map_proj 目录，该目录下有 convert.txt、map_proj.txt、datum.txt、elipse.txt 等 4 个纯文本文件，这 4 个文件存储几何校正所需要的投影坐标信息。假设 ENVI 4.8 安装在系统盘 C：下，则其 map_proj 的目录为 C：\Program Files\ITT\IDL\IDL80\products\envi48\map_proj。

convert.txt：投影坐标系转换参数存储文件。

map_proj.txt：投影坐标参数存储文件。

datum.txt：水准面参数存储文件。该文本文件由 *N* 行 5 列构成，每一行表示一个水准面参数信息，包括五部分，第一列为水准面名称，第二列为椭球体名称，后面三列数值为转换参数。

以图 9-1 第一行为例做简单说明。水准面名称为 Adindan，该水准面使用的椭球体名称为 Clarke 1880，（–166，–15，204）为转换三参数。依此可以解释其他水准面。

```
1 Adindan, Clarke 1880, -166, -15, 204
2 Ain El Abd 1970, International, -150, -251, -2
3 Alaska (NAD-27), Clarke 1866, -5, 135, 172
4 Anna 1 Astro 1965, Australian National, -491, -22, 435
5 ARC-1950 mean, Clarke 1880, -143, -90, -294
6 ARC-1960 mean, Clarke 1880, -160, -8, -300
7 Ascension Island '58, International, -207, 107, 52
8 Astronomic Stn. '52, International, 124, -234, -25
9 Australian Geodetic 1966, Australian National, -133, -48, 148
10 Australian Geodetic 1984, Australian National, -134, -48, 149
11 Geocentric Datum of Australia 1994, GRS 80, 0, 0, 0
12 Bellevue (IGN), International, -127, -769, 472
13 Bermuda 1957, Clarke 1866, -73, 213, 296
14 Bogota Observatory, International, 307, 304, -318
15 Bukit Rimpah, Bessel 1841, -384, 664, -48
16 Camp Area Astro, International, -104, -129, 239
17 Campo Inchauspe, International, -148, 136, 90
18 Canton Island 1966, International, 298, -304, -375
19 Cape, Clarke 1880, -136, -108, -292
20 Cape Canaveral mean, Clarke 1866, -2, 150, 181
21 Carthage, Clarke 1880, -263, 6, 431
22 Chatham 1971, International, 175, -38, 113
23 Chua Astro, International, -134, 229, -29
24 Corrego Alegre, International, -206, 172, -6
25 Corrego Alegre (Provisional), International, -206, 172, -6
26 DOS 1968, International, 230, -199, -752
27 Easter Island 1967, International, 211, 147, 111
28 Egypt, International, -130, -117, -151
29 European 1950, International, -87, -96, -120
30 European 1950 mean, International, -87, -98, -121
```

图 9-1　ENVI 软件水准面文件（datum.txt）部分信息

elipse.txt：投影坐标系椭球体参数存储文件。每一行代表一个椭球体，由 *N* 行，即 *N* 个椭球体组成。每一行由列组成，第一列为椭球体名称，第二列为椭球体长半轴大小，第三列为椭球体短半轴大小，单位为米，图 9-2 中第一行中第一列，其椭球体的名称为 Airy，椭球体的长半轴大小为 6377563.4m，短半轴大小为 6356256.9m。依此可以解释其他行。

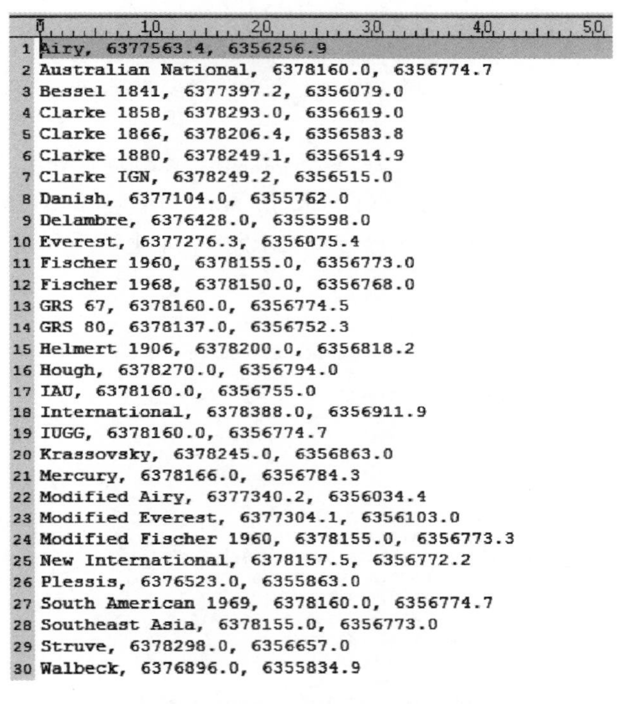

```
1 Airy, 6377563.4, 6356256.9
2 Australian National, 6378160.0, 6356774.7
3 Bessel 1841, 6377397.2, 6356079.0
4 Clarke 1858, 6378293.0, 6356619.0
5 Clarke 1866, 6378206.4, 6356583.8
6 Clarke 1880, 6378249.1, 6356514.9
7 Clarke IGN, 6378249.2, 6356515.0
8 Danish, 6377104.0, 6355762.0
9 Delambre, 6376428.0, 6355598.0
10 Everest, 6377276.3, 6356075.4
11 Fischer 1960, 6378155.0, 6356773.0
12 Fischer 1968, 6378150.0, 6356768.0
13 GRS 67, 6378160.0, 6356774.5
14 GRS 80, 6378137.0, 6356752.3
15 Helmert 1906, 6378200.0, 6356818.2
16 Hough, 6378270.0, 6356794.0
17 IAU, 6378160.0, 6356755.0
18 International, 6378388.0, 6356911.9
19 IUGG, 6378160.0, 6356774.7
20 Krassovsky, 6378245.0, 6356863.0
21 Mercury, 6378166.0, 6356784.3
22 Modified Airy, 6377340.2, 6356034.4
23 Modified Everest, 6377304.1, 6356103.0
24 Modified Fischer 1960, 6378155.0, 6356773.3
25 New International, 6378157.5, 6356772.2
26 Plessis, 6376523.0, 6355863.0
27 South American 1969, 6378160.0, 6356774.7
28 Southeast Asia, 6378155.0, 6356773.0
29 Struve, 6378298.0, 6356657.0
30 Walbeck, 6376896.0, 6355834.9
```

图 9-2　椭球体文件中部分椭球体参数

2. 修改水准面文件信息

用纯文本编辑器打开 datum.txt 文件，在末行中添加投影坐标水准面信息。

添加北京 54 坐标水准面信息。在打开的 datum.txt 文件末行中添加“D_BEIJING_1954，Krassovsky，–12，–113，–41”即可。其中，D_BEIJING_1954 表示水准面名称，Krassovsky 表示该水准面使用的椭球体名称，（–12，–113，–41）表示转换参数。

要添加西安 80 坐标系水准面信息，在打开的 datum.txt 文件末行中添加“D_Xian_1980，IAG-75，0，0，0”，其中，D_Xian_1980 表示西安 80 坐标系名称，IAG-75 表示该坐标系使用的椭球体名称，（0，0，0）表示转换参数。

将北京 54 坐标系和西安 80 坐标系所需的水准面信息填写到 datum.txt 后，保存，图 9-3 中的 93、94 行分别添加了北京 54 坐标系和西安 80 坐标系的水准面参数信息。

3. 修改椭球体文件信息

北京 54 坐标系统使用 Krassovsky 椭球体，该椭球体的参数在 ENVI 中已有定义，不

```
Tokyo mean, Bessel 1841, -148, 507, 685
Tristan Astro 1968, International, -632, 438, -609
Viti Levu 1916, Clarke 1880, 51, 391, -36
Wake-Eniwetok '60, Hough, 101, 52, -39
WGS-72, WGS 72, 0, 0, 5
WGS-84, WGS 84, 0, 0, 0
Yacare, International, -155, 171, 37
Zanderij, International, -265, 120, -358
D_BEIJING_1954, Krassovsky, -12, -113, -41
D_Xian_1980,IAG-75,0,0,0
```

图 9-3　向水准面文件中添加北京 54 和西安 80 水准面信息

需要添加和修改。西安 80 坐标系使用 IAG-75 椭球体，该椭球体在 ENVI 中没有定义，需要添加此椭球体信息，即在 elipse.txt 文件的末行，添加“IAG-75，6378140.0，6356755.3”，保存 elipse.txt，图 9-4 中的第 20、36 行分别表示北京 54 坐标系和西安 80 坐标系所使用的椭球体参数信息。

```
5 Clarke 1866, 6378206.4, 6356583.8
6 Clarke 1880, 6378249.1, 6356514.9
7 Clarke IGN, 6378249.2, 6356515.0
8 Danish, 6377104.0, 6355762.0
9 Delambre, 6376428.0, 6355598.0
10 Everest, 6377276.3, 6356075.4
11 Fischer 1960, 6378155.0, 6356773.0
12 Fischer 1968, 6378150.0, 6356768.0
13 GRS 67, 6378160.0, 6356774.5
14 GRS 80, 6378137.0, 6356752.3
15 Helmert 1906, 6378200.0, 6356818.2
16 Hough, 6378270.0, 6356794.0
17 IAU, 6378160.0, 6356755.0
18 International, 6378388.0, 6356911.9
19 IUGG, 6378160.0, 6356774.7
20 Krassovsky, 6378245.0, 6356863.0
21 Mercury, 6378166.0, 6356784.3
22 Modified Airy, 6377340.2, 6356034.4
23 Modified Everest, 6377304.1, 6356103.0
24 Modified Fischer 1960, 6378155.0, 6356773.3
25 New International, 6378157.5, 6356772.2
26 Plessis, 6376523.0, 6355863.0
27 South American 1969, 6378160.0, 6356774.7
28 Southeast Asia, 6378155.0, 6356773.0
29 Struve, 6378298.0, 6356657.0
30 Walbeck, 6376896.0, 6355834.9
31 WGS 60, 6378165.0, 6356783.3
32 WGS 66, 6378145.0, 6356759.8
33 WGS 72, 6378135.0, 6356750.5
34 WGS 84, 6378137.0, 6356752.3
35 "165", 6378165.0, 6356783.0
36 IAG-75, 6378140.0, 6356755.3
```

图 9-4　椭球体参数添加到 elipse.txt 文件末行

（二）建立投影坐标系

1. 启动 ENVI4.8 的建立坐标系功能

点击 ENVI4.8→Map→Customized Map Projection Definition，图 9-5 为 ENVI4.8 启动建立投影坐标系功能。

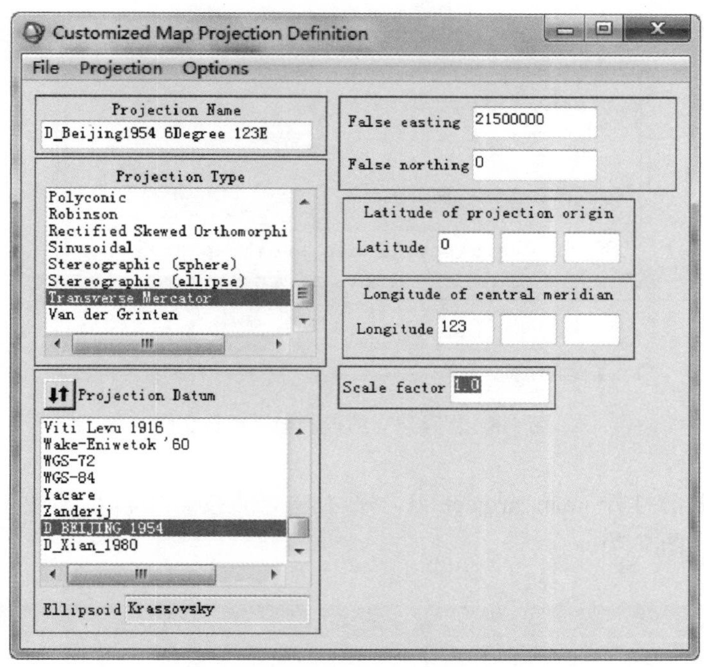

图 9-5　ENVI4.8 建立坐标系功能界面

2. 设置投影坐标系参数

以我们要校正的某地区地形图为例，该地区地形图为 21 度带，北京 54 坐标系。在图 9-5 的对话框中填入如下信息。

Projection Name：投影坐标系名称，命名为 D_Beijing1954 6 Degree 123E。

Projection Type：投影类型选择 Traverse Mercrator，即横轴墨卡托投影。

Projection Datum：水准面选择前面定义好的 D_BEIJING1954。

False easting：向东偏移量，设置为 500000，也可以将 21 度带的投影代号加在前面，即设置为 21500000，单位为米。

False northing：向北偏移量，设置为 0。

Latitude：维度偏移量，设置为 0。

Longitude：投影坐标系的中心经度坐标，设置为 123。

Scale factor：尺度转换因子，设置为 1.0。

3. 加载投影坐标系

加载投影坐标系主要包括两步。

（1）点击 Customized Map Projection Definition→Projection→Add New Projection，将投影坐标参数信息添加到 ENVI 中。

（2）点击 Customized Map Projection Definition→File→Save Projections，点击 OK（图 9-6），设置的投影坐标系参数保存到了 map_project.txt 文件中。

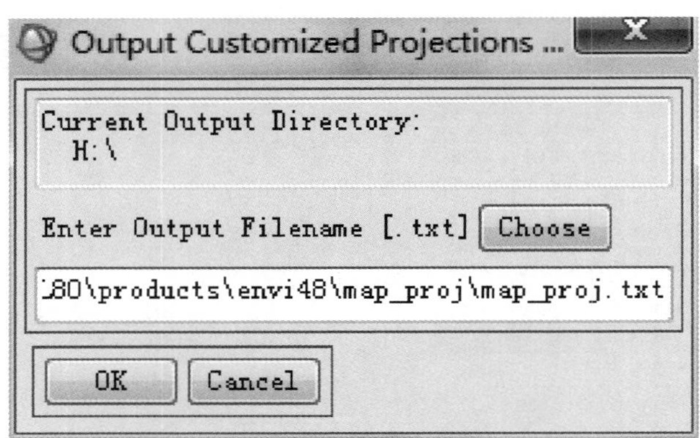

图 9-6　保存建立的投影坐标系到文件

用文本编辑器打开 map_project.txt，刚才建立的投影坐标系参数就自动添加到了 map_project.txt（图 9-7）。

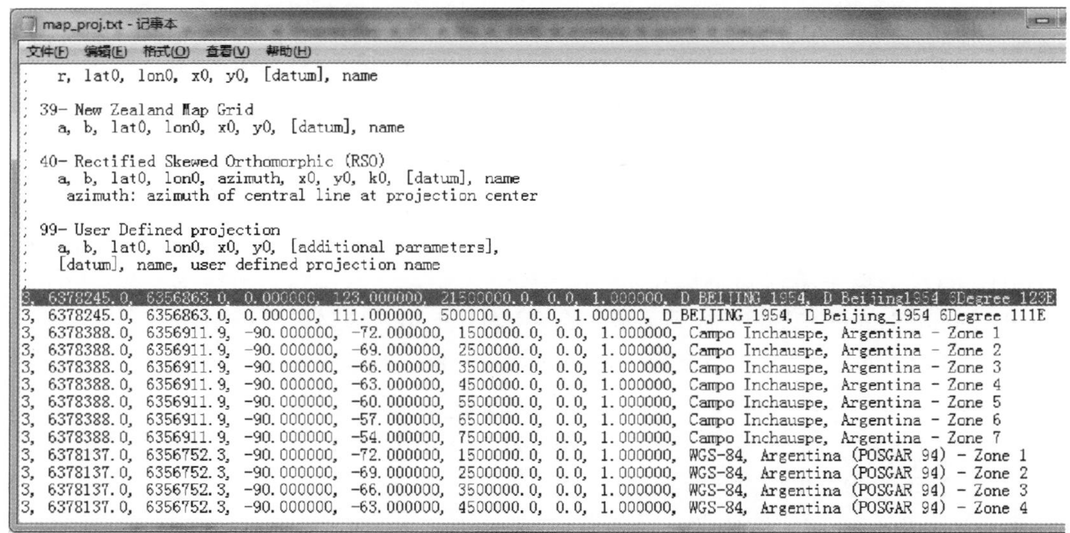


```
;   r, lat0, lon0, x0, y0, [datum], name
;
; 39- New Zealand Map Grid
;   a, b, lat0, lon0, x0, y0, [datum], name
;
; 40- Rectified Skewed Orthomorphic (RSO)
;   a, b, lat0, lon0, azimuth, x0, y0, k0, [datum], name
;    azimuth: azimuth of central line at projection center
;
; 99- User Defined projection
;   a, b, lat0, lon0, x0, y0, [additional parameters],
;   [datum], name, user defined projection name
;
3, 6378245.0, 6356863.0, 0.000000, 123.000000, 21500000.0, 0.0, 1.000000, D_BEIJING_1954, D_Beijing1954 3Degree 123E
3, 6378245.0, 6356863.0, 0.000000, 111.000000, 500000.0, 0.0, 1.000000, D_BEIJING_1954, D_Beijing_1954 6Degree 111E
3, 6378388.0, 6356911.9, -90.000000, -72.000000, 1500000.0, 0.0, 1.000000, Campo Inchauspe, Argentina - Zone 1
3, 6378388.0, 6356911.9, -90.000000, -69.000000, 2500000.0, 0.0, 1.000000, Campo Inchauspe, Argentina - Zone 2
3, 6378388.0, 6356911.9, -90.000000, -66.000000, 3500000.0, 0.0, 1.000000, Campo Inchauspe, Argentina - Zone 3
3, 6378388.0, 6356911.9, -90.000000, -63.000000, 4500000.0, 0.0, 1.000000, Campo Inchauspe, Argentina - Zone 4
3, 6378388.0, 6356911.9, -90.000000, -60.000000, 5500000.0, 0.0, 1.000000, Campo Inchauspe, Argentina - Zone 5
3, 6378388.0, 6356911.9, -90.000000, -57.000000, 6500000.0, 0.0, 1.000000, Campo Inchauspe, Argentina - Zone 6
3, 6378388.0, 6356911.9, -90.000000, -54.000000, 7500000.0, 0.0, 1.000000, Campo Inchauspe, Argentina - Zone 7
3, 6378137.0, 6356752.3, -90.000000, -72.000000, 1500000.0, 0.0, 1.000000, WGS-84, Argentina (POSGAR 94) - Zone 1
3, 6378137.0, 6356752.3, -90.000000, -69.000000, 2500000.0, 0.0, 1.000000, WGS-84, Argentina (POSGAR 94) - Zone 2
3, 6378137.0, 6356752.3, -90.000000, -66.000000, 3500000.0, 0.0, 1.000000, WGS-84, Argentina (POSGAR 94) - Zone 3
3, 6378137.0, 6356752.3, -90.000000, -63.000000, 4500000.0, 0.0, 1.000000, WGS-84, Argentina (POSGAR 94) - Zone 4
```

图 9-7　设置的投影坐标系参数保存到了投影工程文件

图 9-7 描述了投影工程文件包含的主要信息，自定义投影工程（User Defined projection）部分描述了定义的主要格式，即在一行中定义了九个字段参数，即 a；b；lat0；lon0；x0；y0；[additional parameters]；[datum]；name；user defined projection name。

a：椭球体长半轴，6378245m。

b：椭球体短半轴，6356863m。

lat0：投影中心纬度坐标，0m。

lon0：投影中心经度坐标，123m。

x0：东偏移量，500000m。

y0：北偏移量，0.0m。

[additional parameters]：尺度转换因子，1.0。

[datum]，name：定义的水准面名称，D_Beijing1954。

user defined projection name：用户自定义的投影坐标系名称，D_Beijing1954 6Degree 123E。

如果用户定义了其他投影坐标，那么在用户定义好之后，就会在 map_project.txt 文件中按照上述九个字段添加对应的信息。

4. 启动几何校正投影坐标系

重启 ENVI4.8，定义好的投影坐标系就可以使用。

（1）打开待校正的扫描地形图。启动 ENVI4.8，打开待校正的地形图。

（2）启动几何校正功能。点击 ENVI4.8→Map→Registration→Select GCPs：Image to Map。

（3）选择投影坐标系，并定义像元大小。选择 D_Beijing1954 6Degree 123E（图 9-8），图 9-8 中的水准面（Datum）显示为 D_Beijing_1954，单位（Units）显示为米（Meters）。

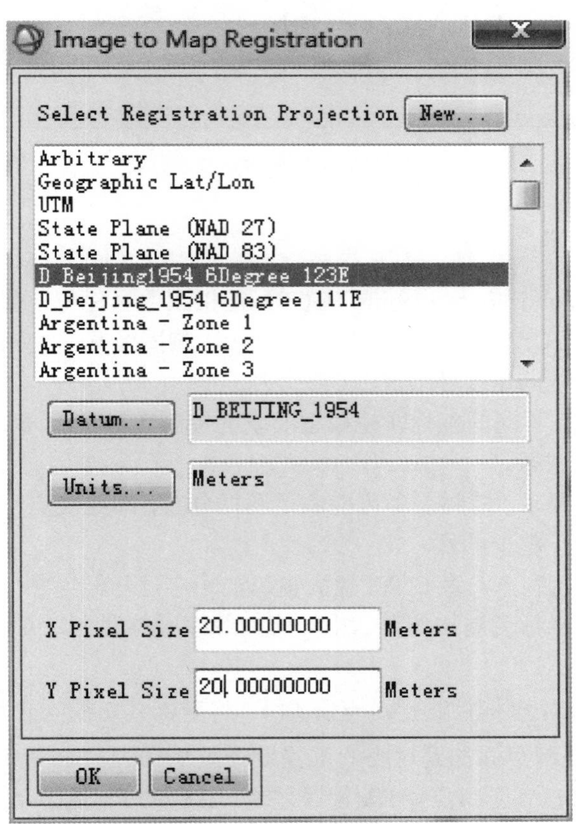

图 9-8　选择投影坐标系并定义 XY 方向上的像元大小

定义像元大小。像元大小就是指图像上一个像元代表的实际大小，包括 x 方向（X pixel Size）和 y 方向的像元大小。其大小与扫描时分辨率的设置有关，以实验使用的图像为例，在像元坐标系下，量测两个方向上一个格网（本实验为 2km 格网）的像元数量，就可以计算出像元大小。如本实验为 20m（图 9-8）。

（4）设置完成。点击图 9-8 中的 OK，启动了几何校正功能（图 9-9），进入地面控制点选择功能界面。

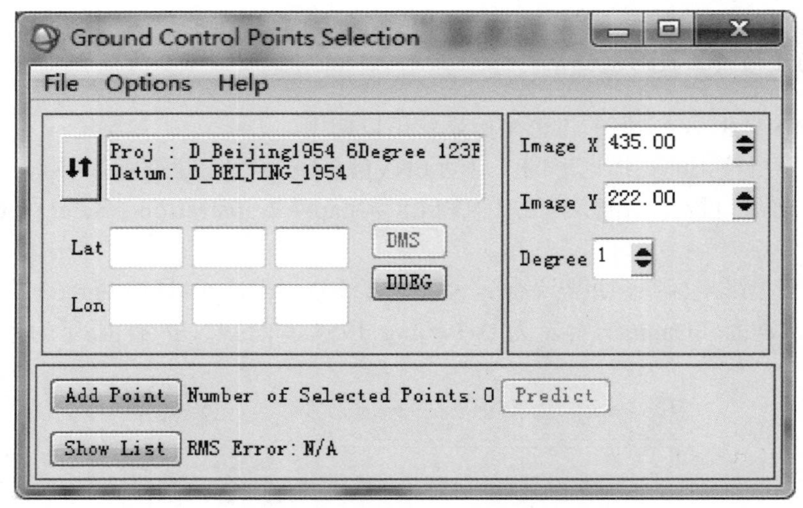

图 9-9　地面控制点选择对话框

5. 地面控制点选择

地面控制点（ground control point，GCP）是指图像坐标与地理坐标间转换模型的地面上已知坐标的点，GCP 的选择数量与质量直接影响图像几何校正的精度，因此，地面控制点选择是几何校正的重要环节。

控制点数量要求：不同的坐标转换模型要求的控制点数量不同，一般来讲，控制点数量越多，校正的精度越高。

控制点空间分布要求：控制点尽可能满足图像分布，即控制点不能只分布在图像的局部区域，要均匀分布于整个图像。

（1）选择经纬度控制点。将 ENVI 放大窗口的十字丝与经度纬度的十字丝吻合，依次将地形图中四个角的坐标值添加到对话框对应的经纬度位置上，并点击 **Add Point**，选择 4 个经纬度控制点。

（2）选择北京 1954 坐标控制点。点击 ⇅，将坐标系切换到北京 54 坐标下，依次将北京 54 坐标系下的控制点添加到对应的位置上（图 9-10）。

本实验选择了 21 个控制点，RMS 误差为 0.886972（图 9-11）。当选择到 3 个以上的控制点时，可以用预测功能 **Predict**，预测控制点的位置，能快速定位到合适的位置。

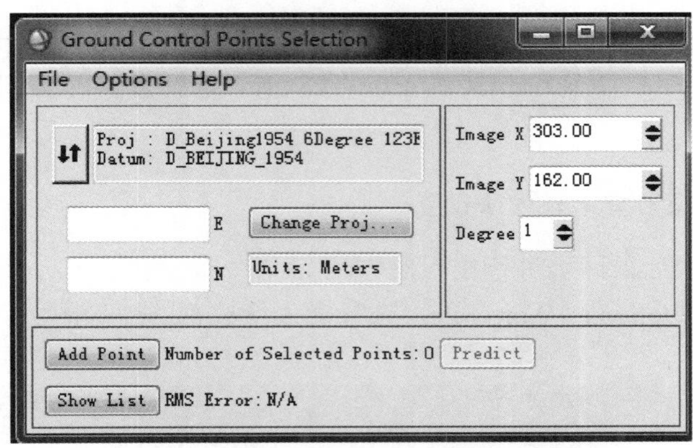

图 9-10　控制点选择操作界面

（3）控制点修改。控制点存储：点击图 9-10 中的 File→Save GCPs W/map coords，将选择的控制点保存到文本文件。

点击图 9-10 中的 Show List，即可显示控制点信息，显示控制点可以对控制点进行定位、删除、更新、存储等操作（图 9-11）。

Image to Map GCP List

File　Options

	Map X	Map Y	Image X	Image Y	Predict X	Predict Y	Error X	Error Y	RMS
#10+	**********	4160000.00	1529.00	766.25	1529.8834	766.6402	0.8834	0.3902	0.9657
#11+	**********	4160000.00	931.50	774.75	931.8261	775.0790	0.3261	0.3290	0.4632
#12+	**********	4160000.00	433.07	782.06	433.4450	782.1113	0.3750	0.0513	0.3785
#13+	**********	4150000.00	340.00	1281.50	339.8045	1282.3896	-0.1955	0.8896	0.9108
#14+	**********	4150000.00	838.75	1275.00	838.3752	1275.5112	-0.3748	0.5112	0.6338
#15+	**********	4150000.00	1339.00	1268.75	1336.9460	1268.6328	-2.0540	-0.1172	2.0574
#16+	**********	4150000.00	2333.75	1254.00	2334.0874	1254.8759	0.3374	0.8759	0.9387
#17+	**********	4140000.00	2240.00	1755.25	2241.1297	1755.7082	1.1297	0.4582	1.2191
#18+	**********	4140000.00	1842.00	1761.75	1842.1214	1761.0878	0.1214	-0.6622	0.6732
#19+	**********	4140000.00	1344.00	1769.00	1343.3610	1767.8124	-0.6390	-1.1876	1.3486
#20+	**********	4140000.00	844.75	1775.75	844.6006	1774.5369	-0.1494	-1.2131	1.2223
#21+	**********	4140000.00	346.00	1781.00	345.8402	1781.2614	-0.1598	0.2614	0.3064

Goto　On/Off　Delete　Update　Hide List

图 9-11　控制点列表

Goto：定位到对应的控制点。

On/Off：控制点开关操作，On 表示控制点参与投影坐标变换，Off 表示投影坐标不参与坐标变换。

Delete：删除所选择的控制点。

Update：选择要更新的控制点，输入新的坐标值，点击即可实现更新。

Hide List：关闭控制点列表。

图 9-11 中的 File→Save Table to ASCII，将控制点列表中的控制点数据输出到文本文件。

（4）控制点存储与恢复。点图 9-10 中的 File→Save GCPs w/map coords，保存选择好的控制点。点击 File→Restore GCPs from ASCII，选择存储的控制点文件，即可恢复控制点。

6. 几何校正模型与重采样方法设置

控制点选择完成后，即可进行校正操作。

点击图 9-11 的 Options→Warp File，选择输入待校正的地形图文件（图 9-12）。

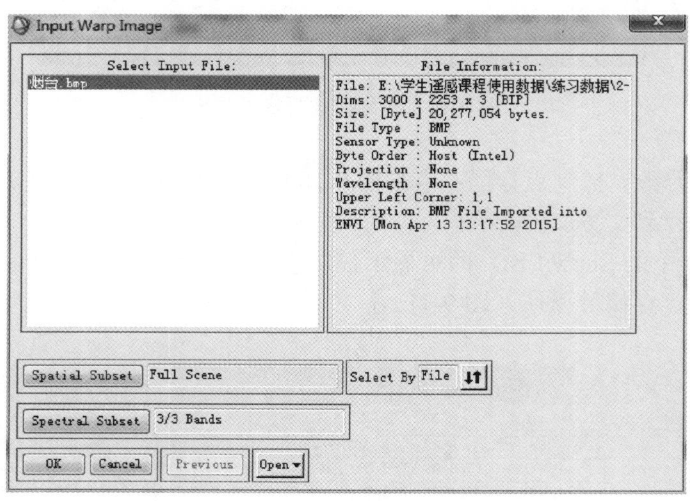

图 9-12　待几何校正文件选择

点击图 9-12 中的 OK，调出几何校正参数设置对话框（图 9-13）。

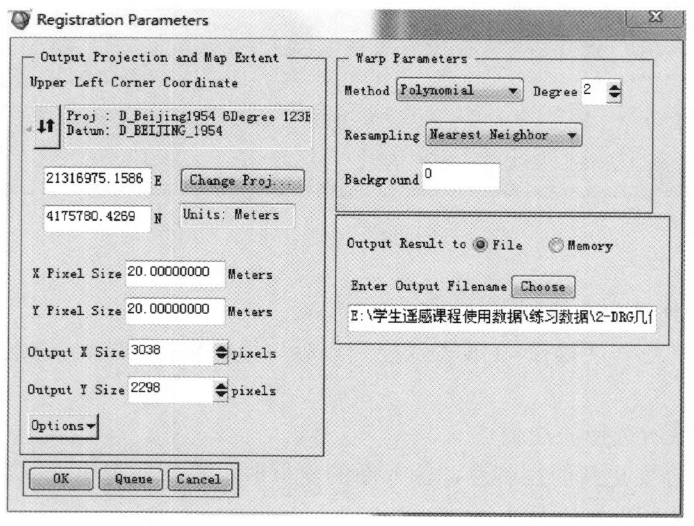

图 9-13　几何校正模型参数设置

校正方法（Method）：本次实验选择二次多项式，次数（Degree）为 2。

重采样方法（Resampling）：本次试验最邻近域差值。

背景值（Background）：设置为 0。

7. 输出结果与显示

点击图 9-13 中 Choose，给校正图像进行命名，即可得到校正的图像，打开图像，即可显示校正后的结果（图 9-14）。

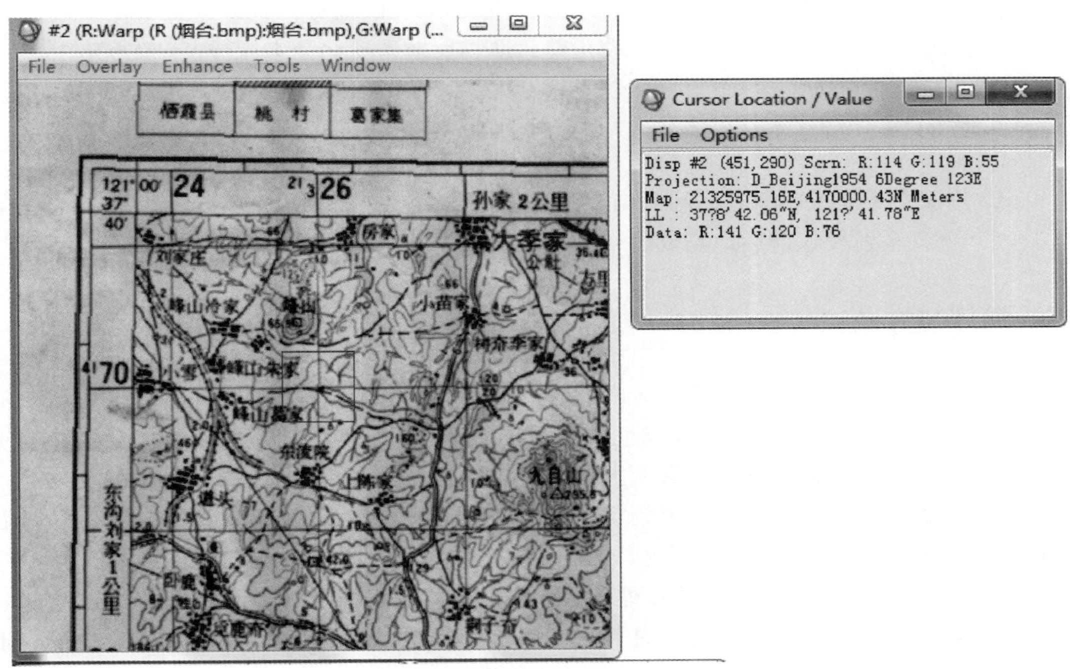

图 9-14　某地区地形图几何校正结果

可以与 google earth 叠加显示校正后的结果，方法与其他实验相同。

六、撰写实验报告

图像到图像的校正称为图像间的相对校正，其重点是选择一个作为基图像（base image），一个作为待校正图像（warp image），留作自我练习。

按照实习报告格式要求撰写，重点内容包括：投影文件修改、坐标系建立、控制点选择及修改，以及校正后结果分析。

实验十　卫星遥感数据大气辐射校正处理

一、实验目的

掌握大气辐射校正处理的基本原理，学会用 ENVI FLAASH 对 Landsat TM 数据进行大气辐射校正处理的基本方法，分析校正前后地物反射率变化基本规律及产生的原因。

二、实验内容

（1）用 ENVI FLAASH 对 Landsat TM 数据进行大气校正（atmospheric correction）处理。

（2）大气辐射校正前后地物反射率变化分析。

三、原理与方法

大气辐射校正处理就是消除或者降低大气对地表反射太阳辐射的影响的处理过程。由于传感器和地物之间大气的存在，卫星传感器获得的地表数据中不可避免地叠加了大气的影响，一些应用中，需要尽可能降低大气的影响，从而获得能反映地表真实状况的数据，这就需要对遥感数据进行大气辐射校正处理。大气辐射校正处理前的反射率图像称为大气层顶（top of atmosphere，TOA）反射率，又称之为行星反射率、表观反射率（以下统称为大气层顶反射率），大气辐射校正处理后的反射率称之为地表真实反射率。

大气校正有两种工具：FLAASH 校正工具（fast line-of-slight atmospheric analysis of spectral hypercubes，FLAASH）和快速大气校正工具（quick atmospheric correction，QUAC）。

FLAASH 是基于 MODTRAN4 + 辐射传输模型研发的，MODTRAN 模型是由 Spectral Sciences Inc.和美国空军研究实验室（Air Force Research Laboratory）共同研发；ITT VIS 公司负责集成和 GUI 设计。

FLAASH 基于太阳光谱范围（不包括热红外通道）和平面朗伯体（或者近似平面朗伯体），在传感器处接收的像元光谱辐射亮度表达式为

$$L=\left(\frac{A\times\rho}{1-\rho_{\mathrm{e}}\times S}\right)+\left(\frac{B\times\rho}{1-\rho_{\mathrm{e}}\times S}\right)+L_{\mathrm{a}} \tag{10-1}$$

式中，L 表示传感器处像元接收到的总辐射亮度；ρ 表示像元表面反射率；ρ_{e} 表示像元周围平均表面反射率；S 表示大气球面反照率；L_{a} 表示大气后向散射率，也叫大气程辐射；A、B 为取决于大气条件和几何条件的两个系数。

式（10-1）中的所有变量都与电磁波波长有关，值是波长的函数，为了简化公式，波长在公式中被省略。式（10-1）包含三部分（以括号为分割线），$\frac{A\times\rho}{1-\rho_{\mathrm{e}}\times S}$ 代表了太阳辐

射经大气入射到地表后被反射直接进入传感器的辐射亮度；$\frac{B\times\rho}{1-\rho_e\times S}$为大气散射部分入射到地表后背地表反射后直接进入传感器的辐射亮度；L_a为大气程辐射进入传感器的辐射亮度。ρ和ρ_e的主要区别来自大气散射引起的“邻近像元效应”，在很多大气辐射校正模型中，忽略“邻近像元效应”，认为$\rho=\rho_e$，这种近似假设会在短波处产生较大的误差，尤其图像上有薄雾或者地物存在强烈对比的条件下。

参变量A、B、S和L_a是通过辐射传输模型MODTRAN计算获取的，需要用到传感器观测视场角、太阳高度角、平均海拔高度，以及假设的大气模型、气溶胶模型、能见度范围等。A、B、S和L_a还与大气中水汽含量有密切的关系，MODTRAN4＋用波段比值法来进行水汽含量的反演，即水汽吸收波段（1130nm）及其邻近的非水汽吸收波段的比值来获取大气水汽含量，生成一个二维查找表来对每一个像元进行水汽含量的反演。当图像没有适当的波段用于水汽的移除的，如Landsat、SPOT等，水汽含量由自定义的大气模型决定。

当水汽反演步骤完成，利用式（10-1）可以计算空间平均辐射亮度L_e，由此可以构建以下近似估算空间平均反射率ρ_e：

$$L_e=\left[\frac{(A+B)\times\rho_e}{1-\rho_e\times S}\right]+L_a \tag{10-2}$$

FLAASH中，气溶胶光学厚度的反演使用Kaufman提出的暗目标法。Kaufman认为，由于2100nm波长比大部分的气溶胶颗粒的直径要大，该波段受到气溶胶影响可以忽略；在大量的试验中，他发现2100nm的暗目标反射率与660nm暗目标的反射率之间存在稳定的比值关系，即$\rho_{660}=0.45\rho_{2100}$；利用式（10-1）和式（10-2）以及一系列能见度范围可以反演出气溶胶光学厚度。

通过比较大气层顶反射率数据、FLAASH校正处理数据及美国马里兰大学地理系（GLCF）提供的地表真实反射率三个数据，得出校正前后地表反射率变化的基本规律（图10-1），加深对FLAASH的理解和认识，提高对大气对遥感影响的认识。

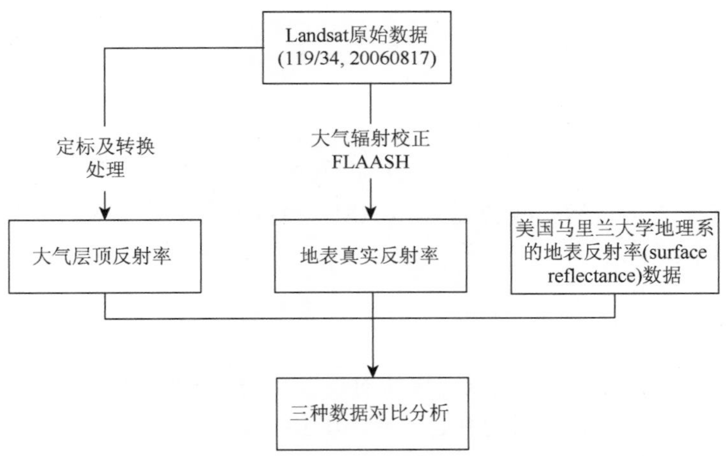

图10-1　FLAASH大气辐射校正、大气层顶反射率和GLCF地表反射率数据对比流程

FLAASH 对待校正的遥感数据做了一些基本要求，具体包括四个方面。

1. 遥感数据波段范围

波谱范围：卫星数据为 0.4～2.5μm；航空数据为 0.86～1.135μm。

2. 数据类型

待校正数据为经过辐射定标的辐射亮度值数据，单位为 $\mu W/(cm^2 \cdot nm \cdot sr)$，可以是浮点型、32-bit 无符号整型、16-bit 无符号和有符号整型。

3. 数据存储类型

存储类型：ENVI 标准栅格格式文件，存储类型为 BIP（band interleaved pixel）或者 BIL（band interleaved line）。

4. 辅助信息

中心波长：数据头文件包含每一个波段的中心波长，如果是高光谱数据，还需要有波段宽度（FWHM）参数，这两个参数都可以通过编辑头文件输入。

传感器波谱响应函数文件，ENVI 本身已经包含了一些传感器响应函数文件，对于未知的多光谱传感器数据 FLAASH，需要单独提供光谱响应函数文件。

四、实验仪器与数据

（1）ENVI 5.0 Classic。

（2）Landsat5 TM 原始数据，path/row = 119/34，时间为 2006 年 8 月 17 日。

（3）Landsat5 TM Surface Reflectance 数据，path/row = 119/34，时间为 2006 年 8 月 17 日。

五、实验步骤

实验步骤主要包括数据准备、FLSSH 大气参数设置与大气校正处理及数据校正前后对比分析等三个方面内容，重点是 FLAASH 参数设置，难点是校正前后数据的比较分析。

1. 数据准备

ENVI FLAASH 大气辐射校正处理模块对待校正的数据有两个基本要求：一是输入为亮度值图像；二是数据格式必须是 BIL 或者 BIP 格式。

1）打开 DN 值图像

以打开元数据的方式打开遥感影像。

点击 ENVI Classic→File→Open External File→Landsat→GeoTIFF with Metadata，选择 Landsat 头数据文件 L5119034_03420060817_MTL，打开 Landsat TM DN 值图像，以 TM7、TM4 和 TM1（RGB）假彩色合成方式显示（图 10-2）。

图 10-2 显示待大气辐射校正的数据为 DN 值图像，其维数为 8281×7261×6，数据格式为 BSQ（band sequential format）。

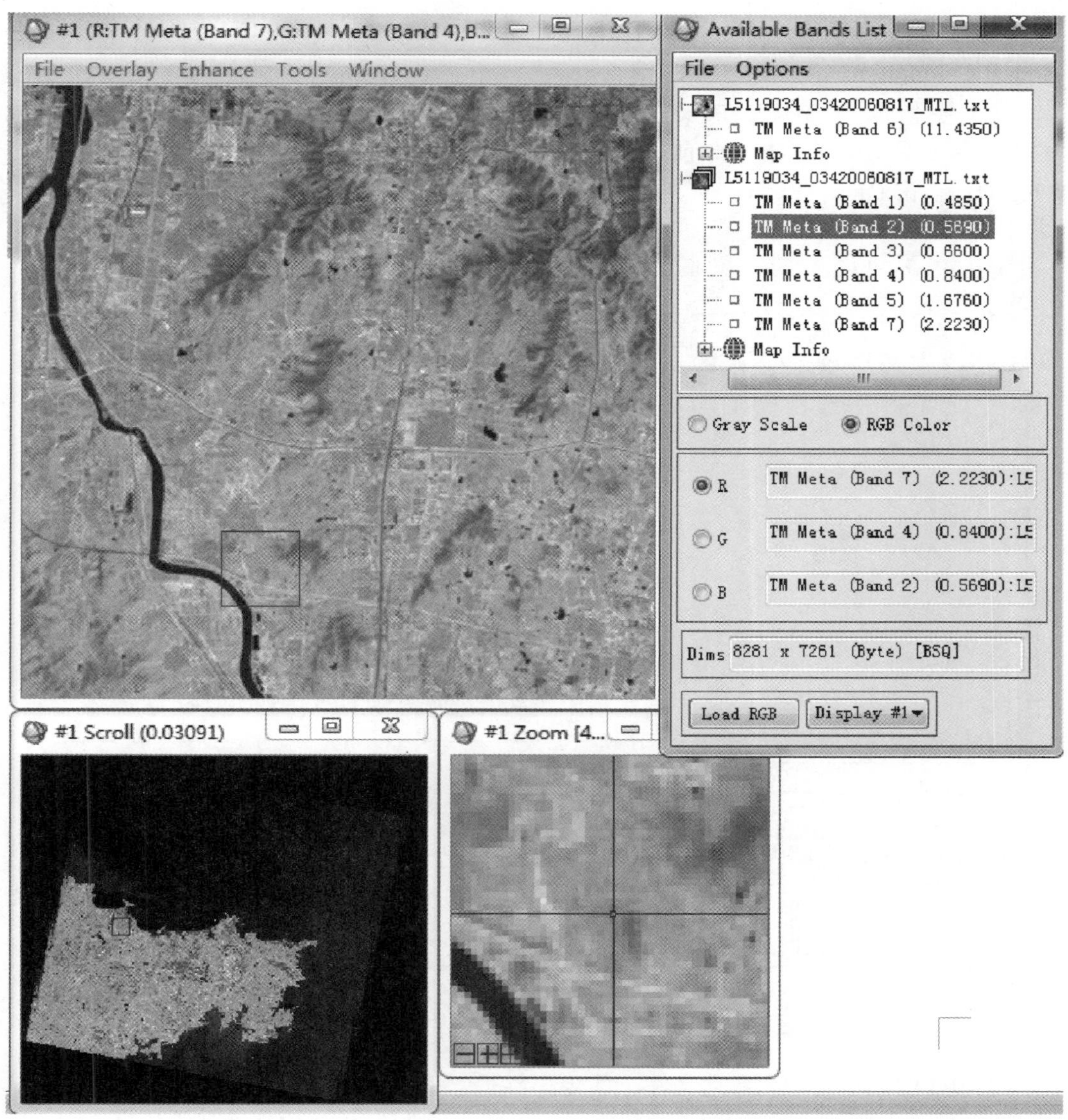

图 10-2　LandsatTM742（RGB）假彩色合成影像

2）数据定标

数据定标就是将 DN 值图像转换为亮度值图像，TM 数据计算如下：

$$L=(Q_{\mathrm{DN}}-Q_{\min})\times\frac{L_{\max}-L_{\min}}{Q_{\max}-Q_{\min}}+L_{\min} \tag{10-3}$$

式（10-3）中的参数详见实验八。

可以根据式（10-3），采用 ENVI 的 Band Math 来实现数据定标。本实验采用 ENVI 模块化定标功能，具体包括启动定标工具、确定定标后数据类型、数据命名等三个关键步骤。

（1）启动定标功能。点击 ENVI→Basic Tools→Preprocessing→Calibration Utilities→Landsat Calibration。

（2）选择待定标数据文件。选择待辐射定标的数据文件，选择包含 6 个反射通道的元数据文件（图 10-3），由于此前已经打开了遥感数据，选择 L5119034_03420060817_MTL.txt，点击 OK。

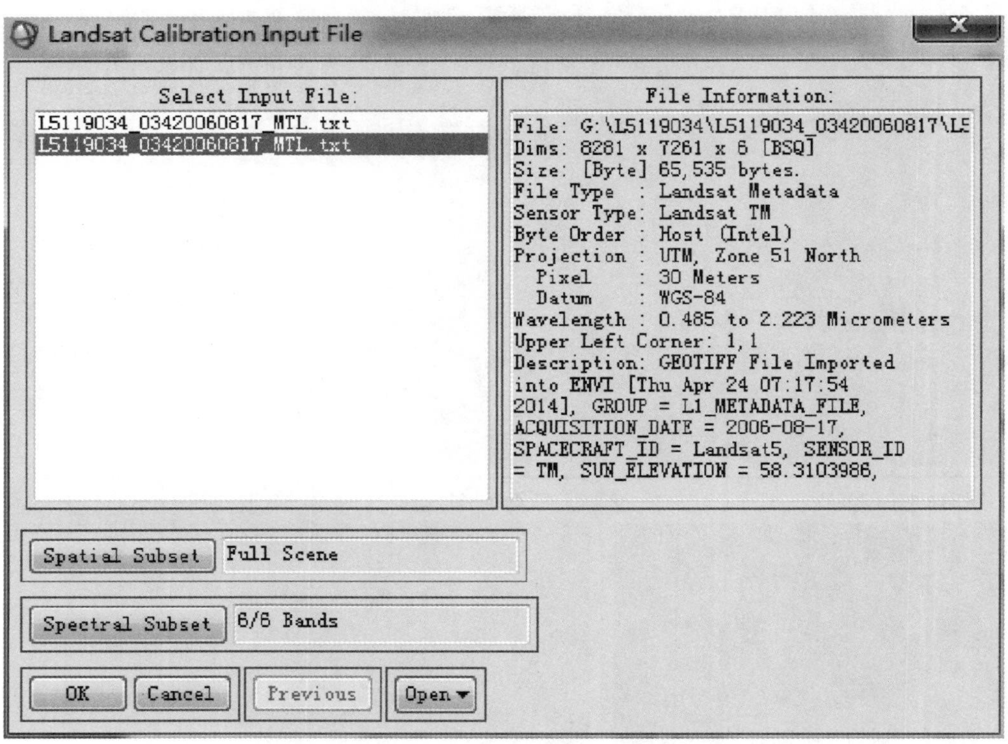

图 10-3　Landsat TM 数据辐射定标文件选择

图 10-3 中显示两个元数据文件，且文件名都是 L5119034_03420060817_MTL.txt，选第一个文件，右侧的文件信息框（File Information）中显示出选定文件基本信息，Dims：4141x 3631x 1[BSQ]，表示热红外通道；选择第二个文件，显示 Dims：8281x 7261x 6[BSQ]，表示反射通道，选定该文件。

（3）查看定标参数文件。点击图 10-3 中的 OK，卫星传感器的名称、数据获取时间、太阳高度角、定标类型及定标参数等被读取出来（图 10-4）。

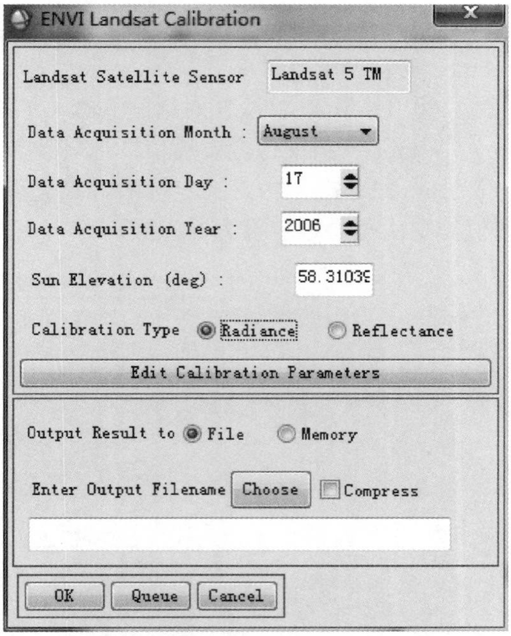

图 10-4　Landsat TM 数据辐射定标参数

点击 Edit Calibration Parameters，查看定标参数信息（图 10-5）。用写字板打开待校正遥感数据的头文件，字段{GROUP = MIN_MAX_RADIANCE 与 END_GROUP = MIN_MAX_RADIANCE}包含的信息即为定标参数，且与图 10-5 显示的结果一致，无须修改此信息，点击 OK 即可。

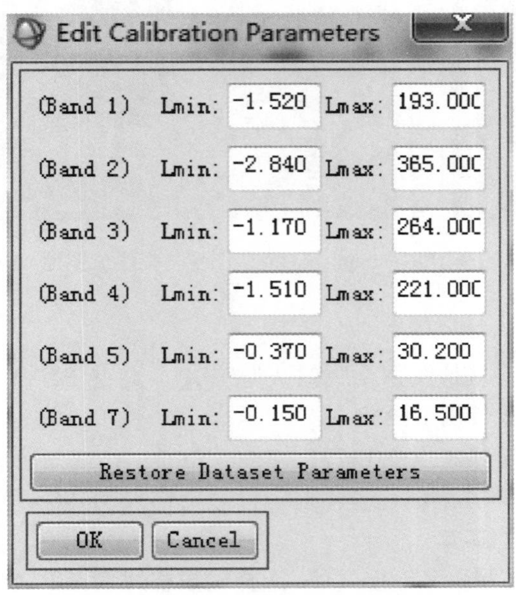

图 10-5　Landsat TM 定标参数信息

（4）确定输出类型为亮度值图像。选择图 10-4 的校正类型（Calibration Type）为辐射亮度（Radiance）。Reflectance 表示表观反射率值。

（5）命名输出亮度值图像。输出结果到文件，在对话框中输入亮度值图像名称：L5119034_03420060817_Radiance.img，完成 DN 值图像向亮度值图像转换。图 10-6 显示十字丝像元处的 TM742 波段 DN 分别是 22、71、29，经定标后，其亮度值分别是 1.23、9.81、37.71 W/(m^2·μm·sr)，数值类型由整型数转换为浮点数。

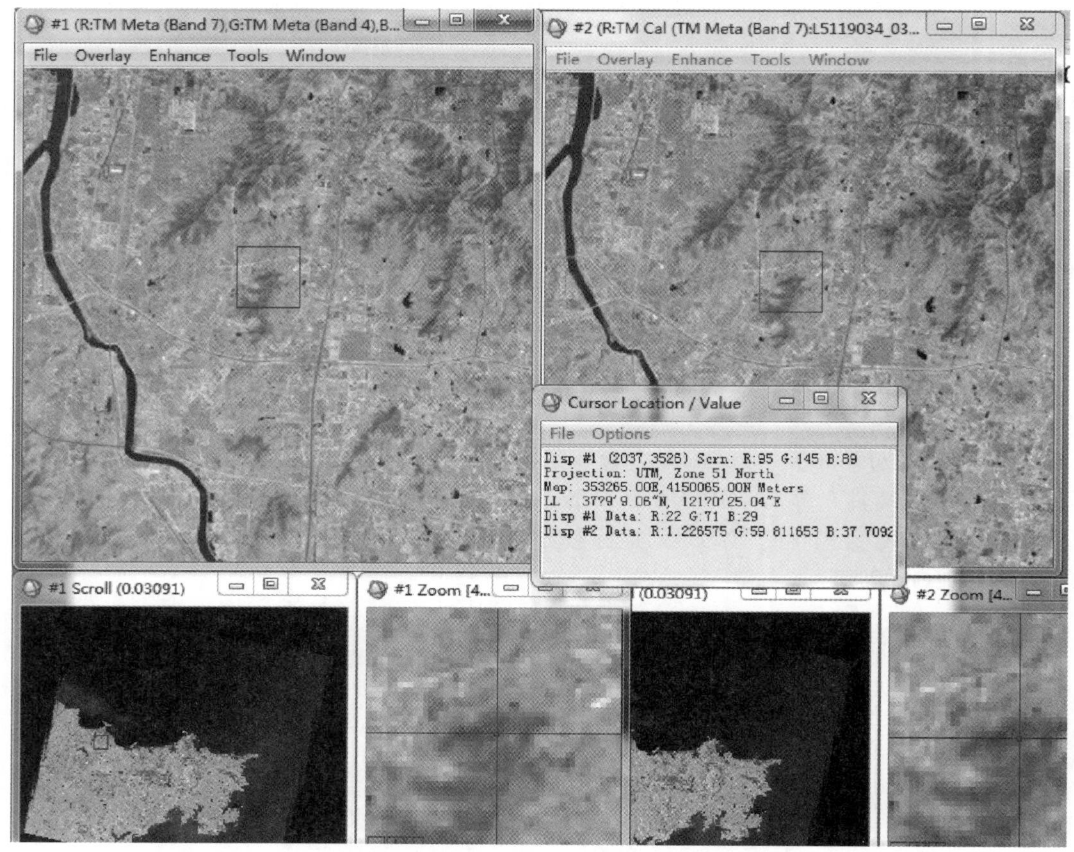

图 10-6　Landsat DN 值图像与亮度值图像

3）格式转换

遥感数据定标后的亮度值图像格式默认为 BSQ，通过 ENVI 格式转换功能将其转换为 BIP 或者 BIL，本实验使用 BIP 格式。

（1）启动数据格式转换。点击 ENVI→Basic Tools→Convert Data（BSQ，BIP，BIL）。

（2）输入待格式转换数据。选择辐射定标后文件 L5119034_03420060817_Radiance_BSQ.img，点击 OK（图 10-7）。

（3）确定转换后格式并命名输出文件。选择输出格式为 BIP，输出文件名为 L5119034_03420060817_Radiance_BIP.img，点击 OK （图 10-8）。

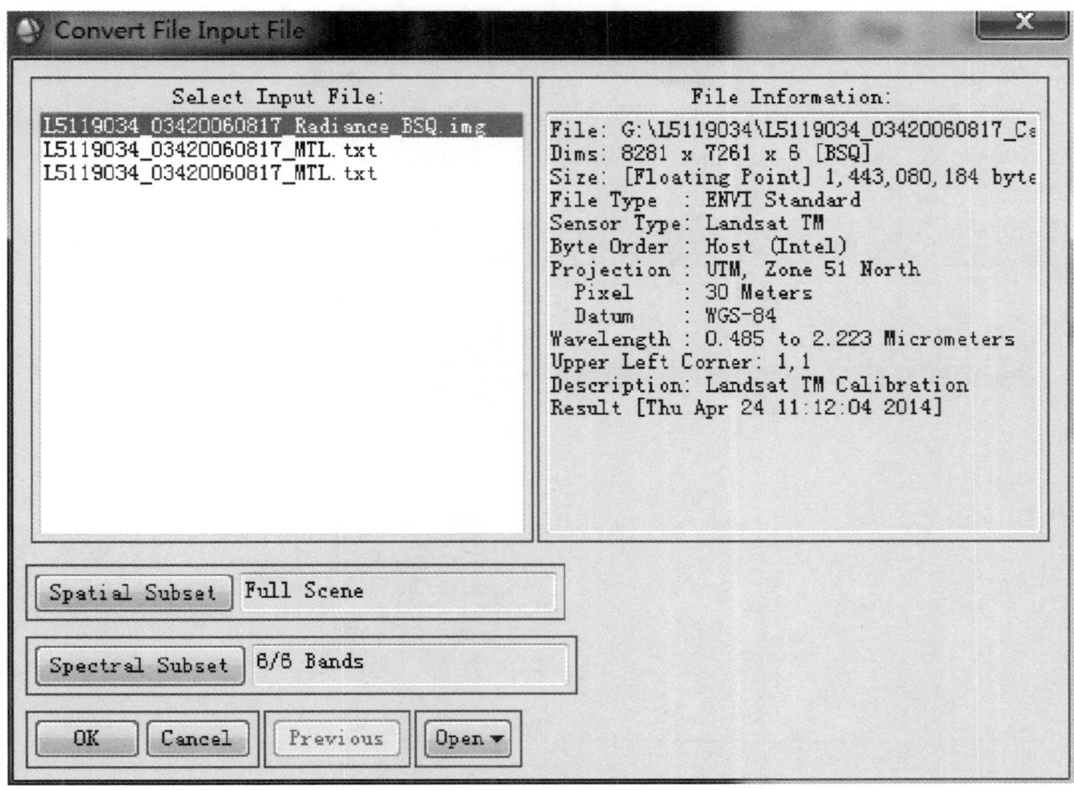

图 10-7　数据存储转换输入对话框

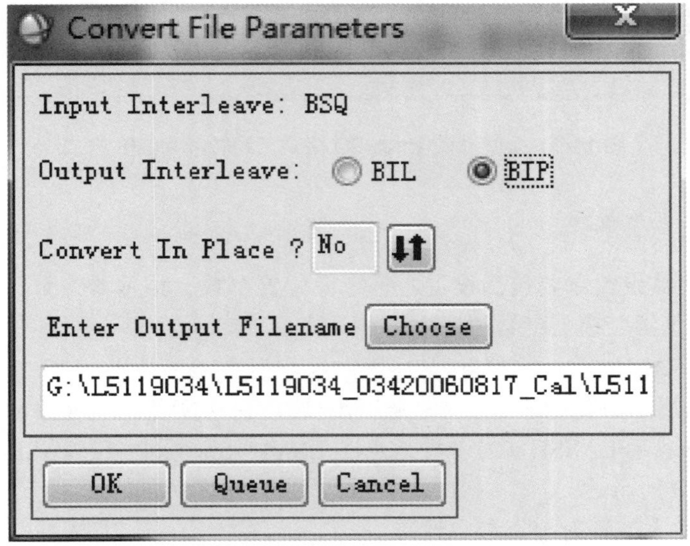

图 10-8　BSQ 格式转换为 BIP 格式

图 10-8 中的 Convert in Place 表示是否替换原图像。选 No，表示将转化的图像输

出到另外一个文件；选 Yes，表示替换原来的 BSQ 文件，本实验选择不替换，即选择 No。

（4）查看转换后的 BIP 格式亮度值图像。点击 ENVI→File→Edit ENVI Header，选择 L5119034_03420060817_Radiance_BIP.img 文件，Dims 显示为 BIP 格式（图 10-9）。

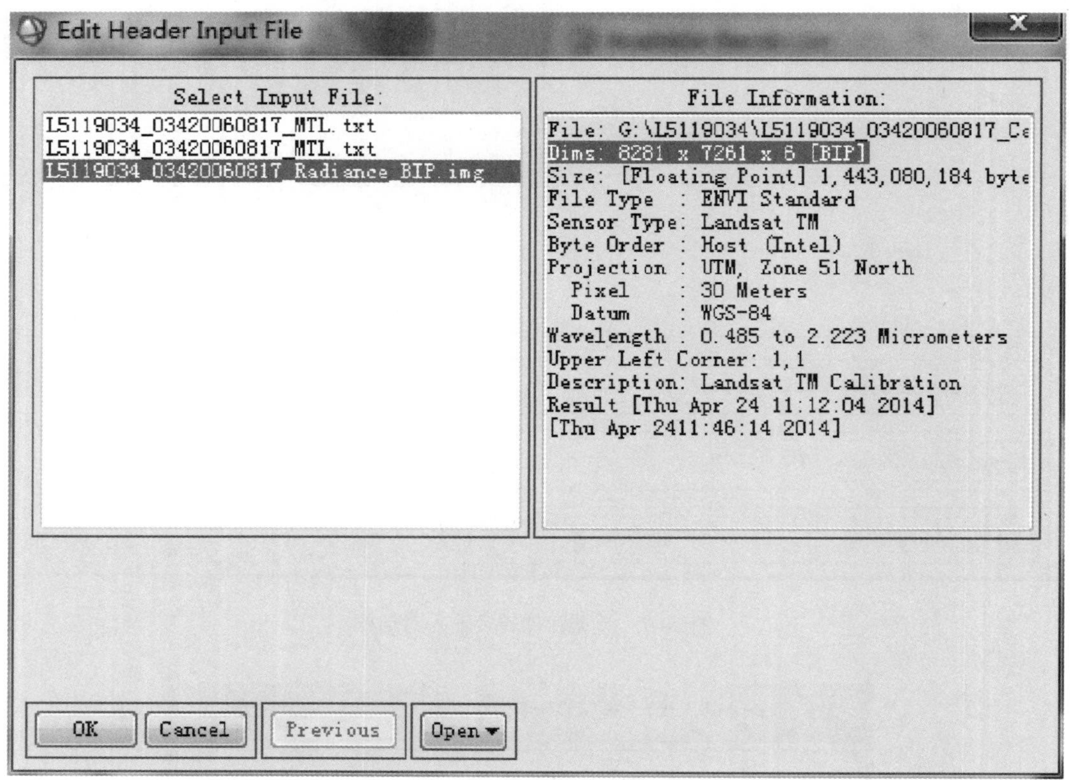

图 10-9　亮度值图像由 BSQ 格式已经转换为 BIP 格式

2. FLAASH 大气校正

FLAASH 参数设置主要包括设置遥感影像位置参数、传感器参数、扫描时间参数、大气模型参数及气溶胶模型参数等。

1）启动 FLAASH

有两种方法启动 FLAASH，一种是点击 ENVI→ENVI→Basic Tools→Processing→Calibration Utilities→FLASSH，另一种是点击 ENVI→Spectral→FLAASH，FLAASH 启动后界面如图 10-10 所示。

2）FLAASH 大气辐射校正参数设置

FLAASH 大气校正模型输入参数较多，主要说明如表 10-1 所示。大气校正就是通过定标数据反演地表真实反射率，校正需要大气参数、气溶胶参数、传感器参数及观测几何条件等信息。

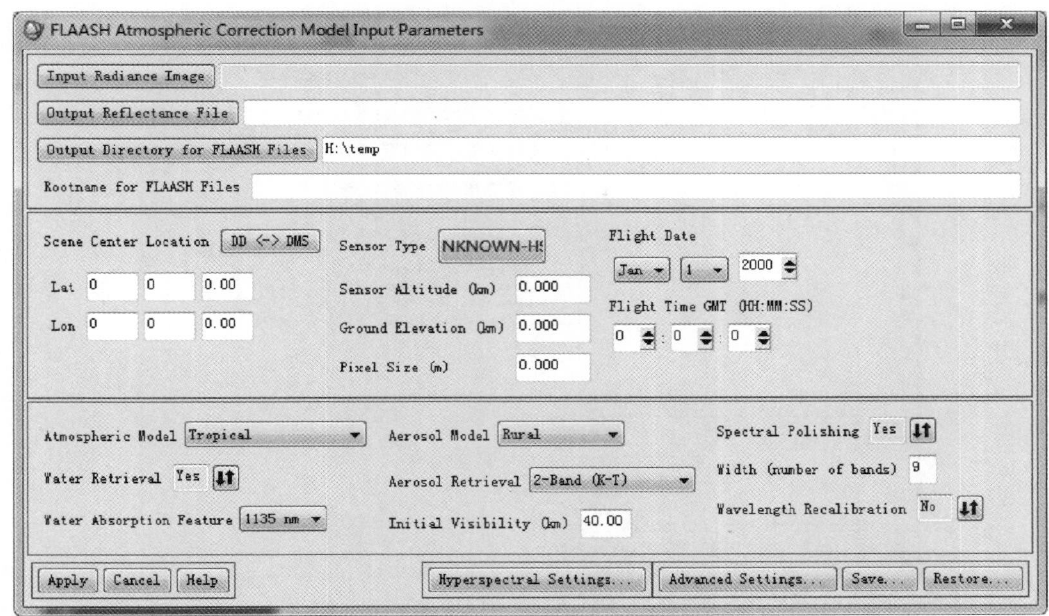

图 10-10　FLAASH 大气校正输入参数对话框

表 10-1　FLAASH 大气校正模型输入参数

参数名称	功能	备注
Input Radiance Image	输入亮度值图像	格式为 BIL 或者 BIP
Output Reflectance File	输出反射率图像文件	校正后影像
Output Directory for FLAASH Files	FLAASH 文件输出目录	临时文件
Rootname for FLAASH Files	FLAASH 过滤文件	
Scene Center Location	待校正数据中心位置	
Scene Type	传感器类型	
Flight Date	数据成像时间	
Atmospheric Model	大气模型	
Aerosol Model	气溶胶模型	
Aerosol Retrieval	气溶胶反演	
Initial Visibility	初始能见度	
Spectral Polishing	光谱平滑	
Width（number of bands）	波段宽度	
Wavelength Recalibration	波长单位换算	
Hyperspectral Settings	高光谱设置	
Advanced Settings	高级设置	

（1）输入亮度值图像。点击 Input Radiance Image ，选择已完成定标和格式转换的亮度值图像 L5119034_03420060817_Radiance_BIP.img（图 10-11）。

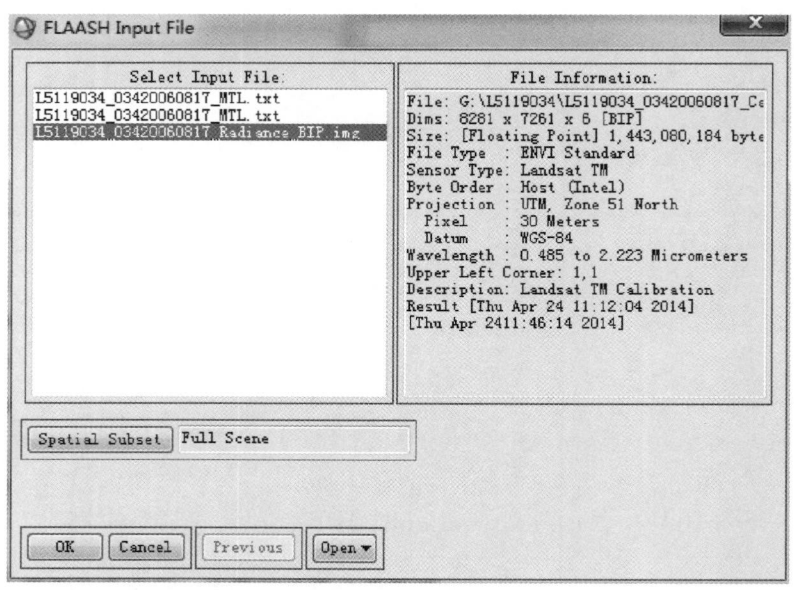

图 10-11　FLAASH 选择输入亮度值图像

设置亮度尺度转换因子。点击图 10-11 中的 OK，出现对话框（图 10-12），选择 ◉ Use single scale factor for all bands，将 TM 传感器所有波段的转换因子统一更改为 10，即 Single scale factor 10.000000 ，这样定标后亮度值图像单位就由 $W/(m^2 \cdot \mu m \cdot sr)$ 转换为 $\mu W/(cm^2 \cdot nm \cdot sr)$ 。

如果波段的尺度转换因子不同，可以选择一个文本文件记录，之后读取该尺度转换因子文件，即选择 ◉ Read array of scale factors (1 per band) from ASCII file。

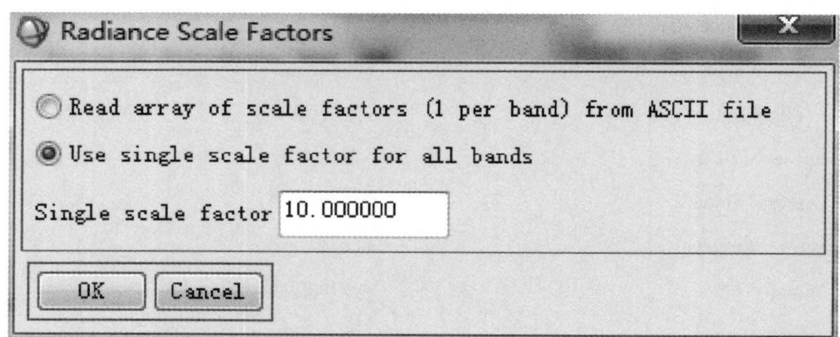

图 10-12　亮度尺度转换因子对话框

（2）输出反射率数据。点击 Output Reflectance File ，设置大气校正后的反射率文件及存储路径，命名为 L5119034_03420060817_FLAASH.img。需要注意的是，要留有足够的存储空间，一般来讲，如果要校正一整景 TM 数据，硬盘空余空间要达 10G 以上。

（3）确定其他结果输出路径，点击 Output Directory for FLAASH Files ，设置大气校正其他产品输出路径。

（4）FLAASH 根文件名。在 Rootname for FLAASH Files 后面的输入框中，设置一个 FLAASH 根文件名，该根名将作为 FLAASH 输出结果的前缀名，在后面的计算中，ENVI 将自动在根名后添加一个下划线，本实验添加 flaash。

FLAASH 输出的文件还包括水汽图像、云分类图、日志文件及临时文件。所有的文件都存放到输出结果设置的路径下，在各自的标准文件名前都加了根名。

（5）设置校正数据中心经纬度坐标。在 Scene Center Location 下对应位置设置待校正数据中心点经纬度坐标，DD <-> DMS 可以在度、分、秒和度之间切换。有两种方式获得该数值，一是将鼠标十字丝定位在图像中心位置，之后，点击鼠标右键打开 Pixel Locator 功能，该中心位置的经纬度坐标就显示出来了（图 10-13）；另外一种方法，就是打开头文件，头文件记录了图像 4 个顶点及中心点的经纬度坐标信息，直接读取出来，填写到对应的位置即可。

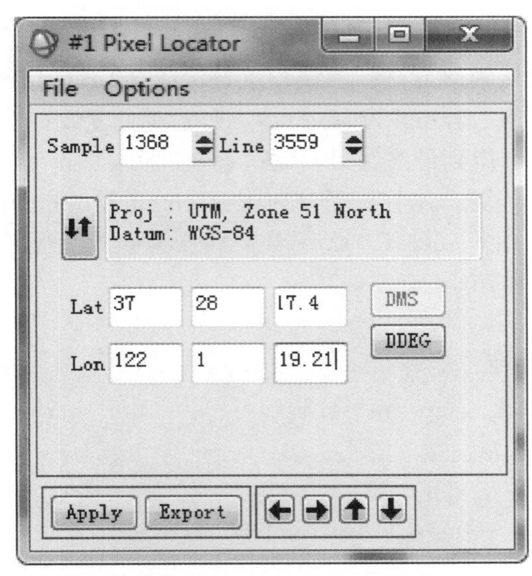

图 10-13 Pixel Locator 对话框

（6）传感器类型。点击 Sensor Type 后的下拉式菜单，Hyperspectral 和 Multispectral 两个目录对应了高光谱和多光谱传感器，选择该图像对应的传感器类型 Landsat TM5。

Sensor Altitude（单位为 km）表示传感器高度，Ground Elevation（单位 km）表示地表平均高程，Pixel Size（单位为 m）表示像元分辨率。对应的文本框分别填写其对应的数值，TM 传感器的高度为 705km，地面高度设置为 0.2km，TM 像元分辨率为 30m。

（7）影像扫描时间设置。Flight Date 下面对应的文本框输入卫星成像的日期，Flight Time GMT（HH: MM: SS）下面的文本框输入传感器扫描中心的时刻。这些参数从头文件中获取，需要注意的是，在头文件中，一般有两个记录时间的字段，一个是数据获取时间，一个是数据处理时间。此处时间是指卫星成像时间，一般取扫描开始到结束的中间时间。

（8）大气模型设置。点击 Atmospheric Model 后面的下拉式菜单，一共有六种大气模型供选择，分别是近极地冬季（Sub-Arctic Winter）、中纬度冬季（Mid-Latitude Winter）、美国标准（U.S. Standard）、近极地夏季（Sub-Arctic Summer）、中纬度夏季（Mid-Latitude Summer）和热带（Tropical）等六种大气模型。

根据待校正影像所在的经纬度坐标及影像获取时间，选择合理的大气模型，本实验数据属于中纬度，时间为夏季，选择中纬度夏季大气模型。

（9）气溶胶模型（Aerosol Model）设置。气溶胶模型包括以下几种。

无气溶胶（No Aerosol）：表示不进行气溶胶反演。

乡村气溶胶（Rural）：表示该影像成像期间，大气清洁度较高，气溶胶颗粒物小。

海洋气溶胶（Maritime）：表示影像主要是海域，空气中水分子较多。

城镇气溶胶（Urban）：表示影像区域为城镇区，空气中颗粒物较多。

对流层气溶胶（Tropospheric）：颗粒物可能主要由火山喷发物组成。

根据影像的大气状况，选择合适的气溶胶类型此次的待校正影像，大气能见度高，选择乡村气溶胶类型。

（10）气溶胶反演方法设置。气溶胶反演方法包括：无气溶胶反演（No）；两波段 K-T 方法（2-Band K-T），默认为此方法；两波段水气溶胶（2-Band Over Water）。

（11）初始能见度设置（Initial Visibility）。初始能见度设置单位为 km，初始设置为 40km，大气辐射校正后会得到最终结果，默认设置即可。

（12）水柱反演参数设置。水柱因子（Water Column Multiplier）设置为 1。

（13）FLAASH 高光谱参数设置。点击 Multispectral Settings... ，打开 FLAASH 多光谱参数设置对话框（图 10-14）。

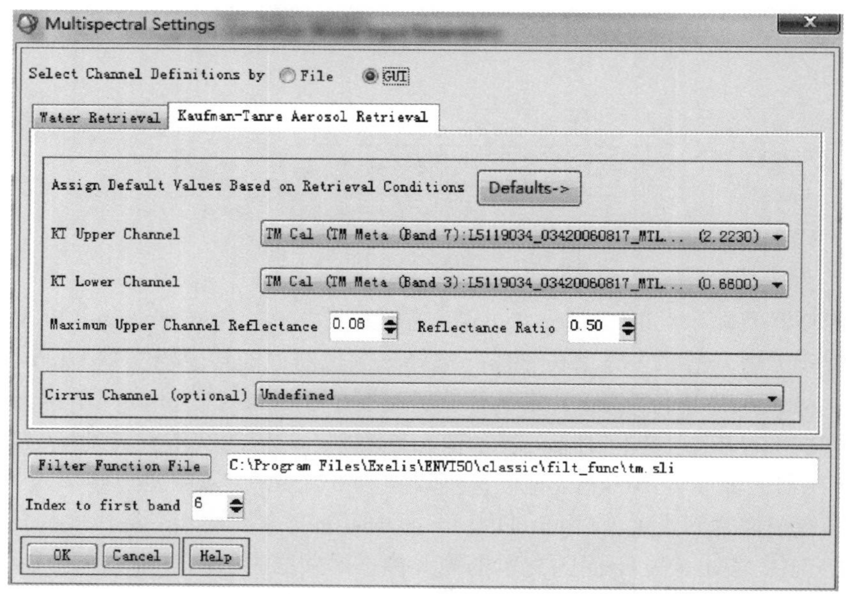

图 10-14　FLAASH 多光谱参数设置对话框

（14）FLAASH 高级参数设置。点击 Advanced Settings... 按钮，查看高级设置。高级设置中的参数用来控制 FLAASH 另外一些模型参数（图 10-15）。

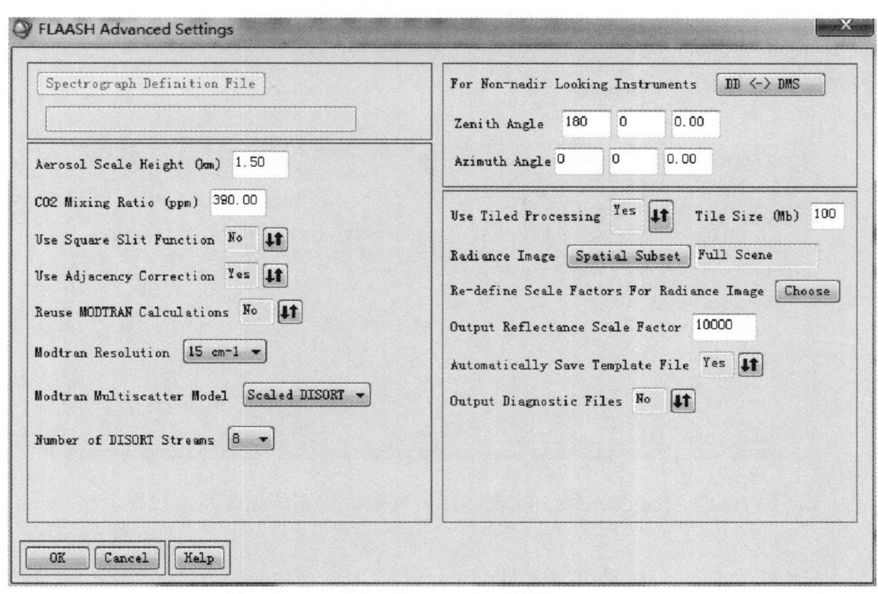

图 10-15　FLAASH 高级参数设置对话框

对话框Output Reflectance Scale Factor 10000，说明 FLAASH 大气校正结果做了整数处理，即乘以 10000，如果需要得到地表真实的反射率值，需要对结果除以 10000，就可以得到数值范围在 0～1 的地表真实反射率。

（15）大气校正参数保存与恢复。当设计好 FLAASH 大气校正参数后，可以点击Save...，将参数保存到文件，便于重复使用。点击Restore...，选择保存有大气校正参数的文件，即可快速打开 FLAASH 大气参数。

（16）运行 FLAASH。设置完 FLAASH 参数后，点击Apply即可（图 10-16）。

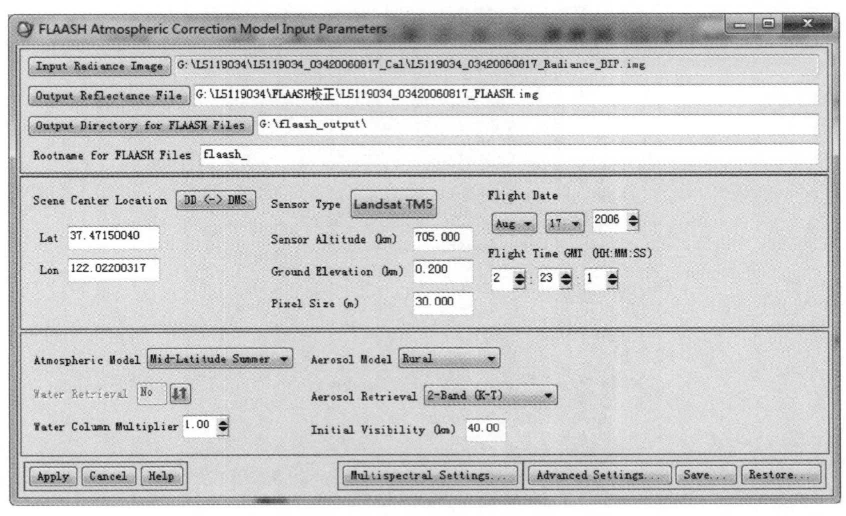

图 10-16　Landsat TM5 FLAASH 大气校正参数设置

大气辐射校正运行成功后，出现计算结果，如大气校正后的结果图像、能见度及平均水汽厚度等信息（图 10-17）。

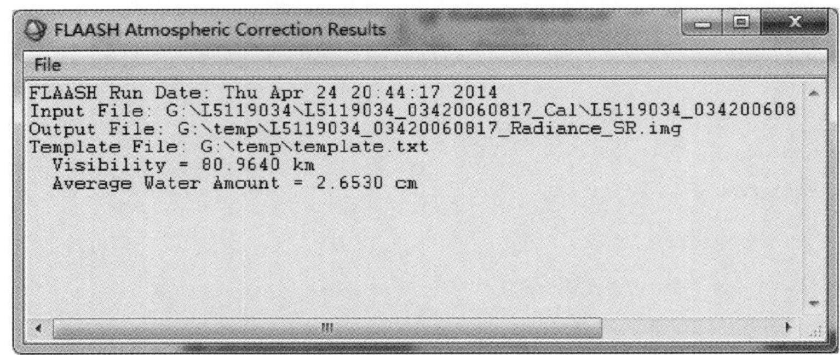

图 10-17　Landsat TM5 FLAASH 大气辐射校正能见度及水汽含量

需要特别注意的是，大气校正前数据和大气校正后数据最好存放在同一路径下，且数据存放空间大于 20G 以上。

（17）尺度转换。FLAASH 大气辐射校正得到的地表真实反射率，其数值为 0～10000 表示的整型数，使用 Band Math，书写表达式为 float（*b*1）/10000，将大气辐射校正结果转换为反射率为 0～1 的浮点数（图 10-18）。

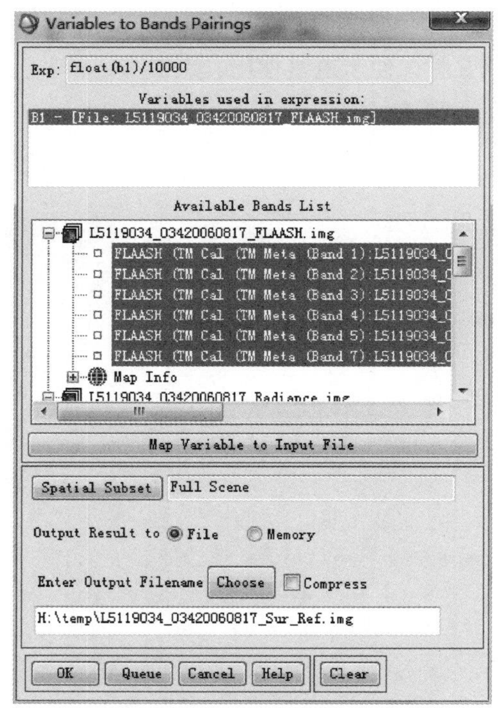

图 10-18　将 FLAASH 校正结果转换为 0～1 浮点数表示

保存大气校正后的结果数据为 L5119034_03420060817_Sur_ref.img，其数据格式也由 BIP 转换为 BSQ。

3. 校正前后地表反射率变化比较

基于表观反射率数据、FLAASH 校正数据、马里兰大学提供的地表反射率数据，以植被、城镇地物作为分析比较对象，比较其反射率曲线校正前后变化特征，主要步骤如下。

1）大气层顶反射率计算

有两种方法可以得到大气层顶反射率行星反射率数据。一是按照实验八提供的方法；二是通过 ENVI 提供的定标方法，即打开原始遥感数据，点击 ENVI→Basic Tools→Preprocessing→Calibration Utilities→Landsat Calibration，在定标对话框 Calibration Type 中选择 Reflectance，输出结果到文件，由 DN 值图像转换为大气层顶反射率图像（图 10-19）。

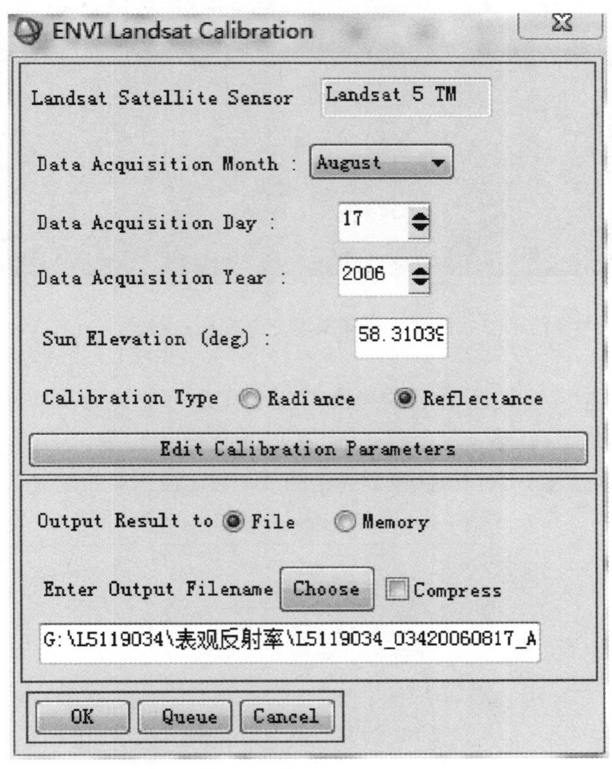

图 10-19　Landsat TM 数据转换为大气层顶反射率数据

2）大气层顶反射率与地表真实反射率地物反射率变化比较

图 10-20 中视窗 1 显示大气层顶反射率图像，视窗 2 显示大气辐射校正后图像，将两个视窗关联起来。

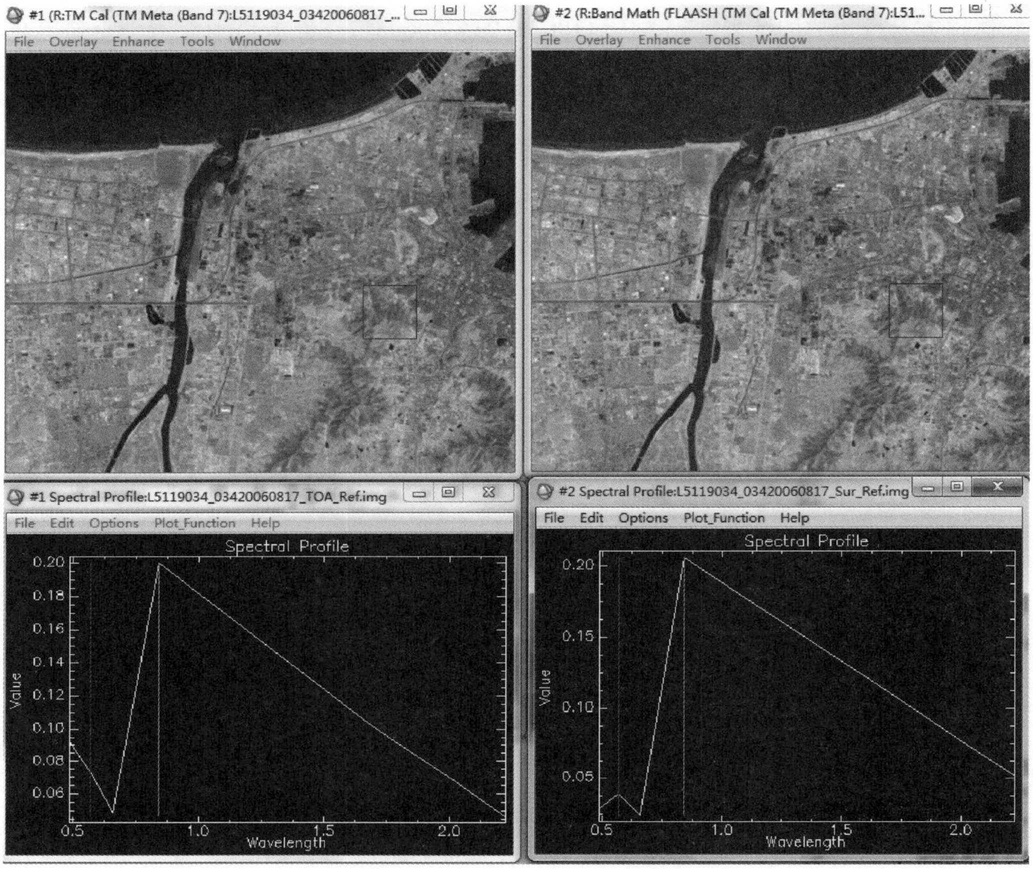

图 10-20　大气校正前后植被光谱曲线变化（左图：校正前；右图：校正后）

选取两种地物类型，对校正前后的光谱曲线变化进行对比分析。选择地理位置（Lat：37°32′0.87″，Lon：121°21′0.35′），此处为植被；选择地理位置（Lat：37°31′29.9″，Lon：121°21′13.25″），此处为土壤。各自校正前后光谱曲线，对比校正前后光谱曲线变化（图 10-21）。

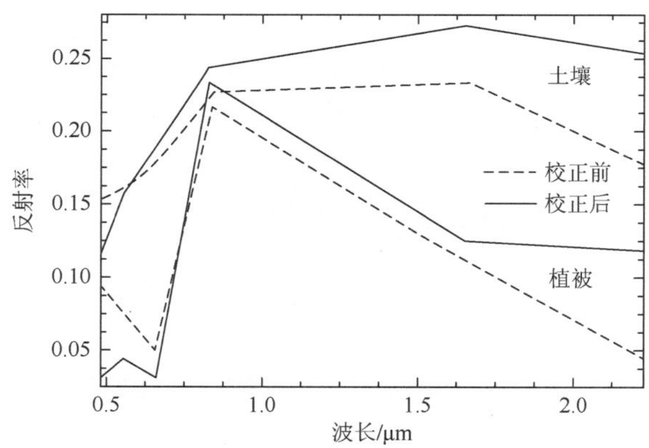

图 10-21　大气辐射校正处理前和后植被、土壤光谱曲线对比

与大气校正前大气层顶反射率相比，大气校正后，植被在可见光通道（TM1、TM2、TM3），其反射率降低，蓝光降低最大（TM1），绿光（TM2）次之，红光（TM3）最小；在红外通道，其反射率普遍增大，近红外（TM4）增加最大，红外（TM5 和 TM7）增大幅度较小。

六、撰写实验报告

按照实习报告格式要求撰写，重点内容包括：FLAASH 大气辐射校正参数设置及校正前后地物光谱曲线变化分析，并阐述变化产生的原因。

实验十一　卫星遥感影像镶嵌与裁剪

一、实验目的

掌握遥感图像镶嵌的基本原理，学会图像镶嵌的方法及基本处理过程，掌握色彩平衡处理方法，学会使用规则裁剪、不规则裁剪及利用行政区划裁剪遥感影像的方法。

二、实验内容

（1）遥感图像镶嵌基本方法。

（2）利用行政区划生成感兴趣区对遥感影像进行裁剪。

三、原理与方法

遥感影像镶嵌（mosaic）将两幅或多幅图像（它们有可能是在不同的成像条件下获取的）拼接起来形成一幅或一系列覆盖全区的较大的图像，这个过程就是图像镶嵌。

在进行图像的镶嵌时，需要确定一幅参考影像，参考图像将作为输出镶嵌图像的基准，决定镶嵌图像的对比度匹配以及输出图像的像元大小和数据类型等。镶嵌的两幅或多幅图像选择相同或相近的成像时间，使得图像的色调尽量保持相似。但接边色调相差太大时，可以利用直方图均衡、色彩平滑等使得接边尽量一致，但用于变化信息提取时，相邻影像的色调不允许平滑处理，避免信息变异。

图像裁剪过程就是设置一定形状的掩模（掩模区域可以设置为 0 或者 1），与遥感影像进行掩模运算的过程。

四、实验仪器与数据

（1）两景 Landsat8 OLI 数据（119/34，119/35，卫星数据获取时间为 2014 年 12 月 29 日）。

（2）某区行政区划矢量文件。

（3）ENVI 5.1。

五、实验步骤

Landsat8 OLI 数据需要用 ENVI 5.0 或者更高版本才能打开，本实验使用 ENVI 5.1。有两种镶嵌方法，一是基于像素坐标的镶嵌，一是基于地理配准后图像镶嵌。

本次实验采用的是 USGS 发布的免费影像，且影像已经进行了地理配准，所以此实验使用基于地理坐标的遥感数据镶嵌方法对两景影像进行镶嵌，两景以上影像镶嵌方法与此类似。

需要注意的是，图像镶嵌之前，一般需要对影像进行精确的地理配准处理，基于地理配准后影像的镶嵌主要包括以下四步。

1. 加载待镶嵌遥感影像

点击 ENVI5.1→File→Open As→Landsat→GeoTIFF With Metadata，选择 LC81190342014363LGN00_MTL.txt 和 LC81190352014363LGN00_MTL.txt，读入待校正的两幅图像。

2. 启动图像镶嵌工具

在 ENVI5.1 右侧工具箱栏中，选择 Mosaicking→Seamless Mosaic（图 11-1），启动镶嵌功能（图 11-2）。

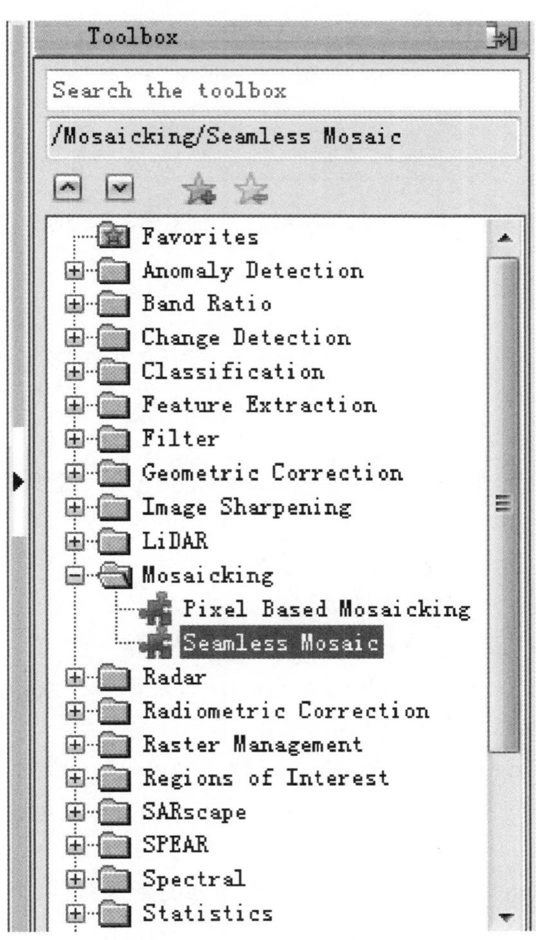

图 11-1　ENVI 5.1 遥感图像镶嵌工具

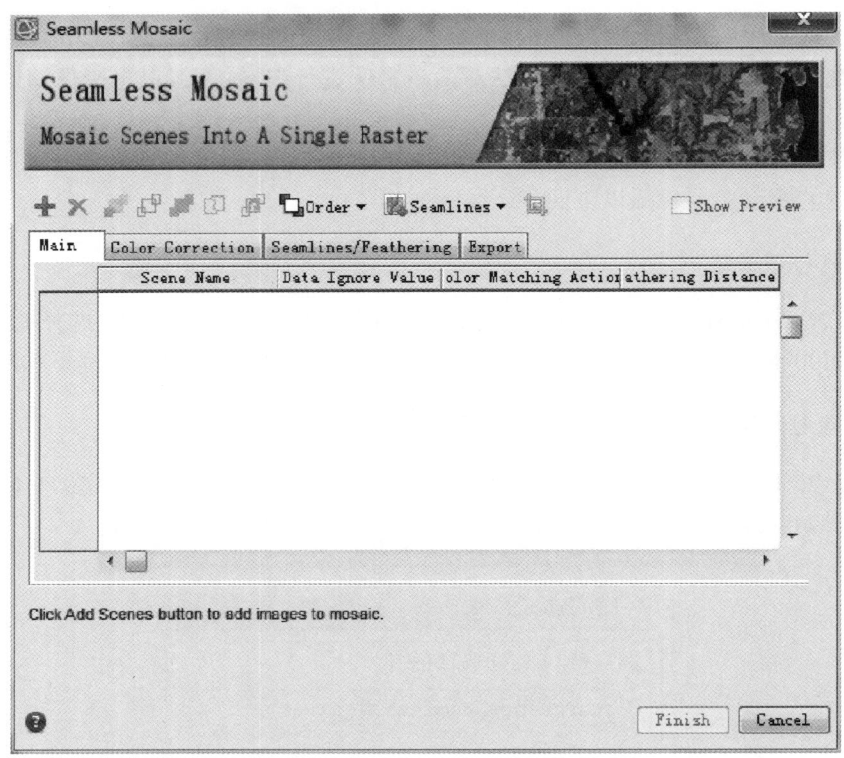

图 11-2　ENVI5.1 基于地理坐标的遥感影像镶嵌视窗

3. 加载镶嵌图像

图 11-2 中，点击加载按钮，依次添加已经打开的两幅多光谱影像（图 11-3）。

4. 定义镶嵌参数

镶嵌处理时，需要定义的参数包括色彩平衡处理方法、忽略值、采样方法、羽化半径等。

图 11-3 的 Main 菜单，主要功能如下所述。

景名（Scene Name）：加载的图像名称。

忽略数据值（Data Value Ignore）：忽略处理的数据值，设置为 0。

色彩平衡处理模式（Color Matching Action）：确定调节（Adjust）/参照（Reference），一般选择一景影像为参照，其他影像为调节。

羽化半径（Feathering Distance Pixel）：以像元为单位，设定羽化半径，羽化半径大，图像重叠区域参与计算的像元就越多，该区域图像混合的效果越强。此次设定为 0，即不设定羽化半径。

加载影像（Add Scenes）：点击，添加待镶嵌的影像数据。

删除影像（Remove Selected Scenes）：点击，选择待删除的影像。

显示/隐藏影像（Show Scenes/Hide Scenes）：点击。

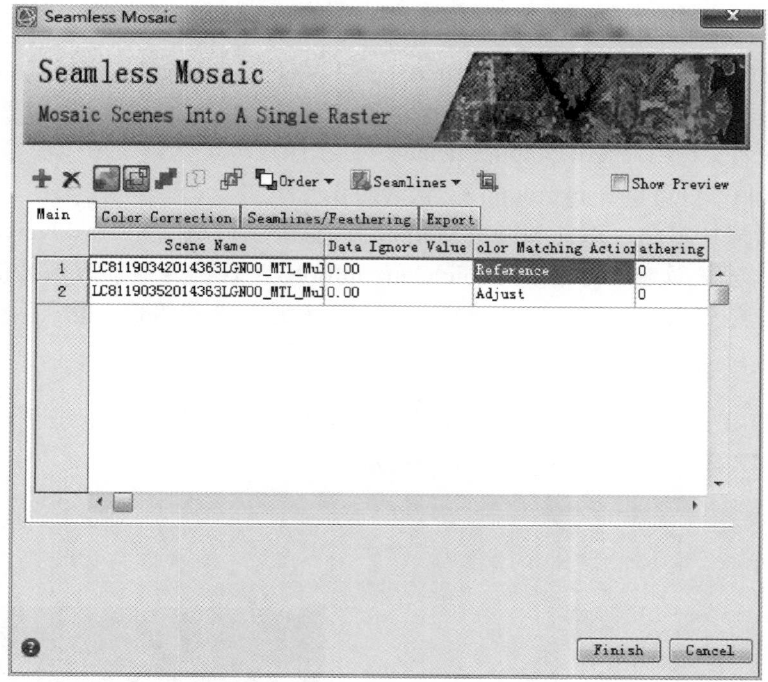

图 11-3　ENVI 5.1 图像无缝镶嵌加载影像

显示/隐藏图像足迹线（Show Footprints/Hide Footprints）：点击▣。

显示/隐藏填充足迹线内框空间（Show Filled Footprints/Hide Filled Footprints）：点击▣。

数据值忽略（Data Ignore Value）：0，即镶嵌处理时忽略此值。

重新计算足迹线（Recalculate Footprints）：点击▣，有两种方式计算足迹线，一种按照图像的左右和上下最外边界线计算，一种是按照图像实际边界线计算。

确定图像叠加层序（Order）：待镶嵌的多景影像，有叠加的层次顺序，选择好一景影像，可以排列其叠加的顺序，有提到最前层（Bring to Front）、向前提升一层（Bring Forward）、降低一层（Send Backward）及降低到底层（Send To Back）等排列操作。

拼接线处理（Seamlines）：有自动产生拼接线（Auto Generate Seamlines）、开始编辑拼接线（Start editing seamlines）、删除所有拼接线（Delete All Seamlines）、恢复接缝多边形（Restore Seam Polygons）及保存接缝多边形（Save Seam Polygons）等操作。选择自动产生接缝线处理。

定义输出镶嵌区域（Define Output Area）：点击▣，在 ENVI 5.1 显示的图像上，按住鼠标左键，确定输出的矩形区域，默认为待镶嵌图像的全部区域。

色彩平衡处理（Color Correction）：有直方图匹配处理，有对叠加区域处理和整景处理两种方式，默认只对叠加区域进行直方图匹配色彩平衡处理。

接缝/羽化处理（Seamlines/Fathering）：对于接缝线，默认使用接缝线，有三种羽化处理方式，一是不进行羽化处理，一是边界羽化处理，一是按照拼接缝羽化处理，默认是按照拼接缝进行羽化处理。

输出镶嵌图像（Export）：主要包括以下操作。

定义镶嵌后图像的类型（Output Format）：有 ENVI 和 Tiff 两种输出格式，默认为 ENVI 格式；

定义文件名及输出路径（Output Filename）：按照规范定义镶嵌后图像名及存储路径。

确定背景值（Output Background）：默认为 0。

确定重新采样方法（Resampling Method）：有最临近域（Nearest Neighbor）、双线性（Bilinear）及三次立方卷积（Cubic Convolution），默认为最邻近域插值方法。

选择输出波段（Select Output Bands）：可以任意选择波段组合，默认为全部波段。

5. 镶嵌并显示结果

点击图 11-3 中 Finish 按钮，ENVI 按照工作流程进行镶嵌处理。打开处理结果，以 OLI SWIR2 NIR Blue（RGB）显示（图 11-4）。

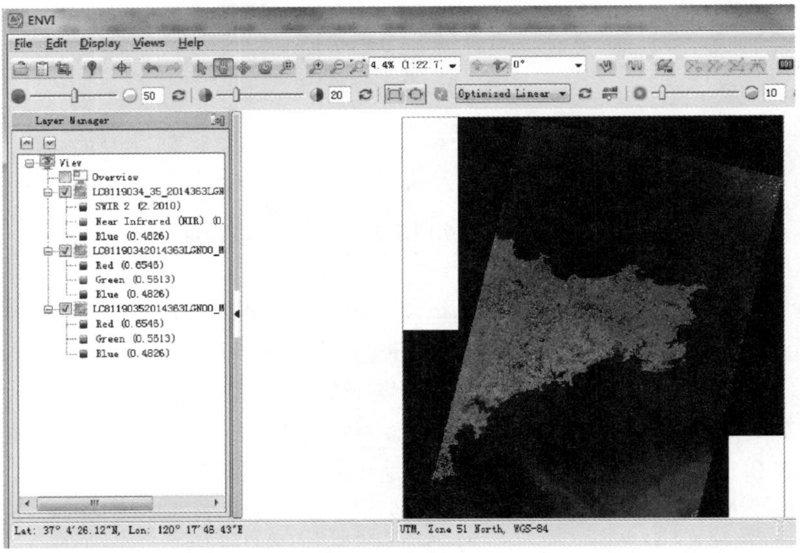

图 11-4　两景 Landsat8 镶嵌后影像（Path/Row = 119/34-35）

6. 加载行政区划边界

加载矢量文件。点击 ENVI5.1→File→Open，选择某区行政区划矢量文件（.shp），加载矢量文件（图 11-5）。

7. 用感兴趣裁剪镶嵌影像

1）查看矢量文件子区

鼠标移动到打开的矢量文件上，点击右键，点击 View/Edit Attributes，查看矢量文件中的不同字段（ID 号），选择 ID = 3 作为裁剪的行政区（图 11-6）。

2）建立感兴趣区

（1）启动矢量文件转换为 ROI 功能。点击 ENVI5.1→Toolbox→Regions of Interest→Vector to ROI，双击 Vector to ROI，选择已经打开的矢量文件（图 11-7）。

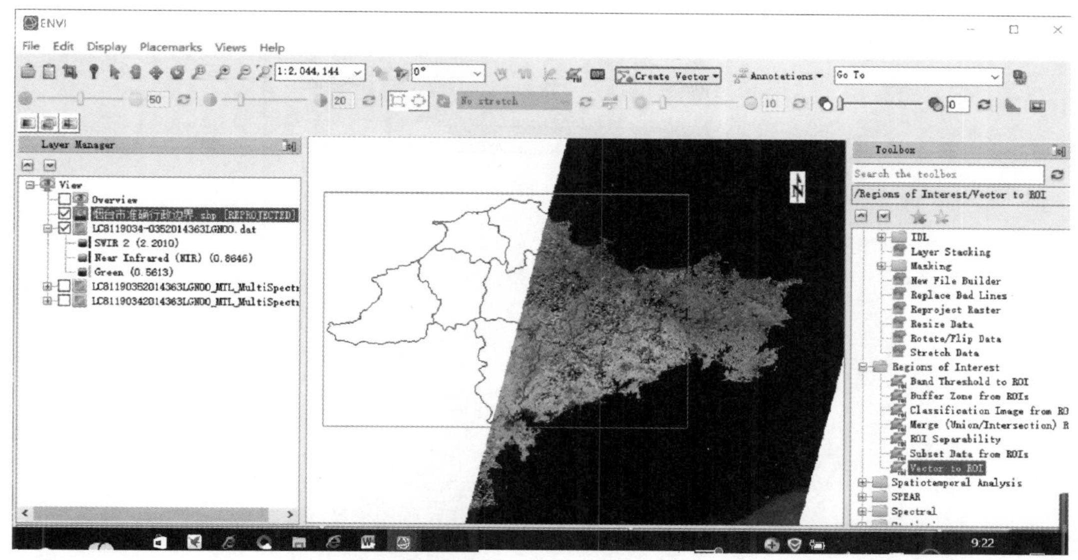

图 11-5　镶嵌后影像加载行政区划矢量图

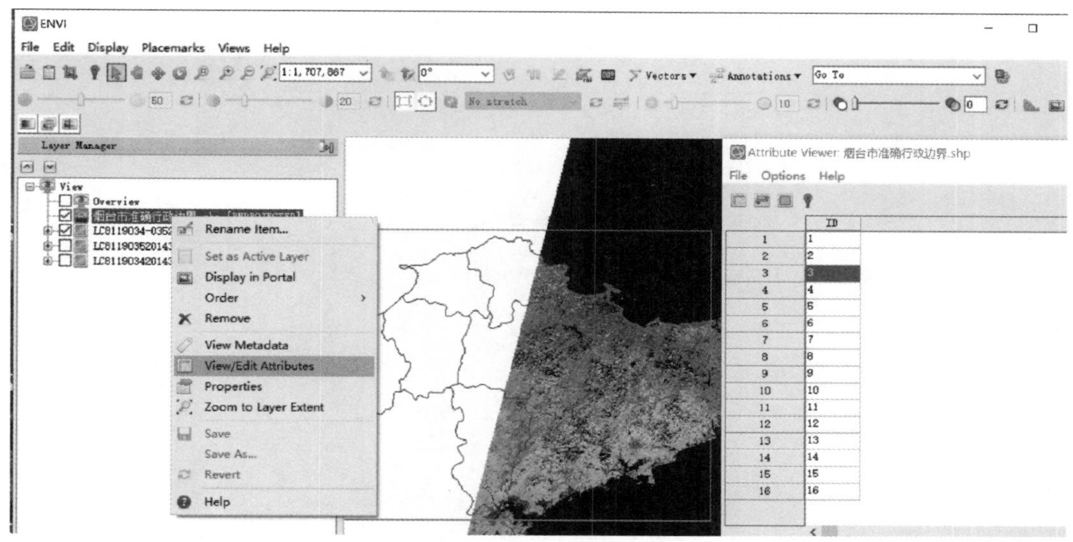

图 11-6　矢量文件中不同字段的对应的区域

（2）将矢量文件转化为感兴趣区（ROI）。矢量文件转换为感兴趣区，有五种转化方式（图 11-8）：①所有记录（ID 标识）转化为一个感兴趣区（All records to a single ROI），默认形式；②每一条记录转化为一个独立的感兴趣区（Each record to a separate ROI）；③选择一条记录转换为感兴趣区（Unique records of an attribute to separate ROIs），本次实验采用 ID＝3；④查询属性标识转换为感兴趣区（Specific attribute query）；⑤选择任意一个或者多个记录子集转换为感兴趣区（Record subset to a single ROI）。

选择不同的感兴趣区转换模式，得到不同的转化结果，感兴趣区的数量也不相同。

File Selection
Select Input File:
烟台市准确行政边界.shp
File Information
OK
Cancel

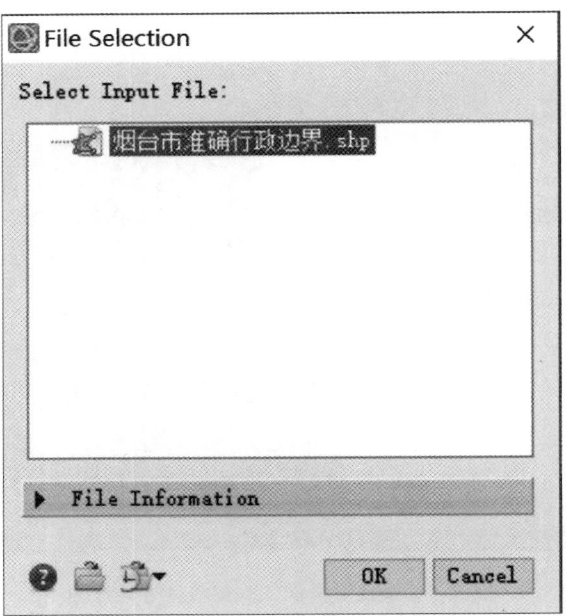

图 11-7　矢量文件转化为感兴趣区文件选择

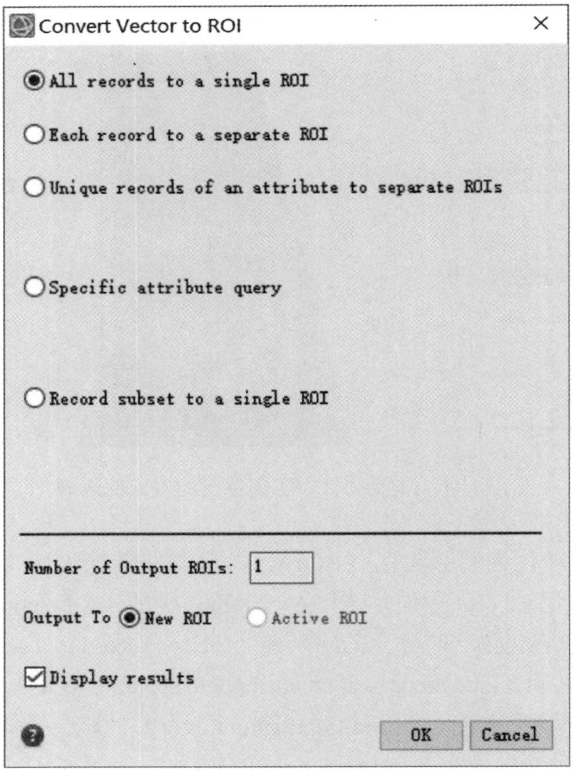

Convert Vector to ROI
All records to a single ROI
Each record to a separate ROI
Unique records of an attribute to separate ROIs
Specific attribute query
Record subset to a single ROI
Number of Output ROIs: 1
Output To New ROI Active ROI
Display results
OK
Cancel

图 11-8　矢量文件转化为感兴趣区种类

通过查看矢量文件的属性，可以判断自己要使用的裁剪区域的 ID 号，本实验 ID = 3（图 11-9），选择待裁剪的图像（图 11-10），完成感兴趣区构建（图 11-11）。

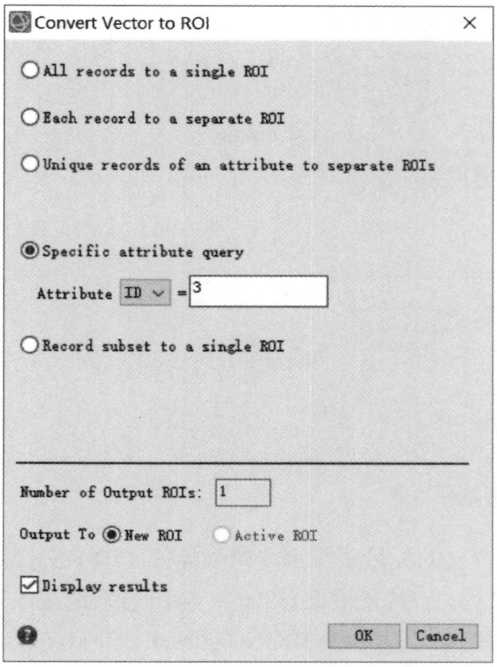

Convert Vector to ROI
All records to a single ROI
Each record to a separate ROI
Unique records of an attribute to separate ROIs
Specific attribute query
Attribute ID = 3
Record subset to a single ROI
Number of Output ROIs: 1
Output To New ROI Active ROI
Display results
OK Cancel

图 11-9　选择适量文件中的子记录为感兴趣区

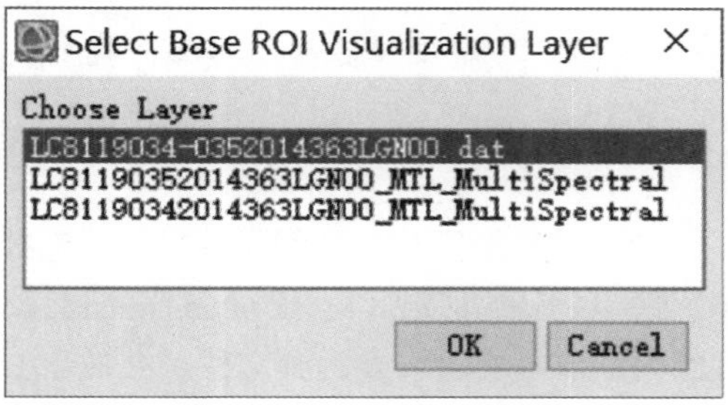

Select Base ROI Visualization Layer
Choose Layer
LC8119034-0352014363LGN00.dat
LC81190352014363LGN00_MTL_MultiSpectral
LC81190342014363LGN00_MTL_MultiSpectral
OK Cancel

图 11-10　利用感兴趣区选择待裁剪影像

ENVI
File Edit Display Placemarks Views Help
Vectors Annotations Go To
Layer Manager
View
Overview
烟台市准确行政边界.shp [REPROJECTED]
LC8119034-0352014363LGN00.dat
SWIR 2 (2.2010)
Near Infrared (NIR) (0.8646)
Green (0.5613)
Regions of Interest
LC81190352014363LGN00_MTL_MultiSpectral
LC81190342014363LGN00_MTL_MultiSpectral
Toolbox
Search the toolbox
IDL
Layer Stacking
Masking
New File Builder
Replace Bad Lines
Reproject Raster
Resize Data
Rotate/Flip Data
Stretch Data
Regions of Interest
Band Threshold to ROI
ROI Separability
Subset Data from ROIs
Vector to ROI
Spatiotemporal Analysis
SPEAR
Spectral

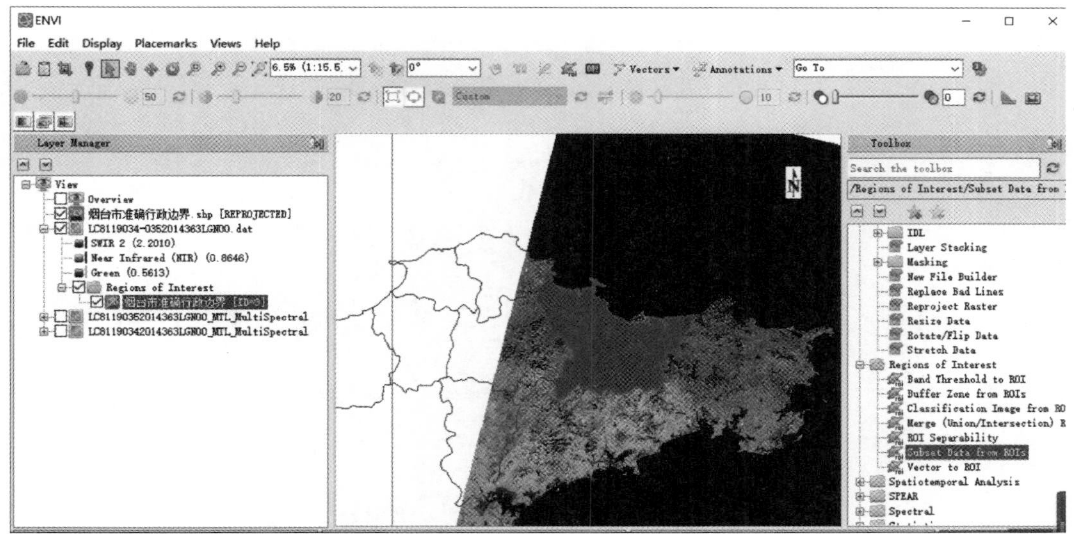

图 11-11　矢量文件构建感兴趣区结果

3）利用感兴趣区裁剪图像

（1）启动感兴趣区裁剪功能，输入待裁剪影像。点击 Toolbox→Region of Interest→Subset Data from ROIs，输入待裁剪影像，选择已经镶嵌好的影像（图 11-12）。

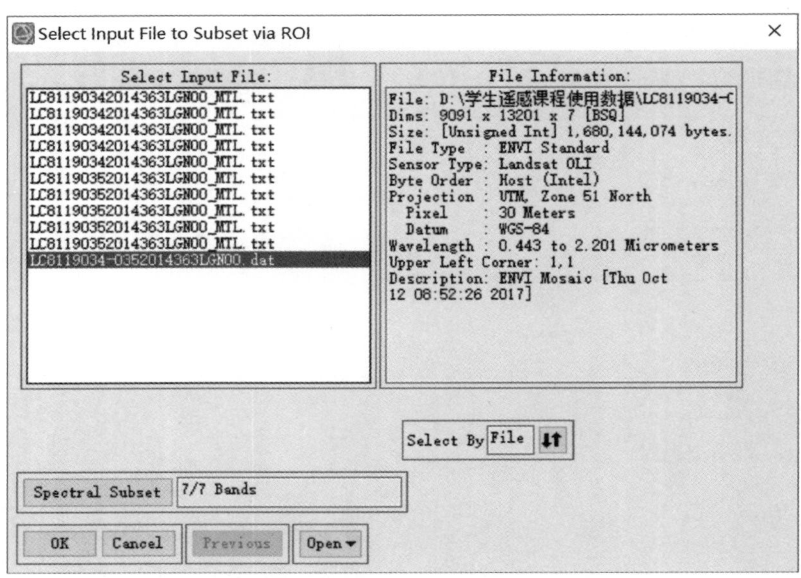

图 11-12　输入待裁剪影像

（2）感兴趣区裁剪空间子集设置。选择上面定义的矢量子集字段感兴趣区（ID = 3）；掩模感兴趣之外的区域（Mask pixels outside of ROI? yes）；背景值设置（0）；输出结果到文件或者到内存，本实验设置为到文件，文件名 LC8119034-0352014363LGN00subset（图 11-13）。

图 11-13　ROI 裁剪遥感影像空间子集参数设置

（3）裁剪结果。利用感兴趣（ROI）对镶嵌后的影像进行裁剪，并以一定的假彩色合成方式显示裁剪结果（图 11-14）。

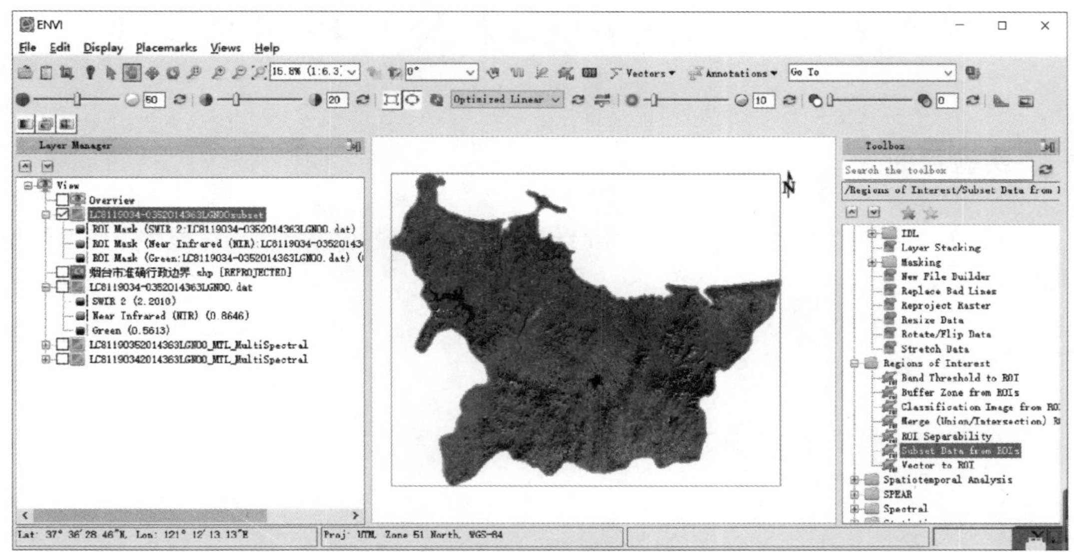

图 11-14　某区域镶嵌后影像 ROI 裁剪结果（SWIR = red，NIR = green，Green = blue）

六、撰写实验报告

按照实习报告格式要求撰写，重点内容包括：色彩平衡处理、羽化半径参数设置、ROI 生成与利用 ROI 裁剪方法等。

实验十二　多光谱卫星数据 K-T 变换增强处理

一、实验目的

掌握 K-T 线性变换的基本原理，学会使用 K-T 变换进行分析，加深遥感影像增强处理的理解。

二、实验内容

（1）K-T 变换原理及变换系数特点。

（2）K-T 变换增强处理及应用分析。

三、原理与方法

1. K-T 变换参数

K-T 变换是 Kauth-Thomas 变换的简称，又称缨帽变换或者穗帽变换。这种变换是一种线性组合变换，其变换公式为

$$Y_i = TC_i \times X_i + B_i \tag{12-1}$$

式中，Y 表示变换后影像空间，也称为 TCT Index；i 表示指数维；TC_i 表示变换系数矩阵（表 12-1～表 12-9）；X 表示多光谱数据；B_i 为偏移矩阵。

表 12-1　Landsat1-2 MSS 传感器 K-T 变换参数及变化后变量

卫星传感器名称	TCT Index	DN 值图像 K-T 变换系数				偏差
		MSS1	MSS2	MSS3	MSS4	
L1 MSS	亮度	0.433	0.632	0.586	0.264	0
	绿度	−0.290	−0.562	0.600	0.491	0
	黄度	−0.829	0.522	−0.039	0.194	0
	无	0.223	0.012	−0.543	0.810	0
L2 MSS	亮度	0.33231	0.60316	0.67581	0.26278	0
	绿度	−0.28317	−0.66006	0.57735	0.38833	0
	黄度	−0.89952	0.42830	0.07592	−0.04080	0
	无	−0.01594	0.13068	−0.45187	0.88232	0

表 12-2　Landsat4 TM 传感器 K-T 变换参数及变化后变量

卫星遥感器名称	TCT Index	DN 值图像 K-T 变换系数						偏差
		TM1	TM2	TM3	TM4	TM5	TM7	
L4 TM	亮度	0.3037	0.2793	0.4743	0.5585	0.5082	0.1863	0
	绿度	−0.2848	−0.2435	−0.5436	0.7243	0.0840	−0.1800	0
	湿度	0.1509	0.1973	0.3279	0.3406	−0.7112	−0.4572	0
	Haze	−0.8242	0.0849	0.4392	−0.0580	0.2012	−0.2768	0
	第五分量	−0.3280	0.0549	0.1075	0.1855	−0.4357	0.8085	0
	第六分量	0.1084	−0.9022	0.4120	0.0573	−0.0251	0.0238	0

表 12-3　Landsat5 TM 传感器 K-T 变换参数及变化后变量

卫星遥感器名称	TCT Index	DN 值图像 K-T 变换系数						偏差
		TM1	TM2	TM3	TM4	TM5	TM7	
L5 TM	亮度	0.2909	0.2493	0.4806	0.5568	0.4438	0.1706	10.3695
	绿度	−0.2728	−0.2174	−0.5508	0.7221	0.0733	−0.01648	−0.7310
	湿度	0.1446	0.1761	0.3322	0.3396	−0.6210	−0.4186	−3.3828
	Haze	0.8461	−0.0731	−0.4640	−0.0032	−0.0492	0.0119	0.7879
	第五分量	0.0549	−0.0232	0.0339	−0.1937	0.4162	−0.7823	−2.4750
	第六分量	0.1186	−0.8069	0.4094	0.0571	−0.0228	0.0220	−0.0336

表 12-4　Landsat5 TM 反射率值图像 K-T 变换参数及变化后变量

卫星传感器名称	TCT Index	大气层顶反射率值图像 K-T 变换系数						偏差
		TM1	TM2	TM3	TM4	TM5	TM7	
L5 TM	亮度	0.2043	0.41.58	0.5524	0.5741	0.3124	0.2303	0
	绿度	−0.1603	−0.2819	−0.4934	0.7940	0.0002	−0.1446	0
	湿度	0.0315	0.2021	0.3102	0.1594	0.6806	−0.6109	0
	Haze	−0.2117	−0.0284	0.1302	−0.1007	0.6529	−0.7078	0
	第五分量	−0.8669	−0.1835	0.3856	0.0408	0.1132	0.2272	0
	第六分量	0.3677	−0.8200	0.4354	0.0518	0.0066	−0.0104	0

表 12-5　Landsat7 ETM＋反射率值图像 K-T 变换参数及变化后变量

卫星传感器名称	TCT Index	大气层顶反射率值图像 K-T 变换系数						偏差
		ETM＋1	ETM＋2	ETM＋3	ETM＋4	ETM＋5	ETM＋7	
L7 ETM＋	亮度	0.3561	0.3972	0.3904	0.6966	0.2286	0.1596	0
	绿度	−0.3344	−0.3544	−0.4556	0.6966	−0.0242	−0.2630	0
	湿度	0.2626	0.2141	0.0926	0.0656	−0.7629	−0.5388	0
	Haze	0.0805	−0.0498	0.1950	−0.1327	0.5752	−0.7775	0
	第五分量	−0.7252	−0.0202	0.6683	0.0631	−0.1494	−0.0274	0
	第六分量	0.4000	−0.8172	0.3832	0.0602	−0.1095	0.0985	0

表 12-6　Quickbird DN 值图像 K-T 变换参数及变化后变量

卫星传感器名称	TCT Index	DN 值图像 K-T 变换系数				偏差
		Blue	Green	Red	NIR	
Quickbird	亮度	0.319	0.542	0.490	0.604	0
	绿度	−0.121	−0.331	−0.517	0.780	0
	湿度	0.652	0.375	−0.639	−0.163	0
	第四分量	0.667	−0.675	0.292	0.011	0

表 12-7　IKONOS DN 值图像 K-T 变换参数及变化后变量

卫星传感器名称	TCT Index	IKONOS DN 值图像 K-T 变换系数				偏差
		Blue	Green	Red	NIR	
Quickbird	亮度	0.326	0.509	0.560	0.567	0
	绿度	−0.311	−0.356	−0.325	0.819	0
	湿度	−0.612	0.375	−0.639	−0.163	0
	第四分量	0.667	−0.675	0.292	0.011	0

表 12-8　ASTER 亮度值图像 K-T 变换参数及变换后变量

卫星传感器名称	TCT Index	ASTER 亮度值图像 K-T 变换系数									偏差
		Band1	Band2	Band3	Band4	Band5	Band6	Band7	Band8	Band9	
ASTER	Brightness	0.634	0.625	0.446	0.093	−0.015	0.006	0.000	−0.001	−0.001	
	Greenness	0.047	−0.576	0.632	0.511	−0.065	0.008	0.003	−0.004	−0.003	
	Wetness	0.768	−0.498	−0.351	−0.198	−0.007	−0.002	−0.002	−0.001	0.003	
	Fourth	−0.083	−0.141	0.464	−0.774	−0.392	−0.027	−0.016	−0.062	0.038	
	Fifth	−0.010	−0.052	0.132	−0.175	0.482	0.534	0.551	−0.267	−0.236	
	Sixth	−0.009	−0.0527	0.143	−0.176	0.406	−0.309	0.124	0.782	−0.242	
	Seventh	−0.009	−0.048	0.124	−0.144	0.483	0.362	−0.630	0.070	0.442	
	Eighth	−0.003	−0.032	0.083	−0.088	0.366	−0.488	−0.351	−0.512	−0.476	
	Ninth	0.000	−0.019	0.054	−0.045	0.277	−0.500	0.400	−0.215	0.680	

表 12-9　ASTER 大气层顶反射率值图像 K-T 变换参数及变换后变量

卫星传感器名称	变量名称	ASTER 大气层顶反射率值图像 K-T 变换系数									偏差
		Band1	Band2	Band3	Band4	Band5	Band6	Band7	Band8	Band9	
ASTER	Brightness	−0.274	0.676	0.303	−0.256	−0.020	0.415	−0.255	0.073	−0.262	
	Greenness	−0.006	−0.648	0.564	0.061	−0.055	0.394	−0.193	0.021	−0.249	
	Wetness	0.166	−0.087	−0.703	0.187	0.040	0.500	−0.287	0.030	−0.318	
	Fourth	0.384	0.319	0.282	0.748	0.205	0.086	0.134	−0.205	−0.049	
	Fifth	0.412	0.049	0.076	−0.146	−0.103	−0.021	−0.688	−0.265	0.496	
	Sixth	0.456	0.064	0.094	−0.040	0.030	−0.180	−0.109	0.849	−0.111	
	Seventh	0.429	0.074	0.020	−0.212	−0.631	−0.151	0.181	−0.296	−0.474	
	Eighth	0.355	0.010	0.012	−0.336	0.066	0.570	0.528	0.029	0.389	
	Ninth	0.251	−0.047	0.033	−0.393	0.734	−0.186	−0.028	−0.270	−0.363	

2. K-T 变换特点

1）K-T 指数与光谱波段数量相同

多光谱数据 K-T 变换指数与光谱波段数量相同。Landsat1-5 MSS、Quickbird 及 IKONOS 多光谱数据的通道数为 4 个，K-T 变换后为 4 个指数，分别是亮度指数（brightness）、绿度指数（greenness）、湿度（wetness）及第四分量。Landsat4-5 TM、Landsat7 ETM＋多光谱数据通道数为 6 个，K-T 变换后为 6 个指数，分别是（brightness）、绿度指数（greenness）、湿度（wetness）、第四分量（haze）、第五分量及第六分量。ASTER 多光谱数据通道数为 9 个，其 K-T 变换后的指数为 9 个，分别是（brightness）、绿度指数（greenness）、湿度（wetness）、第四分量（haze）、第五分量、第六分量、第七分量、第八分量及第九分量。

2）K-T 变换系数与传感器类型及数据类型有关

K-T 变换系数只与传感器类型、数据类型有关，与数据获取的时空变量无关。如 Landsat1 MSS 数据 K-T 变换系数与 Landsat2 MSS 数据 K-T 变换系数不同，MSS、TM、ETM＋、Quickbird、IKONOS 及 ASTER 数据 K-T 系数互不相同。

同一传感器，多数 K-T 变换是基于 DN 值数据类型得到的转换系数，但是基于 DN 值、亮度值、大气层顶反射率等不同的数据类型，其 K-T 变换系数也不相同。Kauth 和 Thomas（1976）DN 值 Landsat1 MSS 数据的 K-T 变换系数，Lambeck 等（1978）给出了基于 DN 值的 Landsat1-2 MSS 数据 K-T 变换系数，Crist 和 Cicone（1984）给出了基于 DN 值图像的 Landsat4 TM 数据的 K-T 变换系数，Crist（1985）给出了 Landsat5 TM 则分别给出了基于 DN 值图像和大气层顶反射率值图像的 K-T 变换系数，二者不同，有较大差异，Huang 等（2002）提出了基于大气层顶反射率图像的 Landsat7 ETM＋数据的 K-T 变换系数；Horne（2003）提出了基于大气层顶反射率值图像的 IKONOS 数据 K-T 变换系数；Yarbrough 等（2005）分别给出了基于亮度值和大气层顶反射率图像的 ASTER 数据的 K-T 变换系数；Yarbrough（2005）提出了基于 DN 值图像的 Quickbird 数据 K-T 变换系数。

3）K-T 变换光谱分量系数及指数分量系数的平方和皆为 1

K-T 变换是一个正交线性变换，各波段变量及指数变量系数平方和为 1：

$$\begin{cases} \sum_{i=1}^{N} TC_i^2 = 1 \\ \sum_{j=1}^{N} TI_j^2 = 1 \end{cases} \tag{12-2}$$

式中，TI 表示 K-T 变换后的分量，j 表示 j 分量，如 $j = 1$ 表示亮度分量，$j = 2$ 表示绿度分量，$j = 3$ 表示黄度分量，$j = 4$ 表示第四分量等。

Landsat1 MSS 数据 K-T 变换各波段分量及变换后指数分量系数平方和计算结果如表 12-10 所示。

表 12-10　K-T 变换各光谱分量及指数分量平方和计算结果

TI 分量	K-T 系数				平方和
	MSS1	MSS2	MSS3	MSS4	
亮度	0.433	0.632	0.586	0.264	1
绿度	−0.29	−0.562	0.6	0.491	1
黄度	−0.829	0.522	−0.039	0.194	1
第四分量	0.223	0.012	−0.543	0.81	1
平方和	1	1	1	1	

4）K-T 变换各指数分量的意义

K-T 变换亮度分量（KTB）：表示各个波段反射率的综合作用的结果，其变换系数都为正值，且大小相差不大。

K-T 变换绿都分量（KTG）：表示植被特性，近红外波段系数为正值，揭示健康植被在此波段的高反射特性。红光波段值系数为负值，指示此波段处植被高吸收特性。

K-T 变换湿度分量（KTW）：值越大，说明含水量越高，反之，含水量越低。类似于归一化差值水指数（normalized difference water index，NDWI）。

K-T 变换 Haze 分量（KTH）：主要体现了蓝光和红光的贡献，用来指示大气中的雾霾成分。

其他分量的意义暂时不明确，有待于进一步挖掘。

四、实验仪器与数据

（1）ENVI5.1 Classic。

（2）Landsat7 ETM + 数据（Path/Row = 119/34，成像时间为 2000 年 3 月 1 日）。

五、实验步骤

实验步骤主要包括三个内容，一是 DN 转换为大气层顶反射率，二是启动 K-T 变换，三是 K-T 变换检验。

1. 打开图像

利用读入元数据文件的方式打开 Landsat7 ETM + 数据。

点击 ENVI Classic→File→Open External File→Landsat→GeoTIFF with Metadata，选择 Landsat 头数据文件 L71119034_03420000301_MTL.txt，打开 Landsat ETM + DN 值图像（图 12-1）。

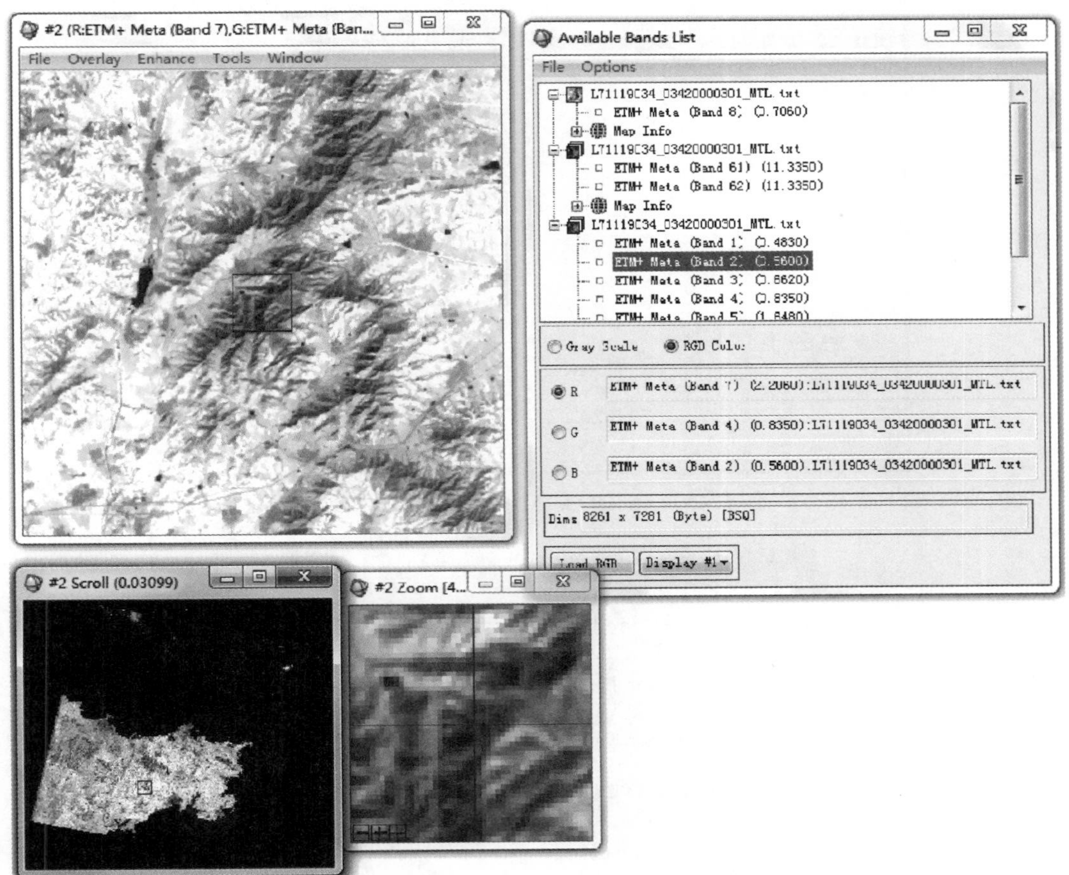

图 12-1　ENVI Classic 打开 Landsat ETM + 元数据（Path/Row = 119/34，2000 年 3 月 1 日）

Landsat7 ETM + 数据为 DN 值图像，有 6 个通道的多光谱数据、2 个热红外数据及 1 个 Pan 波段数据。

2. ETM + 定标处理

对 Landsat ETM + 数据进行定标处理，转换为大气层顶反射率。

（1）输入待定标多光谱数据文件。点击 ENVI Classic→Basic Tools→Preprocessing→Calibration Utilities→Landsat Calibration，输入多光谱元数据文件，即 L7119034_03420000301_MTL.txt（图 12-2）。

（2）编辑定标参数，选择定标类型为反射率。点击图 12-2 中的 OK，调出 Landsat 定标参数（图 12-3），确定校正类型为反射率（Reflectance），点击 Edit Calibration Parameters，查看编辑校正参数（图 12-3）。

（3）输出结果到文件。点击 Choose，输入定标结果文件为 L7119034_03420000301_TOA_Ref.img，点击 OK（图 12-3）。

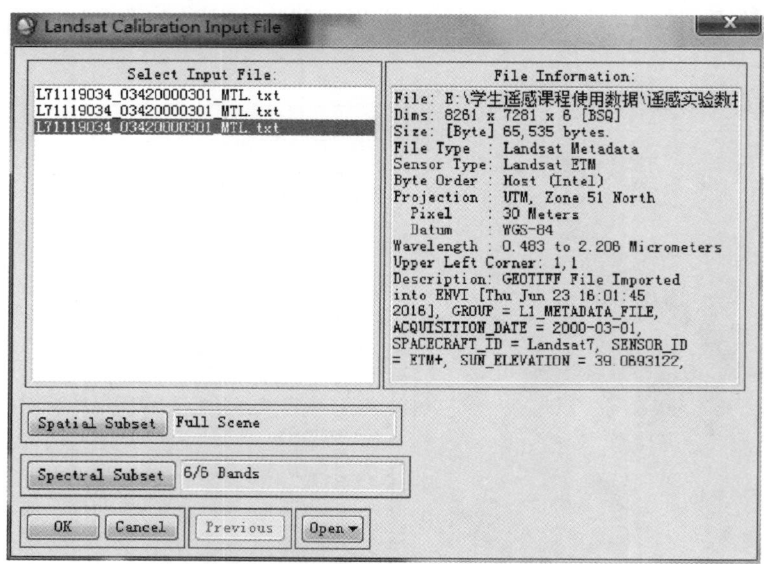

图 12-2　Landsat7 ETM + 辐射定标输入文件

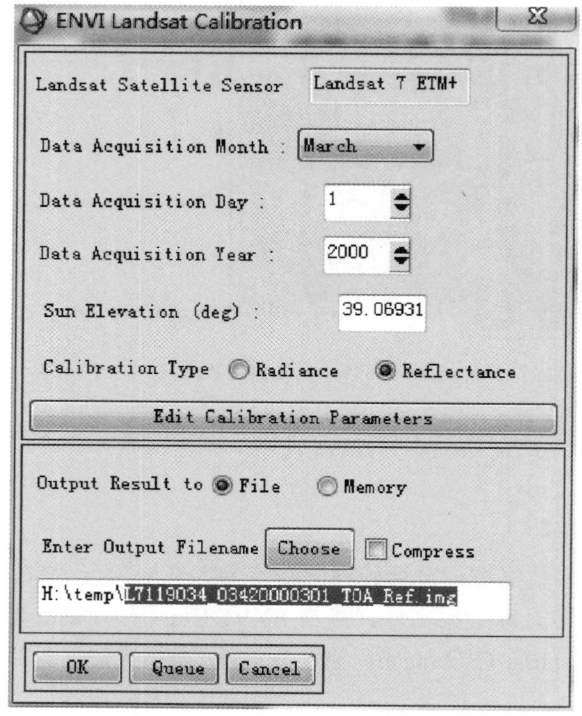

图 12-3　Landsat 定标参数

3. ETM + 数据 K-T 变换

（1）打开多光谱数据。点击 ENVI Classic→Transform→Tasseled Cap，选择打开的多光谱数据（图 12-4）。

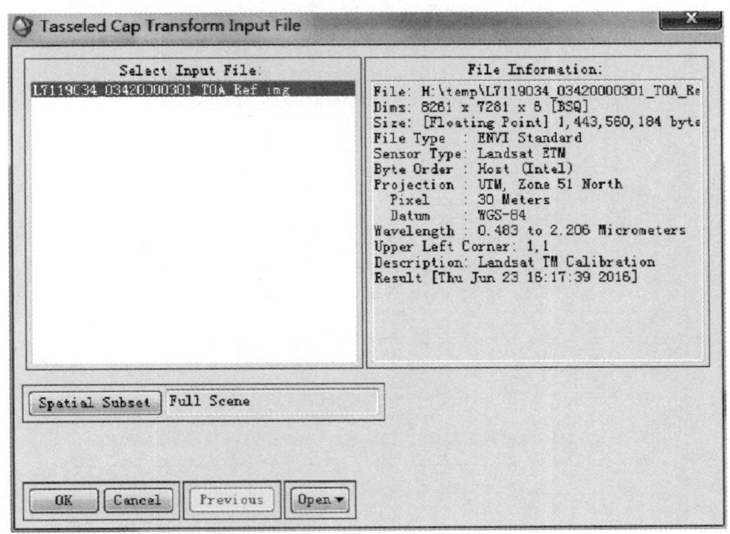

图 12-4　Landsat7 ETM + K-T 变换输入大气层顶反射率值多光谱数据

（2）输入 K-T 变换参数。点击图 12-4 中的 OK，设置 K-T 变换参数，为 Landsat 7 ETM（图 12-5）。

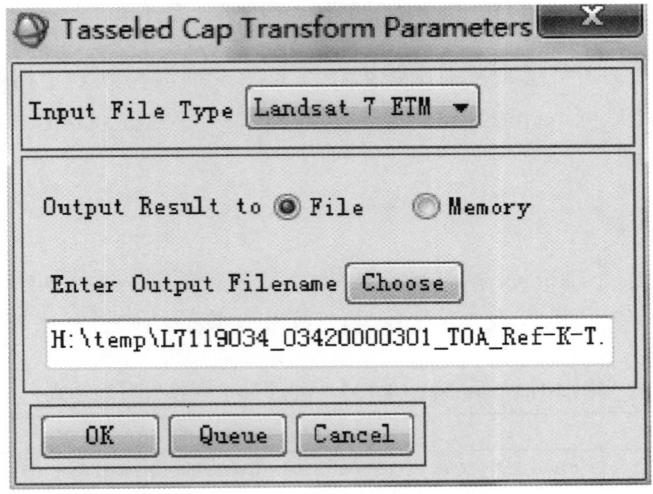

图 12-5　输入 Landsat 7 ETM + DN 值图像 K-T 变换系数

目前，ENVI 5.0 Classic 支持 Landsat MSS、Landsat 5 TM 及 Landsat 7 ETM + 三种传感器数据的 K-T 变换，转换系数分别参照表 12-1、表 12-3 及表 12-5。

（3）K-T 变换结果。输出 K-T 变换结果到文件，命名为 L711903420000301_TOA_Ref-K-T.img，点击 OK，得到 K-T 变换结果（图 12-6）。

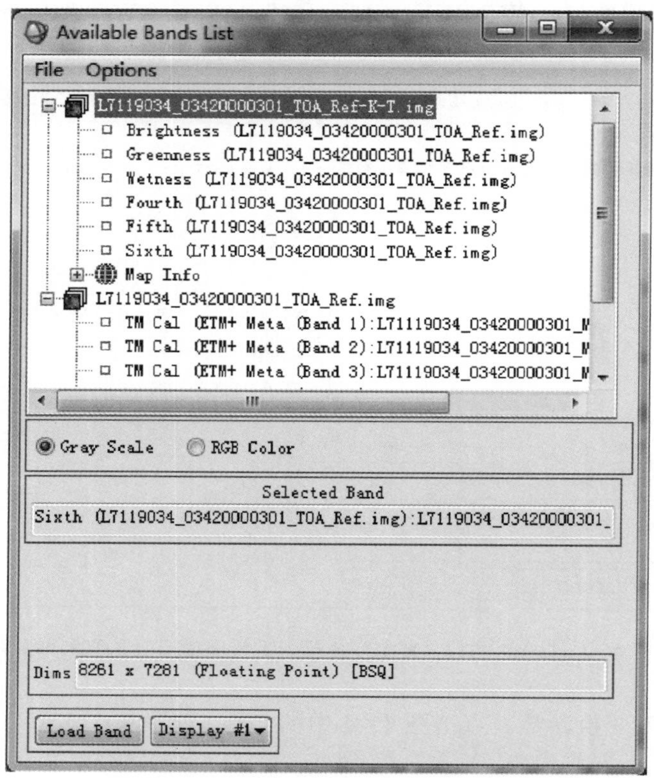

图 12-6　Landsat 7 ETM + 数据 K-T 变换结果

Landsat7 ETM + 大气层顶反射率数据经过 K-T 变换后得到 6 个指数，分量分别是亮度（Brightness）、绿度（Greenness）、湿度（Wetness）、第四分量（Fourth）、第五分量（Fifth）及第六分量（Sixth）。

4. 验证 K-T 变换

根据表 12-5 给的 Landsat 7 ETM + 数据 K-T 变换系数，利用 ENVI 的 Band Math，计算 K-T 变换的 6 个分量（表 12-11），与 ENVI 计算的结果进行比较。

表 12-11　Landsat 7 ETM + 数据 K-T 变换计算表达式

K-T 变换分量	Band Math 计算表达式	备注
亮度分量（KTL）	$b1*0.3561+b2*0.3972+b3*0.3904+b4*0.6966+b5*0.2286+b7*0.1596$	
绿度分量（KTG）	$b1*(-0.3344)+b2*(-0.3544)+b3*(-0.4556)+b4*0.6966+b5*(-0.0242)+b7*(-0.2630)$	
湿度分量（KTW）	$b1*0.2626+b2*0.2141+b3*0.0926+b4*0.0656+b5*(-0.7629)+b7*(-0.5388)$	
Haze	$b1*0.0805+b2*(-0.0498)+b3*0.1950+b4*(-0.1327)+b5*0.5752+b7*(-0.7775)$	
第五分量	$b1*(-0.7252)+b2*(-0.0202)+b3*0.6683+b4*0.0631+b5*(-0.1494)+b7*(-0.0274)$	
第六分量	$b1*0.4000+b2*(-0.8172)+b3*0.3832+b4*0.0602+b5*(-0.1095)+b7*0.0985$	

利用 ENVI 的 Band Math，根据表 12-10 提供的 K-T 变换表达式，计算 K-T 变换各指数分量，以亮度分量为例，将二者进行比较，结果显示，二者计算的值完全相同，图像上点（37°4′47.93″N，121°7′16.36″）的亮度分量，计算结果都是 0.397306（图 12-7）。

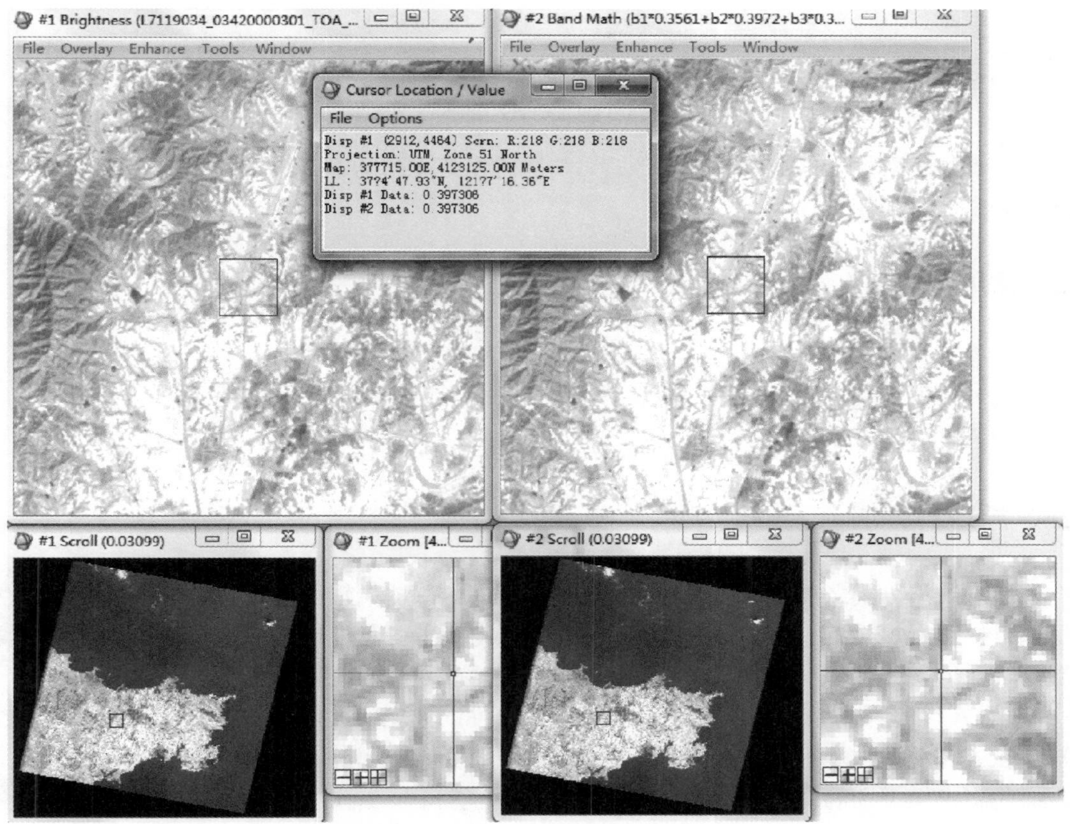

图 12-7　K-T 变换亮度分量比较（左：ENVI 计算结果，右：Band Math 计算结果）

5. K-T 变换应用

利用湿度分量进行水体信息提取。水判断标准如下：

$$\begin{cases} KTW \geqslant 0 \\ \rho_{\text{NIR}}^{\text{TOA}} \leqslant 0.15 \end{cases} \tag{12-3}$$

利用 Band Math 代入式（12-3），即可提取水体信息。

六、撰写实验报告

按照实习报告格式要求撰写，重点内容包括：K-T 变换系数的特点、K-T 变换各指数分量的意义及其依据。

实验十三　卫星遥感影像监督分类与精度评价

一、实验目的

理解遥感数据监督分类的基本原理，掌握监督分类的基本方法，学会分类精度评价方法及分类结果作图。

二、实验内容

（1）监督分类。
（2）精度评价方法。
（3）分类结果成图。

三、原理与方法

遥感数据分类之前，一般都要进行辐射校正（传感器端辐射校正、大气辐射校正及地形辐射校正）处理、几何校正处理及图像的镶嵌与裁剪等预处理工作，即降低或者消除数据的辐射误差、几何误差等畸变，为遥感数据分类打下坚实基础。

监督分类方法：监督分类就是选择具有代表性的典型实验区或训练区，用训练区中已知地面各类地物样本的光谱特性来“训练”计算机，获得识别各类地物的判别函数或模式，并据此将未知类别的像元分配到已知的类别中去的过程，就是监督分类方法。

地物类型确定方法：一般通过目视解译的方法，根据地物在假彩色合成影像上的颜色、形状、大小、纹理等特征，来确定不同的地物类型。确定地物类型时，先对分类区域进行综合分析，确定主要类型数量及类别；之后遵循由易到难的顺序，确定类别目视判别特征，确定不同类别的代表性区域。一种类别是否具有代表性，主要是看这种类型的特征，在时间和空间上是否具有代表性，如将一个区域的油松、槐树、果树等树种与各种绿色作物划归为植物这一大类，但这些地物的光谱特征也有差异，当作为一种类型时，所选择的地物就要能包括研究区内的所有植物类型。另外，所选择的地物在空间分布上的光谱特征可能也有差异，存在同物异谱现象，选择地物类型时，在空间上分布尽可能均匀一些。

ENVI 支持下的监督分类方法主要有平行六面体法（parallelepiped）、最小距离法（minimum distance）、马氏距离法（Mahalanobis distance）、最大似然法（maximum distance）、波谱角法（spectral angle maper）、二进制编码法（binary encoding）、神经网络法（neural net）、支持向量机法（support vector machine）等。

精度评价就是把遥感影像分类结果与检验数据进行比较，计算出分类准确程度的过程。检验样本数据可以是实地调查数据，也可以是目视判读数据。

分类结果作图就是做出符合要求的成果图，主要包括分类结果的裁剪、比例尺设定、经纬度坐标设置及添加图例等重要注记信息，还包括一些其他注记信息添加等。

四、实验仪器、软件与数据

1. 数据

实验所用数据为 Landsat5 TM 数据（Path/Row = 119/34），卫星数据获取时间为 2006 年 8 月 17 日，云覆盖率为 0，数据质量优良。

遥感数据预处理。遥感数据已经进行了几何精校正，UTM 投影，第 51 带 North，水准面为 WGS-84；数据也进行了大气校正处理，大气参数设置参照前面实验内容步骤进行，并做了归一化处理，其反射率范围为 0～1。

山东省烟台市行政区矢量（shp）文件中，矢量数据与遥感影像为同一坐标系。

2. 软件

本实验使用 ENVI5.0 Classic，也可以使用 ENVI4.8、ENVI5.1 及 ENVI5.3 等版本遥感图像处理软件。

五、实验步骤

实验步骤主要包括监督分类、混淆矩阵精度检验及分类结果作图三个主要部分。

1. 打开多光谱数据

点击 ENVI5.0 Classic→File→Open image File，选择待分类的 TM 大气校正后的数据文件（图 13-1）。

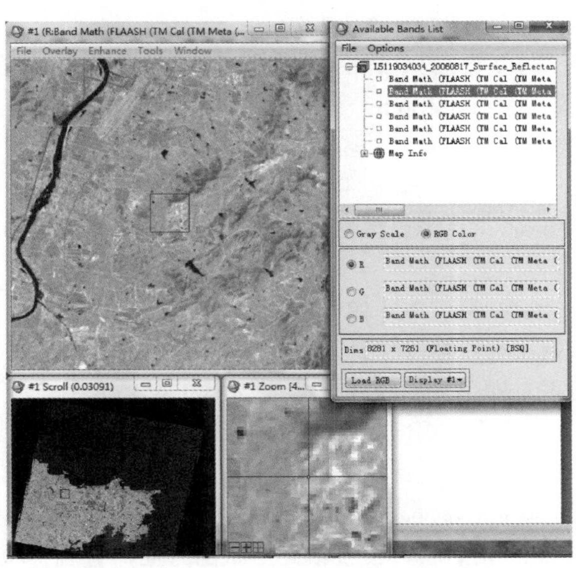

图 13-1　ENVI Classic 打开待分类的 TM 数据假彩色数据（R = TM7，G = TM4，B = TM2）

2. *启动* ROI

在主图像窗口中，启动感兴趣工具（Region Of Interest，ROI）。

ENVI Classic 主图像窗口中，启动 ROI 工具。

点击 Tools→Region Of Interest→ROI Tool，启动了与打开图像关联的感兴趣区工具（图 13-2）。

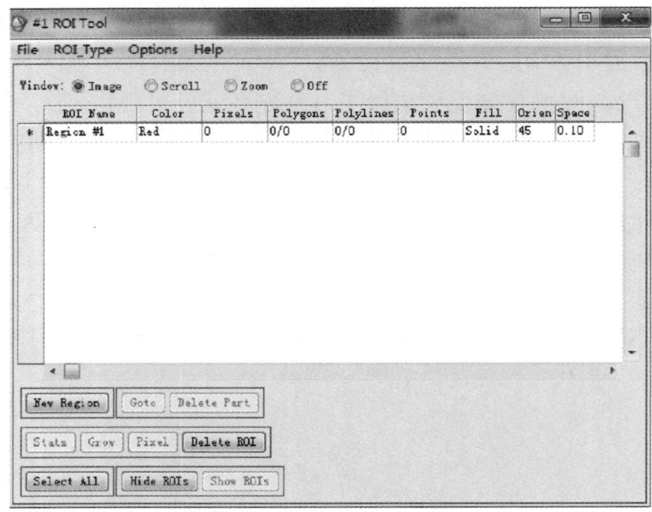

图 13-2　ENVI Classic ROI 工具对话框

ROI 工具对话框有建立 ROI、存储 ROI、恢复 ROI、ROI 类型定义及定义区域设置等功能。

建立 ROI 方法（ROI_Type）：点击 ROI_Type，设置建立 ROI 的方式。有多边形（Polygon）、线形（Polygon）、点（Point）、矩形（Rectangle）及椭圆形（Ellipse）等五种构建 ROI 方法，默认为多边形建立 ROI 方式。

设置 ROI 工作区：选择对应的单选框，设置建立 ROI 工作区域，有主图像窗口（Image）、滚动窗口（Scroll）、放大窗口（Zoom）及关闭（Off）等方式，默认工作区为主图像窗口。

ROI 名字（ROI Name）：在对应的位置上，点击鼠标左键，给建立的 ROI 命名，第一个 ROI 区域默认为 Region#1，依此类推。

ROI 颜色设置（Color）：点击鼠标右键，设置 ROI 显示颜色，如红、绿、蓝等，默认为红色。

像素数（Pixels）：自动统计 ROI 像素数。

多边形数量（Polygons）：自动统计用多边形定义 ROI 的个数。

多线形数量（Polylines）：自动统计用多线形建立的 ROI 的个数。

点个数（Points）：自动统计用点定义的 ROI 个数。

填充（Fill）：点击鼠标右键，设置填充 ROI 的形状，如全色填充（Solid）、线填充（Line）、点填充（dotted）、虚线填充（dashed）等，默认为全色填充。

填充角度（Orien）：点击右键，设置填充形状的方向，有五种填充方向，即 0°、45°、90°、135°、180°，默认为 45°方向填充。

建立新的 ROI（New Region）：建立好一个 ROI 后，点击该按钮，增加一个新的 ROI。

查看 ROI（Goto）：定位到 ROI，点击后可以查看该感兴趣区。

删除感兴趣区中的一部分（Delete Part）：删除一个感兴趣区中的一部分。

统计（Stats）：统计感兴趣区信息，如最大值、最小值、均值、方差、直方图信息及 ROI 光谱曲线。

区域增长（Grow）：以一定的像元数为种子，增加 ROI 空间大小。

点操作（Pixel）：感兴趣区由多边形等转换为点。

删除感兴趣区（Delete ROI）：删除全部感兴趣区。

选择感兴趣区（Select All）：选择所有已经建好的感兴趣区。

隐藏感兴趣区（Hide ROIs）：隐藏建好的感兴趣区，不显示。

显示感兴趣区（Show ROIs）：显示建好的感兴趣区，与 Hide ROIs 配合使用。

3. 定义分类样本 ROI

1）构建三种不同类别的 ROI

构建植被、城镇、水三种主要类型。根据颜色、形状、纹理等特征，结合主图像窗口、滚动窗口及放大窗口等不同的工作区域，通过构建多边形、点等方式，分别确定三种类型的 ROI（表 13-1）。

表 13-1 Landsat TM742（RGB，Path/Row = 119/34）三种主要地物类型及其特征

地类编号	地物类型	子类	颜色特征	样区合成影像	中心经纬度坐标
1	植被	油松	墨绿色		37°27'16.17″N 121°50'21.21″E
		其他植被，包括落叶林及作物	翠绿色		37°26'30.12″N 121°23'36.55″E
2	城镇	城市	玫红色		37°34'19.21″N 121°121'9.53″E
		村镇	玫红色		37°12'57.55″N 121°15'49.42″E
3	水	门楼水库	深蓝色		37°24'6.65″N 121°12'59.06″E
		高陵水库	浅蓝色		37°16'51.59″N 121°30'36.97″E

构建多边形。点击鼠标左键，确定多边形的一个顶点，依次构建多边形其他顶点，双击右键，封闭多边形，建立一个 ROI。点击鼠标中间键，取消一个顶点。按照此操作方法，分别构建了植被、城镇及水等三种不同类别类型的 ROI，红色代表植被，黄色代表城镇，绿色代表水，这种颜色设置主要是为了与假彩色合成影像上的地物颜色能更好地区分开来，每一种类型选择了 2000 个以上像元（图 13-3）。

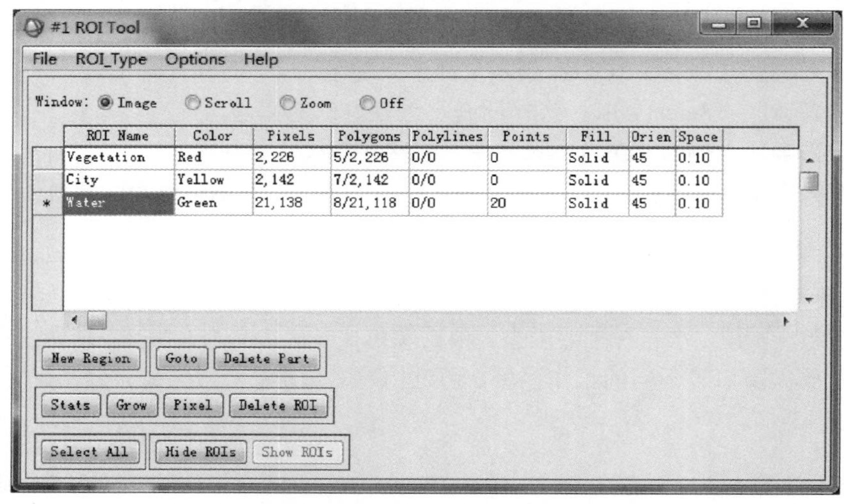

图 13-3　植被、城镇与水体 ROI

2）ROI 光谱特征

点击图 12-3 的统计功能（Stats），查看三种不同类型地物的光谱特征曲线，据此判断地物类型的区分度，判断 ROI 是否满足要求（图 13-4）。

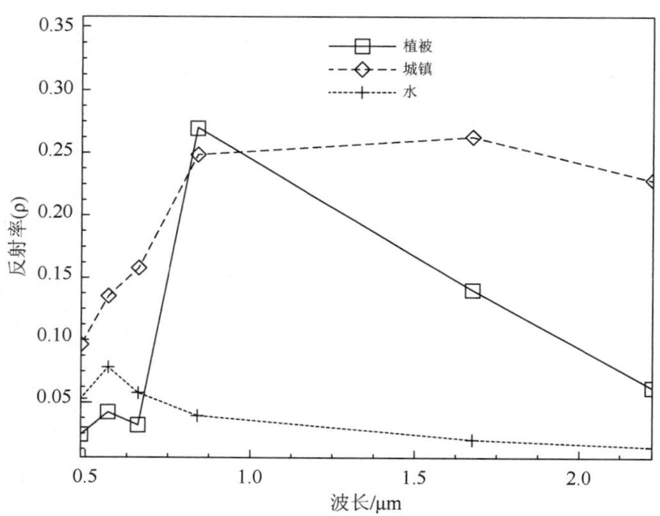

图 13-4　植被、城镇与水 ROI 光谱特征曲线

4. 选择分类方法

ENVI Classic 提供了监督分类、非监督分类及决策树分类。监督分类包括平行六面体（parallelepiped）、最小距离（minimum distance）、马氏距离（Mahalalanobis distance）、光谱角制图（spectral angle mapper）、光谱信息散度（spectral information divergence）、二进制码（binary encoding）、神经网络（neural net）及支持向量机（support vector machine）等，本实验采用最大似然监督分类方法。

1）最大似然法监督分类

最大似然分类假定每个波段中每一类别分布均匀，计算给定像元属于某一类的似然度，将给定像元分到似然度最大的那一类别中去，也可以按照给定的似然度，对未知像元进行分类。

点击 ENVI Classic→Classification→Supervised→Maximum Likelihood（图 13-5）。

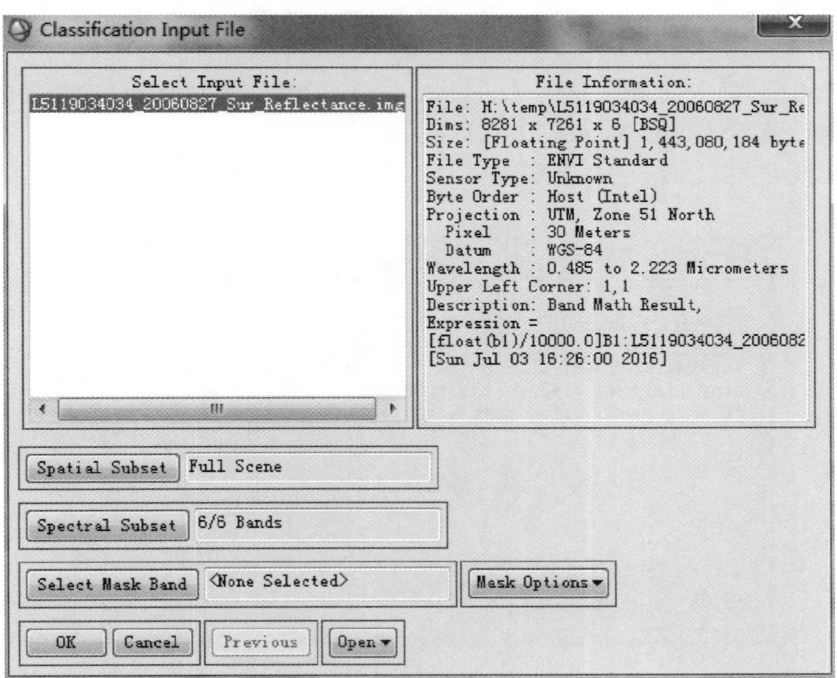

图 13-5　选择待分类 Landsat TM 大气校正后的图像

2）最大似然法参数设置

最大似然法参数设置包括选择类型 ROI、设置似然阈值、输出分类结果图像、输出分类规则图像（可选）等（图 13-6）。

（1）从感兴趣区中选择类别。选择 ROI 定义好的三种类别（Select All Items），设置三种 ROI 为分类的依据。

（2）设置似然阈值。最大似然度阈值有三种类型可以选择，一是无阈值（None），即

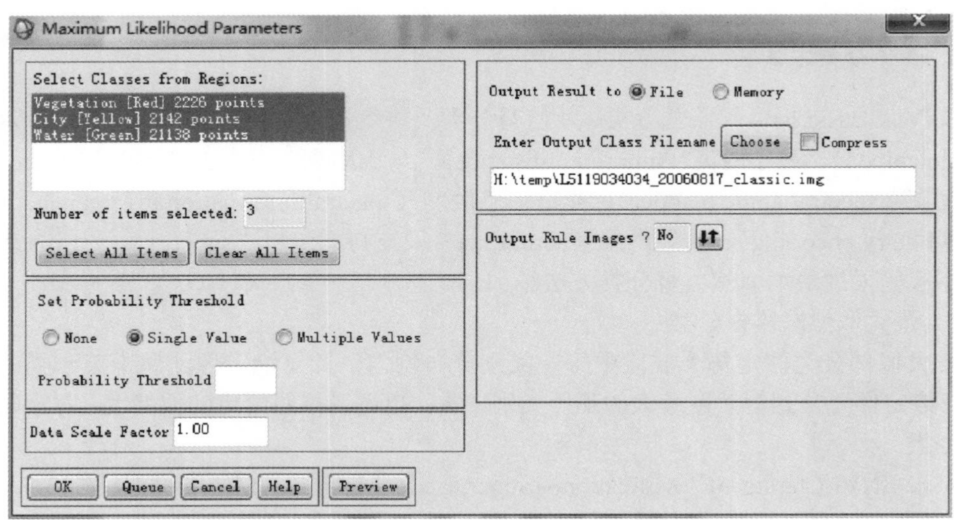

图 13-6　最大似然法参数设置

不设置似然度阈值；一是单一阈值（Single Value），即所有类别设置一个似然度阈值；最后是多阈值设置（Multiple Values）（图 13-6）。

按照 ROI 定义的三种类别，分别输入一个 0～1 的似然度值与对应类别相对应（图 13-7）。

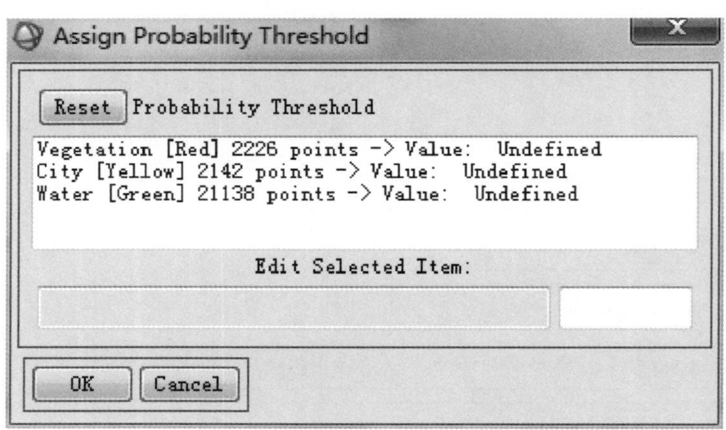

图 13-7　最大似然法分类别似然度阈值设置

（3）分类规则图像。规则图像是在分类结果产生之前得到的中间结果图像。用最大似然法分类产生的规则图像是图像本身的似然度，每一种感兴趣区都有一副规则图像。似然度图像只保留在规则图像中，而不包含在分类后结果图像中。

（4）其他设置。点击分类预览（Preview），得到以图像中心点 256×256 像元大小的分类结果图像，通过改变似然阈值设置，点击 Preview，可以得到不同似然阈值设置下的分类结果，借此来确定最终的分类似然度阈值，也可以点击 Change View 按钮，改变分类的空间位置（图 13-8）。

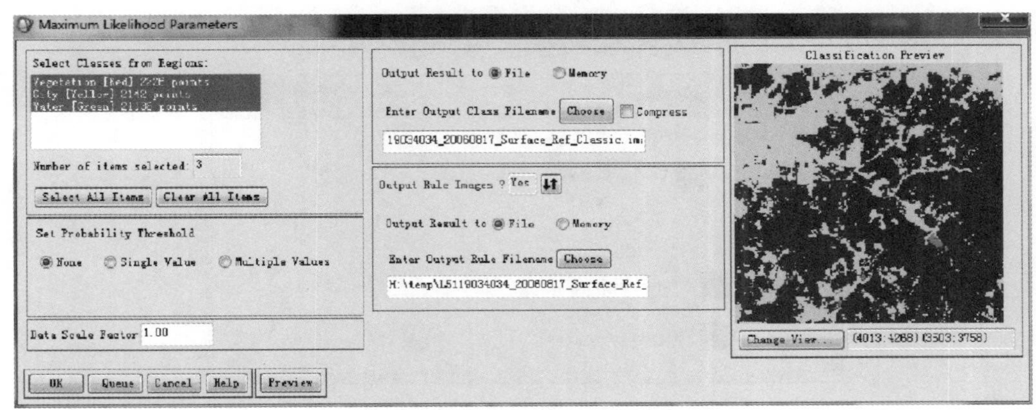

图 13-8　最大似然法分类参数设置

5. 分类结果与精度评价

在视窗 1（标记为#1）中显示大气校正后影像，在视窗 2（标记为#2）中打开分类结果图像。

分类结果精度评价属于分类后处理过程(Post Classification)，主要包括分类精度评价、分类结果的合并与删除、分类结果叠加显示等。分类精度评价可以通过混淆矩阵法来评价，也可以通过将分类结果叠加到分类前的图像上，定性地进行评价。

1）定性精度评价

（1）方法 1：点击 ENVI Classic（#1）→Overlay→Classification，选择最大似然分类结果图像（图 13-9）。

（2）方法 2：ENVI Classic→Post Classification→Overlay Classes，选择要叠置的多光谱图像视窗 1（#1），点击 OK。

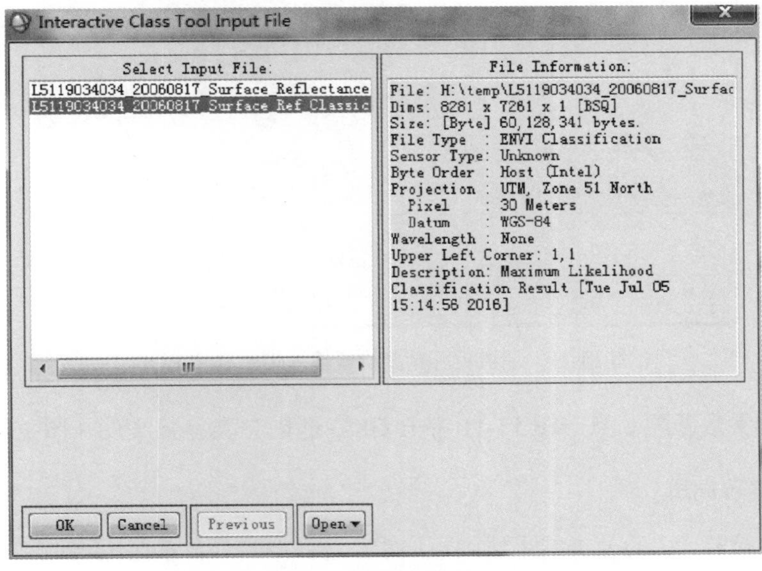

图 13-9　在假彩色图像上叠加分类结果图像

点击 OK（图 13-9），调出分类交互工具（图 13-10）

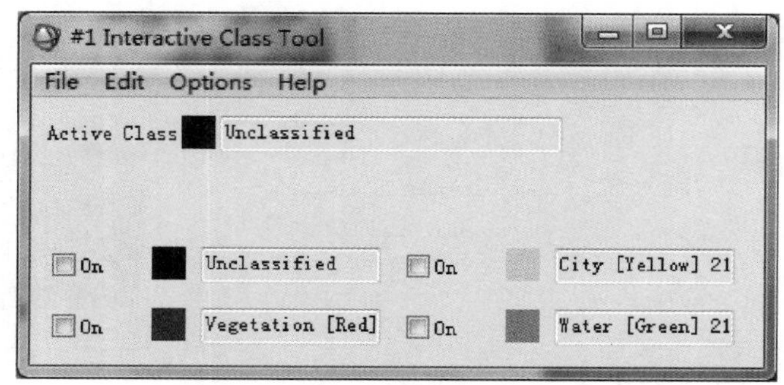

图 13-10　交互式分类叠置工具

交互式分类结果工具主要功能包括：选择分类结果，叠加到多光谱图像上，通过目视方法，来定性判断分类结果的精度。通过选择每一类别前的多选框按钮（On），可以将分类结果中的一类或者多类，叠加到未分类前的地图上，除了 ROI 设置的类型外，还可选择一个不属于任何一个类别的未分类像元（Unclassified）来叠加。

2）模糊矩阵精度评价

（1）输入地面真实 ROIs。点击 ENVI Classic→Classification→Post Classification→Confusion Matrix→Using Ground Truth ROIs，输入分类结果图像（图 13-11）。

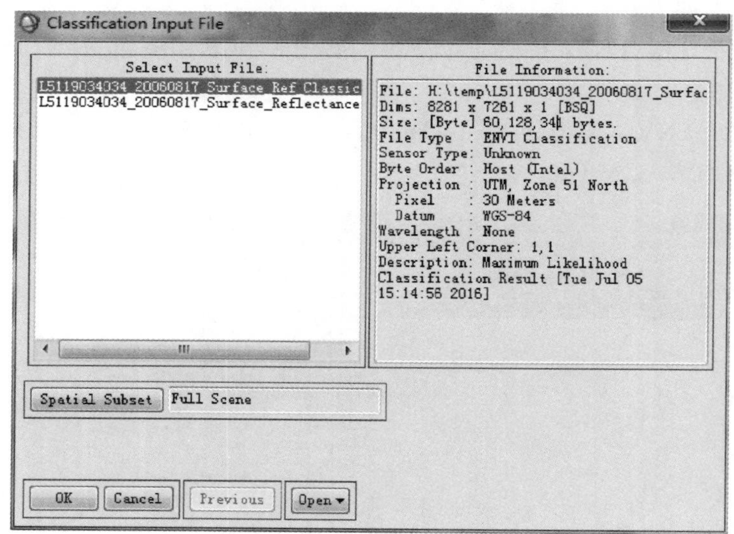

图 13-11　混淆矩阵精度检验输入地面真实 ROIs

（2）分类参数匹配。点击图 13-11 中的 OK，匹配分类参数文件（图 13-12）。

6. 分类结果成图

根据精度检验，认为分类结果达到了要求，最后得到烟台某区主要地物类型监督分类结果，并进行遥感制图（图 13-13）。

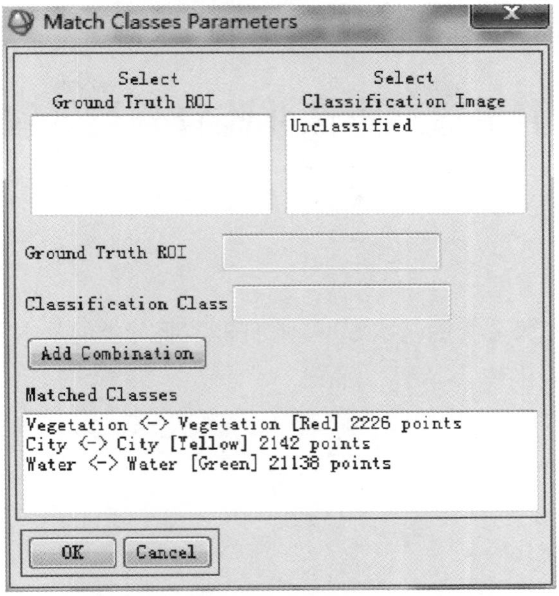

Match Classes Parameters
Select
Ground Truth ROI
Select
Classification Image
Unclassified
Ground Truth ROI
Classification Class
Add Combination
Matched Classes
Vegetation <-> Vegetation [Red] 2226 points
City <-> City [Yellow] 2142 points
Water <-> Water [Green] 21138 points
OK
Cancel

图 13-12　混淆矩阵精度检验分类结果参数匹配

Vegetation
Water
City
Projection：UTM WGS84
N
S
W
E
Miles
Km
Map Scale 1:500,000
Zhang San
Ludong University

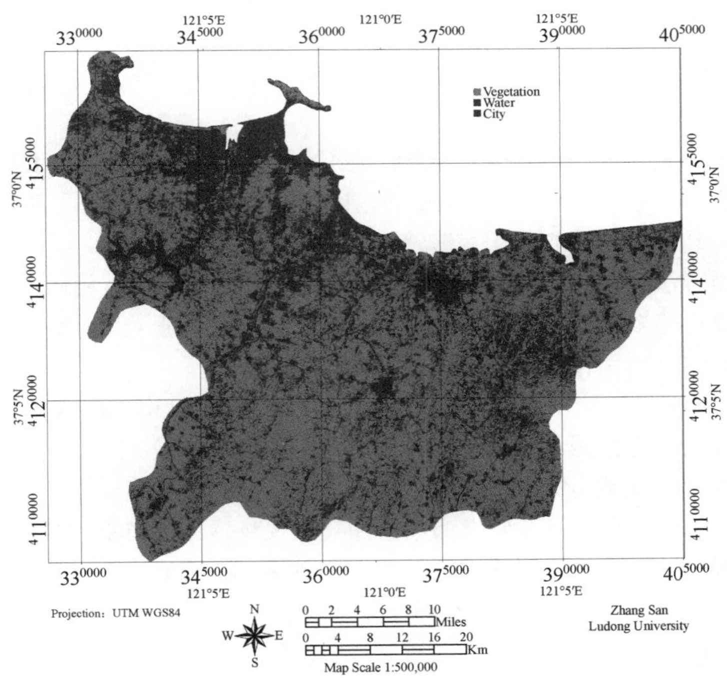

图 13-13　烟台某区陆地覆盖类型遥感监督分类结果（Path/Row = 119/034）

六、撰写实验报告

按照实习报告格式要求撰写，重点内容包括：ROI 分类样本定义、检验样本定义、混淆矩阵精度评价方法、分类结果图制作等。

实验十四　卫星遥感影像非监督分类处理与精度评价

一、实验目的

理解遥感数据非监督分类的基本原理，掌握非监督分类的基本方法，学会分类精度评价方法及分类结果作图。

二、实验内容

（1）非监督分类。
（2）精度评价方法。
（3）分类结果成图。

三、原理与方法

遥感数据分类之前，一般都要进行辐射校正（传感器端辐射校正、大气辐射校正及地形辐射校正）处理、几何校正处理及图像的镶嵌与裁剪等预处理工作，即降低或者消除数据的辐射误差、几何误差等畸变，为遥感数据分类打下坚实基础。

非监督分类方法：非监督分类是假设遥感影像上同类地物具有相同的光谱特征，不必对影像数据获取先验知识，仅依靠同类地物具有相似光谱特征（纹理特征）的特点进行聚类，人工对聚类结果判别和实际属性确认的方法。

ENVI 支持下的非监督分类方法主要有 ISODATA 方法和 K-Means 方法。

精度评价就是把遥感影像分类结果与检验数据进行比较，计算出分类准确程度的过程。检验样本数据可以是实地调查数据，也可以是目视判读数据。

分类结果作图就是作出符合要求的成果图，主要包括分类结果的裁剪、比例尺设定、经纬度坐标设置及添加图例等重要注记信息，还包括一些其他注记信息添加等。

四、实验仪器与数据

1. 数据

Landsat5 TM 数据（Path/Row = 119/34），卫星数据获取时间为 2006 年 8 月 17 日，云覆盖率为 0，数据质量优良。

遥感数据预处理。遥感数据已经进行了几何精校正，UTM 投影，第 51 带 North，水准面为 WGS-84；数据也进行了大气校正处理，大气参数设置参照前面实验内容步骤进行，并做了归一化处理，其反射率范围为 0～1。

山东省烟台市行政区矢量（shp）文件，矢量数据与遥感影像为同一坐标系。

2. 软件

本实验使用 ENVI5.0 Classic，也可以使用 ENVI4.8、ENVI5.1 及 ENVI5.3 等版本遥感图像处理软件。

五、实验步骤

实验步骤主要包括监督分类、混淆矩阵精度检验及分类结果作图三个主要部分。

1. 打开多光谱数据

点击 ENVI5.0 Classic→File→Open image File，选择待分类的 TM 大气校正后的数据文件（图 14-1）。

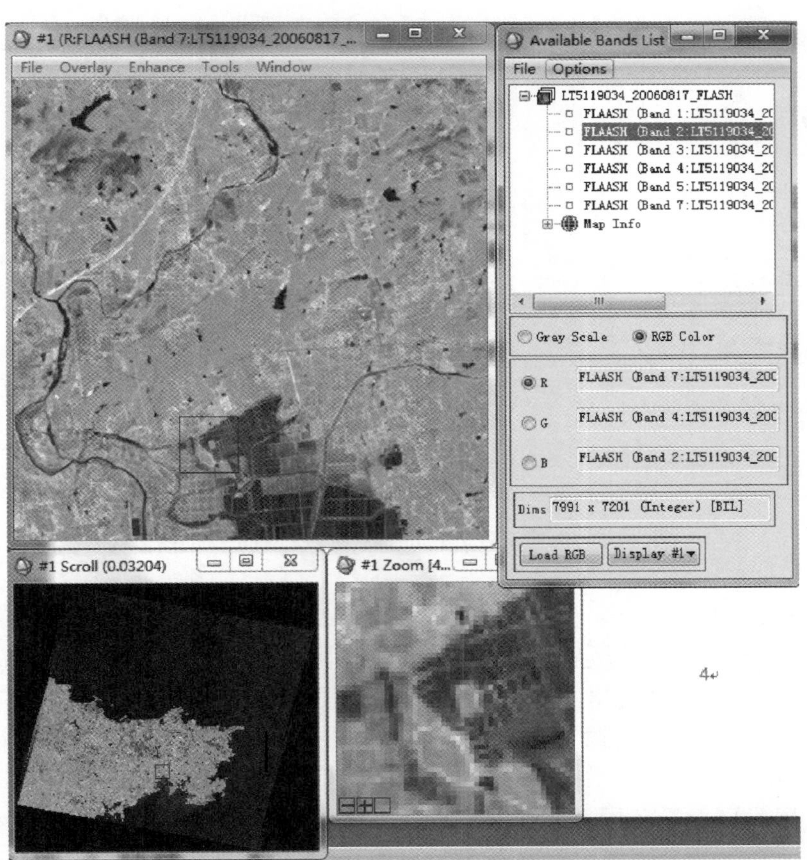

图 14-1　ENVI Classic 打开待分类的 TM 数据假彩色数据（R = TM7，G = TM4，B = TM2）

2. 选择分类方法

ENVI Classic 提供了监督分类、非监督分类及决策树分类。非监督分类包括 ISODATA 方法和 K-Means 方法，本实验采用 ISODATA 非监督分类方法。

1）ISODATA 非监督分类

ISODATA 方法属于聚类分析方法，是按照像元之间的联系程度（亲疏程度）来进行归类的一种多元统计分析方法，计算数据空间中均匀分布的类均值，然后利用最小距离技术将剩余像元进行迭代聚合，每次迭代都重新计算均值，然后再迭代聚合，直至达到分类要求的方法。

点击 ENVI5.0 Classic→Classification→Unsupervised→ISODATA（图 14-2）。

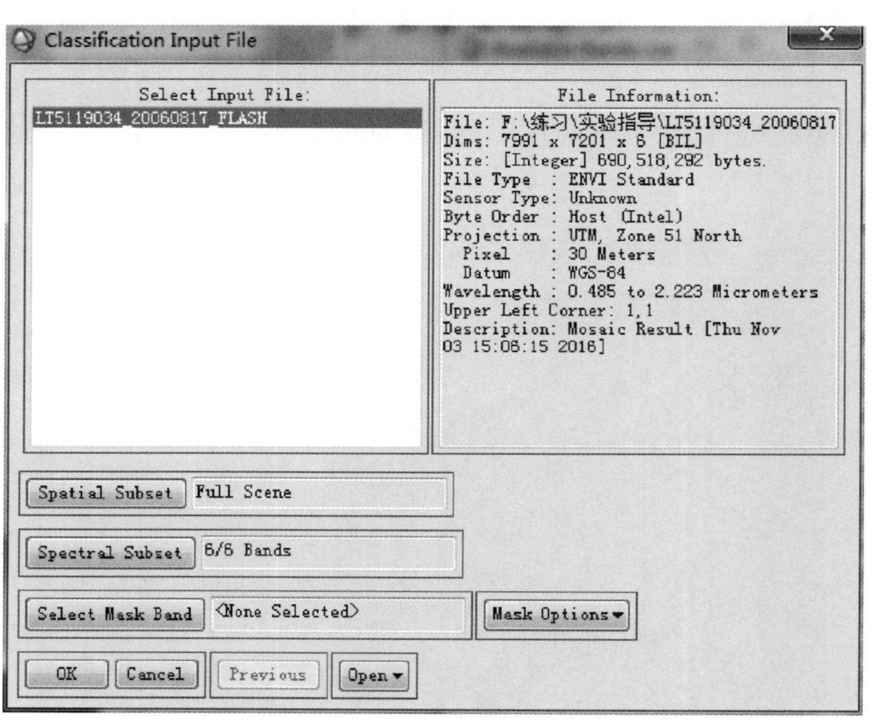

图 14-2　选择待分类 Landsat TM 大气校正后的图像

2）ISODATA Parameters 参数设置

ISODATA 法参数设置包括设置类别数量范围、最大迭代次数、变换阈值、类别最小像元数、最大分类标准差、类别均值之间最小距离、合并类别最大值、距离类别均值的最大标准差（可选）、允许最大距离误差（可选）、选择输出路径及文件名等（图 14-3）。

（1）设置类别数量范围（Number of Classes）：设置的最小类别数量不小于最终分类数量，最大分类数量一般为最终分类数量的 2～3 倍，此处最小值和最大值分别设置为 6 和 18。

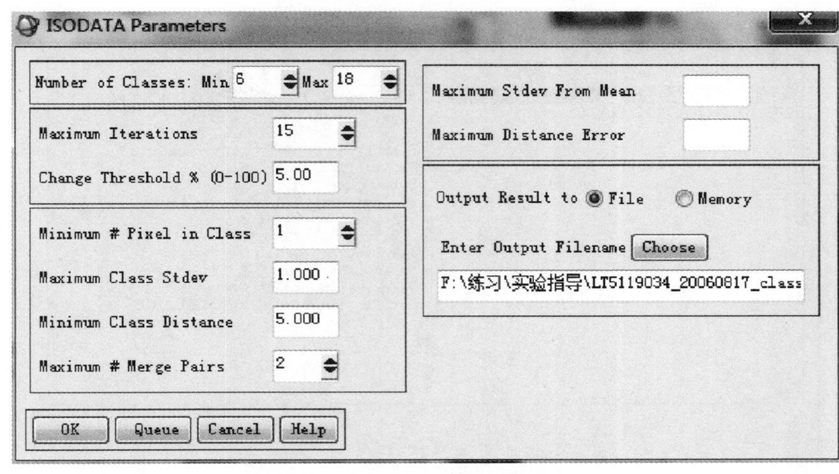

图 14-3　ISODATA 法参数设置

（2）最大迭代次数（Maximum Iterations）：迭代次数越大，计算结果越精确，同时计算时间越长。

（3）变换阈值（Change Threshold%（0～100））：当每一类的变化像元数小于阈值时，结束迭代过程。这个值越小得到的结果越精确，运算量也越大。

（4）类别最小像元数（Minimum#Pixel in Class）：分类中每一类的最小像元数，当分类结果中某一类像元量小于该值时，此类将被删除。

（5）最大分类标准差（Maximum Class Stdev）：若分类中某类标准差大于该值，此类将被拆分为两类。

（6）类别均值之间最小距离（Minimum Class Distance）：若类均值距离小于该值，类别将被合并。

（7）合并类别最大值（Maximum # Merge Pairs）：计算时每次合并类的最大数量。

（8）距离类别均值的最大标准差（Maximum Stdev From Mean）（可选）：设置小于该标准差的像元参与分类。

（9）允许最大距离误差（Maximum Distance Error）（可选）：筛选小于这个最大距离误差的像元参与分类。

（10）选择输出路径及文件名（Enter Output Filename）：设置分类结果要输出的位置和文件名。

3）类别定义

（1）将校正后的 TM 影像在 Display 中进行假彩色合成（R＝TM7，G＝TM4，B＝TM2）显示（#1），土壤呈偏红色，植被为绿色，水体呈蓝色特征。

（2）将分类结果在 Display 中显示（#2）。

（3）分类结果与假彩色影像叠加。在 TM 影像（#1）主窗口选择 Overlay→Classification，在 Interactive Class Tool Input File 对话框中选择分类结果数据，单击 OK 确定选择（图 14-4）。

（4）在 Interactive Class Tool 对话框中勾选类别前的 On 选项，实现分类图层与影像的叠加（图 14-5）

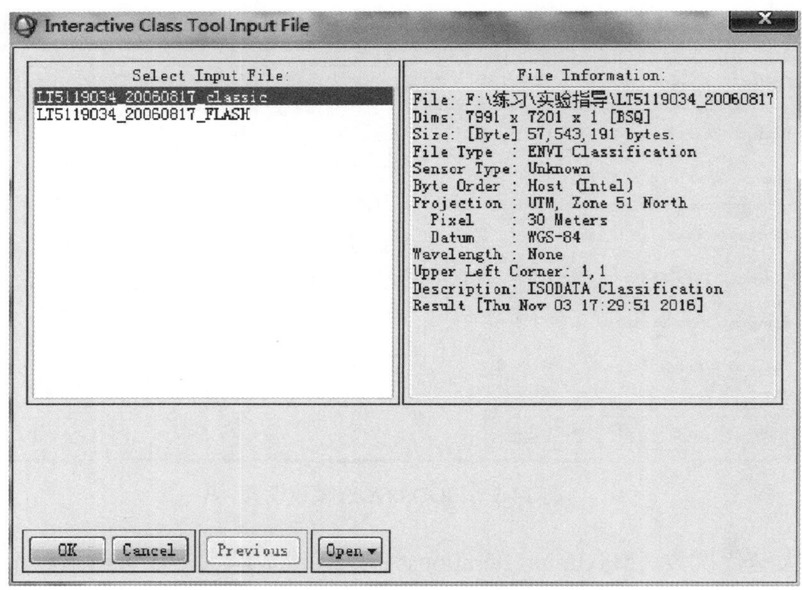

图 14-4　分类交互工具中选入待编辑的分类文件

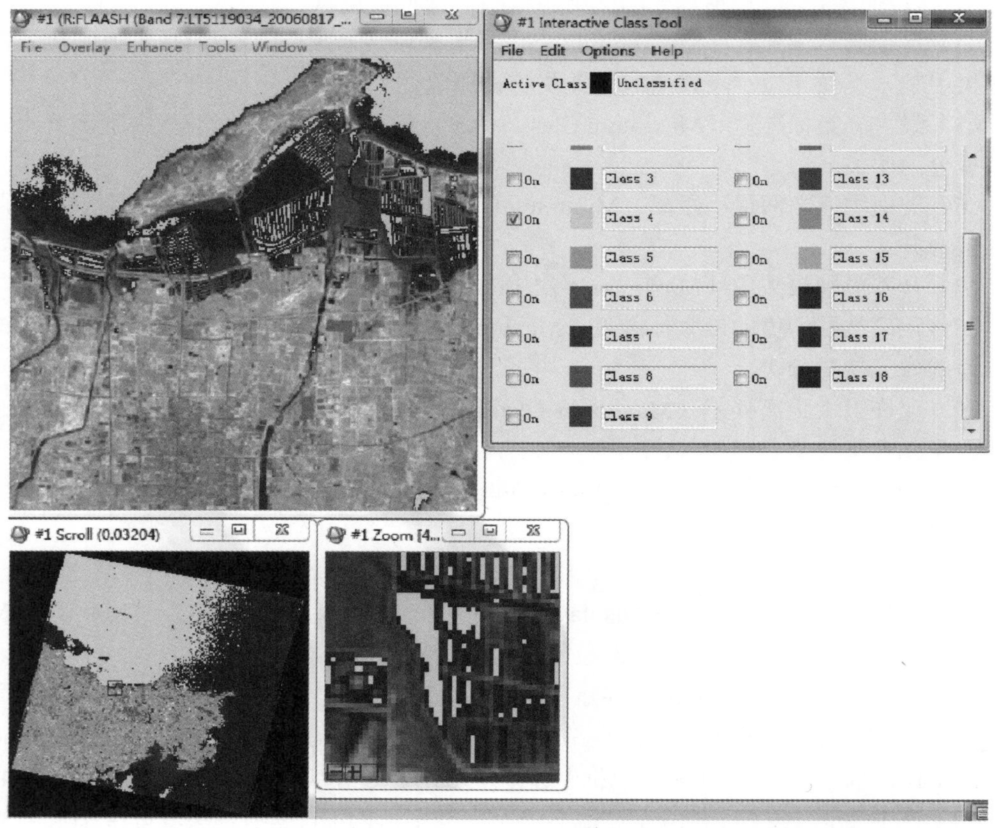

图 14-5　分类结果与 TM 影像叠加操作

（5）类别定义。通过目视解译和纹理特征，判读分类结果在实际地物中对应的地物类型，在 Class Color Map Editing 对话框中对分类结果名称和颜色进行修改。

在 Interactive Class Tool 对话框中选择 Options→Edit class colors/names（图 14-6）。

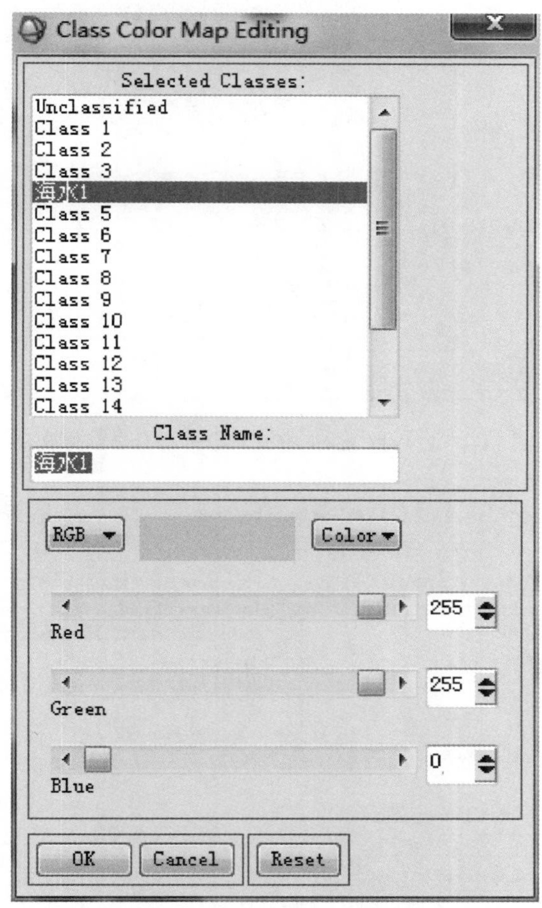

图 14-6　分类名称和颜色编辑对话框

（6）类别定义。重复步骤 4～5，直至定义所有类别名称。

4）子类合并

非监督分类时，设定的分类数量一般是最终结果的 2～3 倍，因此需要对计算自动分类后的结果进行合并。

（1）打开 Combine Classes Parameters 面板。在分类后处理工具中选择类别合并工具，输入分类结果数据，打开类别合并对话框（图 14-7，图 14-8）。

点击 ENVI Classic→Classification→Post Classification→Combine Classes，输入分类结果文件（图 14-7）。

（2）子类合并。在 Combine Classes Parameters 面板中，将 Select Input Class 中同类地物输出到 Select Output Class 同一地物类别中，单击 OK（图 14-8）。

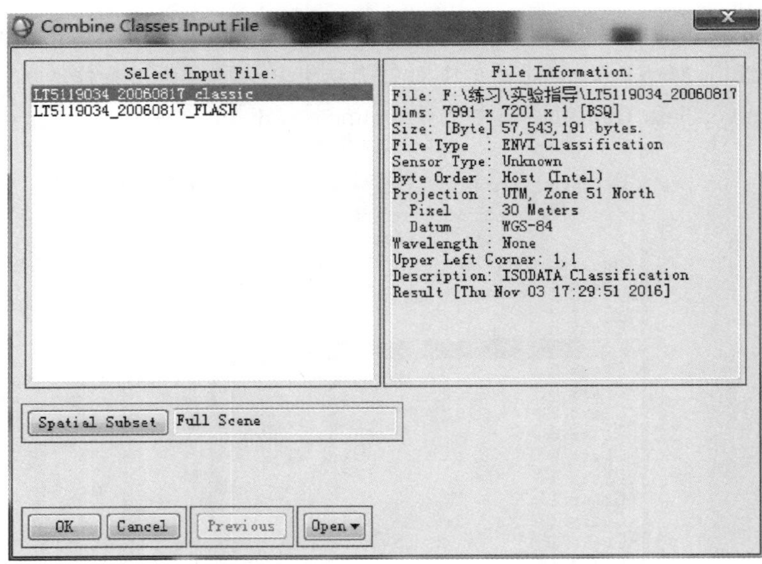

图 14-7　ENVI Classic 打开待合并的分类结果文件

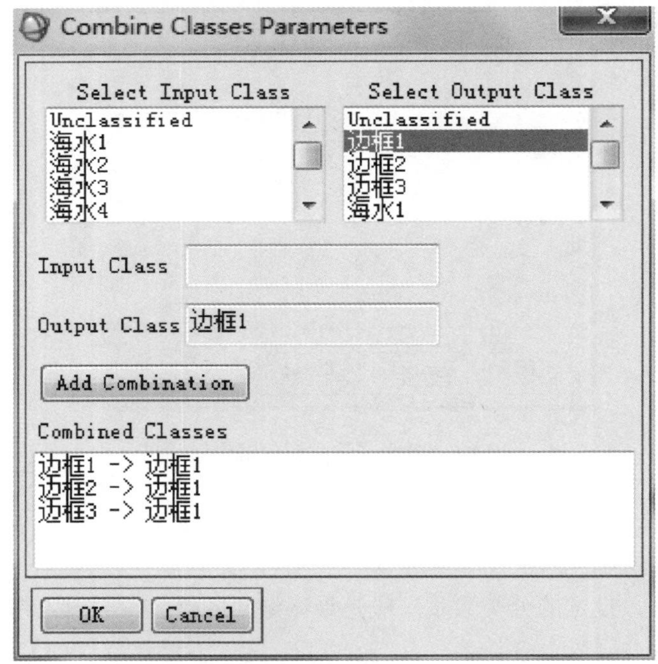

图 14-8　类别合并参数设置

（3）在类交互工具中对最终分类结果重新命名和颜色设定（图 14-9）。

3. 分类结果与精度评价

在视窗 1（标记为#1）中显示大气校正后影像，在视窗 2（标记为#2）中打开分类结果图像。

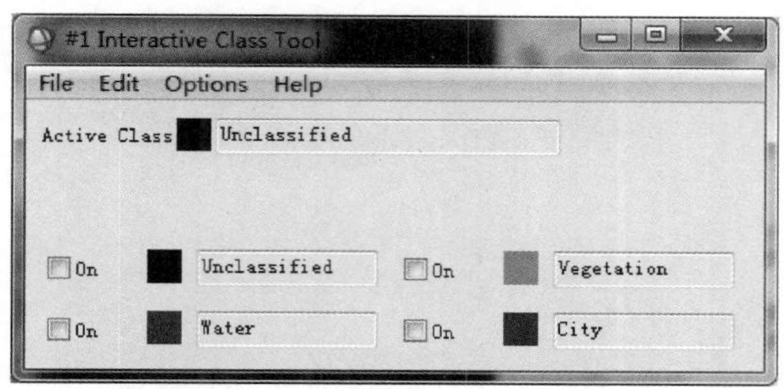

图 14-9　最终类别名称和颜色设置

分类结果精度评价属于分类后处理过程（Post Classification），主要包括分类精度评价、分类结果的合并与删除、分类结果叠加显示等。分类精度评价可以通过混淆矩阵法来评价，也可以通过将分类结果叠加到分类前的图像上，定性地进行评价。其中非监督分类方法在类别定义中已经对分类结果叠加，进行了定性分析，模糊矩阵精度评价方法具体如下。

1）输入地面真实 ROIs

点击 ENVI Classic→Classification→Post Classification→Confusion Matrix→Using Ground Truth ROIs，输入分类结果图像（图 14-10）。

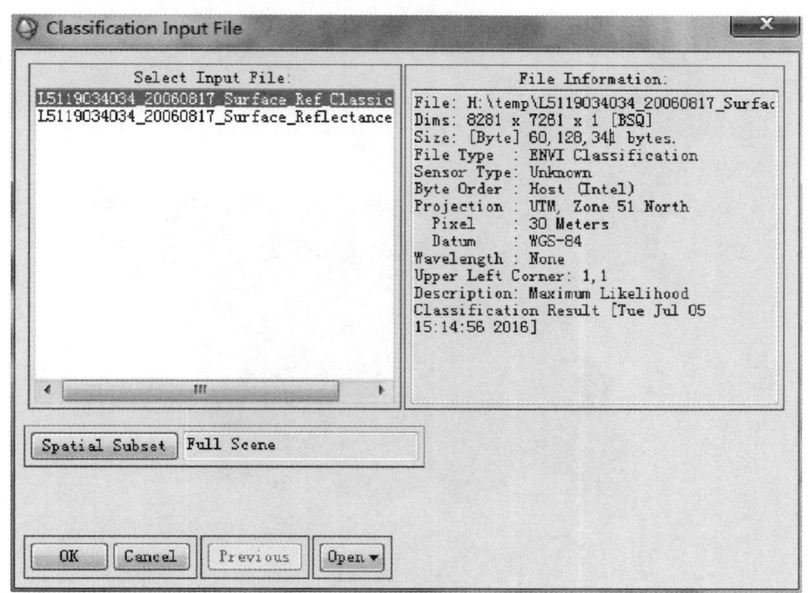

图 14-10　混淆矩阵精度检验输入地面真实 ROIs

2）分类参数匹配

点击图 14-10 中的 OK，匹配分类参数文件（图 14-11）。

4. 分类结果成图

烟台市某区主要地表覆盖类型非监督分类结果如图 14-12 所示。

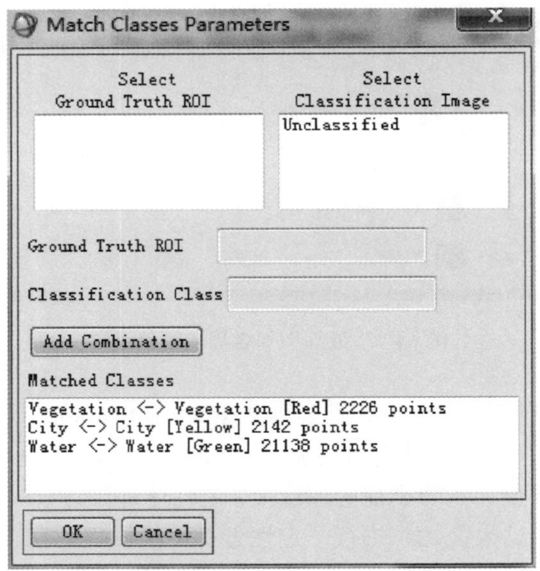

图 14-11　混淆矩阵精度检验分类结果参数匹配

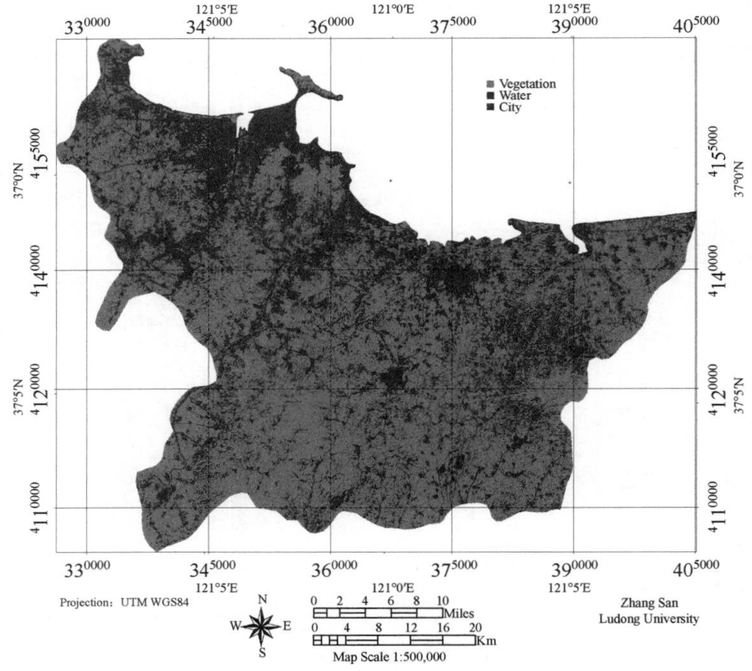

图 14-12　烟台某区陆地覆盖类型遥感非监督分类结果（Path/Row = 119/034）

六、撰写实验报告

按照实习报告格式要求撰写，重点内容包括：ISODATA 非监督分类、类别定义和子类合并、混淆矩阵精度评价方法、分类结果图制作等。

实验十五　ERS 雷达遥感数据特征分析

一、实验目的

通过实验，深入理解雷达遥感成像的基本原理，掌握雷达遥感影像读取、显示与特征分析的基本方法。

二、实验内容

（1）ENVI SARscape 导入 ERS 雷达数据，分析雷达数据的基本特征。

（2）学习使用 The Next ESA SAR Toolbox（NEST），使用该软件导入 ERS 雷达数据，分析雷达数据的基本特征。

三、原理与方法

The Next ESA SAR Toolbox（NEST）是欧洲航天局（European Space Agency，ESA）开发的一款针对 ERS-1/2、ENVISAT、SENTINEL-1、TerraSAR-X，RADARSAT 1-2，COSMO-SkyMed，JERS-1，ALOS PALSAR 的雷达图像处理软件，能够处理 1 级产品或者更高级雷达产品数据。

四、实验仪器与数据

（1）ENVI SARScape、NEST 软件。

（2）ERS1 数据，格式为 SLC。

五、实验步骤

首先使用 ENVI SARscape，之后学习使用 NEST 软件来读取 ERS1 的 SLC 数据，分析雷达数据的基本特征。

1. 读入 ERS 雷达数据

目前，SARScape 支持的数据格式较多，有星载雷达数据、空载雷达数据、ENVI 格式雷达数据、通用格式雷达数据等。

点击 ENVI→SARscape→Import Data→SAR Spaceborne→ERS SAR，出现读入 ERS 雷达数据对话框（图 15-1）。

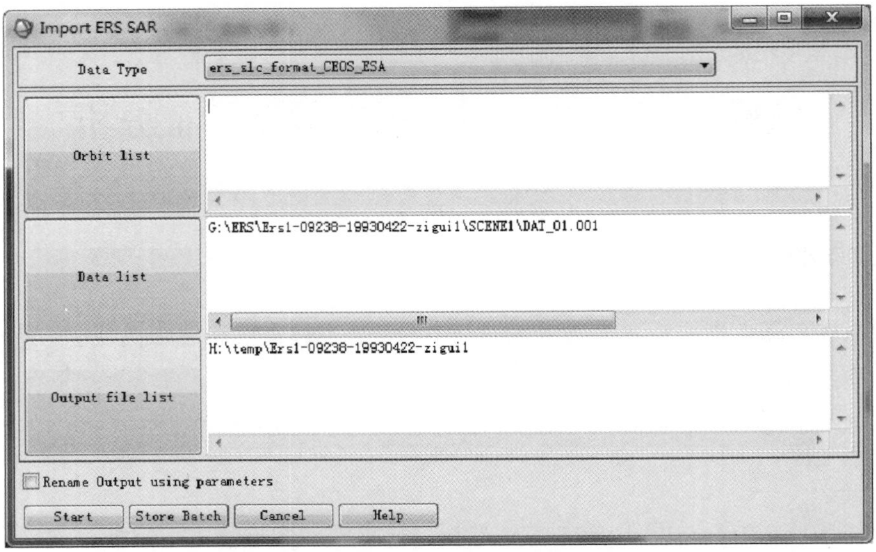

图 15-1　ENVI SARScape 导入 ERS1 SLC 数据

图 15-1 中的读入参数填写如下。

数据格式（Data Type）选择：本实验数据为 ERS_SLC_format_CEOS_ESA、ERS_SLC_format_CEOS_NRSC、ERS_SLC_format_CEOS_ENVISAT、ERS_SLC_format_CEOS_JAXA、ERS_SLC_format_CEOS_ASF、ERS_pri_format_CEOS_ESA、ERS_pri_format_ENVISAT、ERS_pri_format_CEOS_BANGKOK。

轨道列表（Orbit list）：无。

数据列表（Data list）：点击该按钮，选择读入的数据，需要注意的是，待读入数据路径及文件名中不能有中文名字，如 G：\ERS\Ers1-09238-19930422-zigui1\SCENE1\DAT_01.001。

输出文件列表（Output file list）：点击后，选择输出路径及其文件名字，也不能有中文路径及文件名，如 H：\temp\Ers1-09238-19930422-zigui1。

点击开始（Start），SARScape 开始读入 ERS SLC 格式数据（图 15-2）。

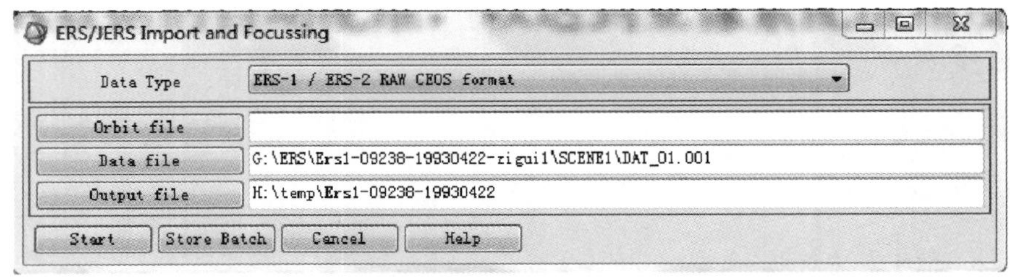

图 15-2　SARScape 开始读入 ERS SLC 数据及读入结束

2. 距离向与方位校正处理

输入距离向与方位向比例，得到雷达遥感影像（图 15-3）。

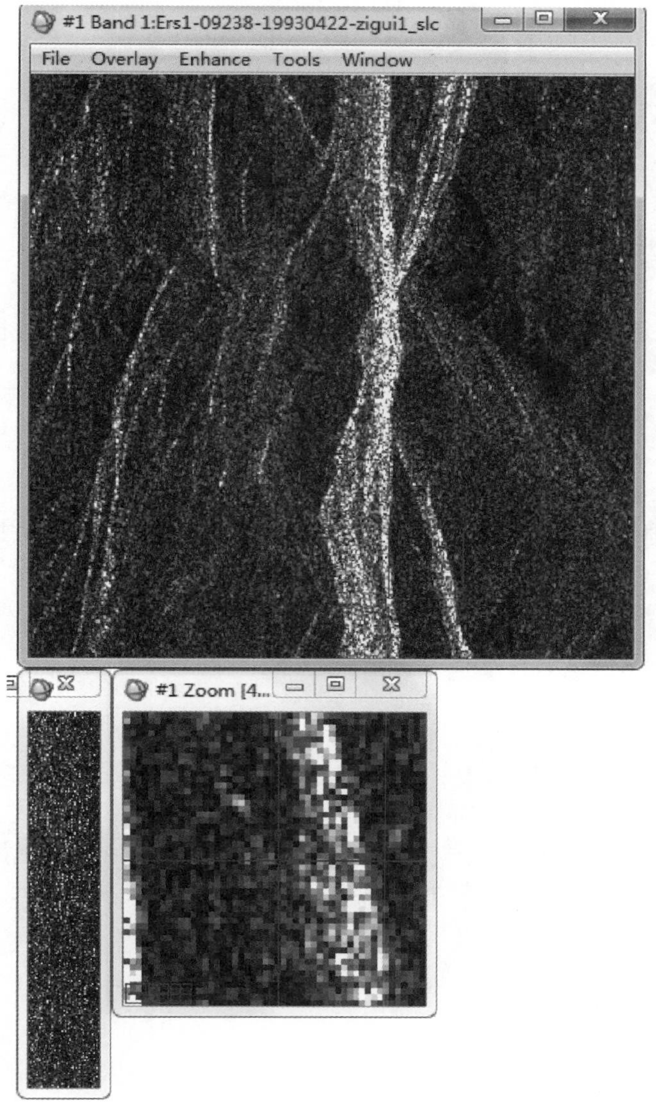

图 15-3　ENVI 打开 ERS SLC 格式数据

3. 雷达数据特点

雷达数据主要特点有包括，亮度从暗到亮的灰度图像，图像有椒盐噪声，另外，图像的方位向和距离向分辨率不相同，地物压缩比例不一致，导致影像目视解译困难。

六、撰写实验报告

按照实习报告格式要求撰写，重点内容包括雷达数据种类，会使用 NEST 分析 ERS 数据特点。

实验十六　卫星遥感数据三维显示与路径飞行设计

一、实验目的

掌握什么是 DEM 数据，学会如何将 DEM 与 Landsat8 OLI 数据进行三维显示和飞行设计浏览。

二、实验内容

（1）数字高程模型（digital elevation model，DEM）数据和 OLI 数据下载。

（2）DEM 与 OLI 数据三维显示。

（3）飞行路线设计与浏览与录像。

三、原理与方法

遥感数据是传感器在卫星平台上获取的地表的表面特性数据，DEM 与遥感数据在统一坐标系下可以三维显示，便于分析理解地物特性。

本实验使用的 Landsat8 OLI 遥感数据和 DEM 数据，都是在通用横轴墨卡托投影投影下经过地理配准的影像数据，投影带（Zone）为 51N，水准面为 WGS-84，且影像的空间分辨率一致，都是 30m。

四、实验仪器与数据

（1）ENVI5.1。

（2）Landsat8 OLI 数据（Path/Row = 119/34，2014 年 12 月 29 日数据）。

（3）DEM 数据，文件名为 L5119034_03420060817_DEM.TIF。

五、实验步骤

1. 读入卫星遥感数据和 DEM 数据

（1）读入 Landsat8 OLI 数据。点击 ENVI5.1→File→OpenAs→Landsat→GeoTIFF With Metadata，选择 LC81190342014363LGN00_MTL.txt。

（2）读入 DEM 数据。点击 ENVI5.1→File→Open，选择 L5119034_03420060817_DEM.TIF。

ENVI5.1 读入卫星遥感数据和 DME 数据图像结果如图 16-1 所示。

图 16-1　ENVI5.1 读入 Landsat8 OLI 和 DEM 数据

2. *启动三维显示*

调用工具栏中的三维显示功能，点击 ENVI5.1→Toolbox→Terrain→3D Surfaceview（图 16-2）。

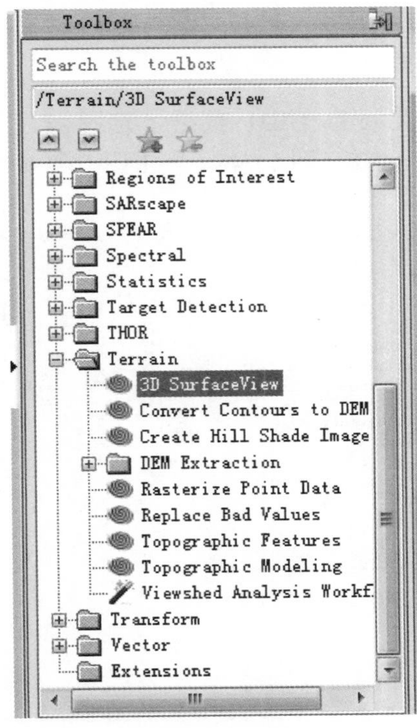

图 16-2　ENVI5.1 三维显示工具

3. 选择三维显示的波段组合

选择三维显示图像组合波段，选择 OLI 的 SWIR、NIR 和 Blue，分别赋红绿蓝（R, G, B）通道（图 16-3），点击 OK。

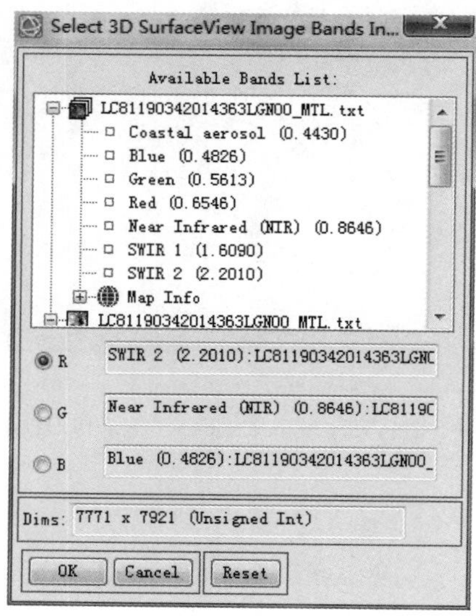

图 16-3　ENVI5.1 三维显示图像波段组合

4. 选择关联的 DEM 数据

选择与卫星遥感数据关联的 DEM 数据，选择波段列表中的 DEM 数据文件 L5119034_03420060817_DEM.TIF（图 16-4），点击图 16-4 中的 OK。

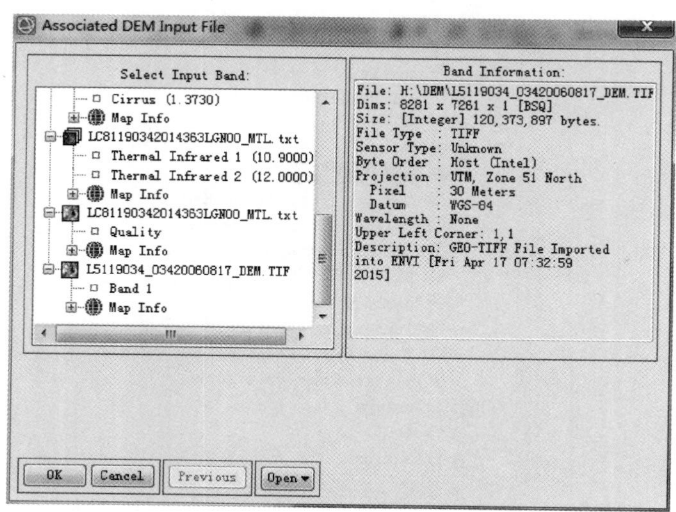

图 16-4　ENVI5.1 三维显示选择 DEM 数据

5. 三维显示输入信息

如图 16-5 所示，输入三维显示有关信息，包括 DEM 分辨率及其重新采样方法、图像分辨率及其重新采样方法等。需要根据计算机的性能设置 DEM 分辨率及图像分辨率等参数，计算机性能好，分辨率可以设置高一些，反之分辨率要设置低一些。

DEM 分辨率选择如下。

DEM 分辨率：Full。

重采样方法（Resampling）：最邻近域，聚合采样，默认为聚合，本次实验选择最邻近域差值。

DEM 最小值：默认。

DEM 最大值：默认。

垂直拉伸（Vertical Exaggeration）：5.0，值越大，垂直拉伸比例越大。

图像分辨率选择如下。

DEM 分辨率：选择 Full，默认选择为 1024。

重采样方法：重采样方法：最邻近域，聚合采样，默认为聚合，本次实验选择最邻近域差值方法。

空间子集：默认为全景（Full Scene）。

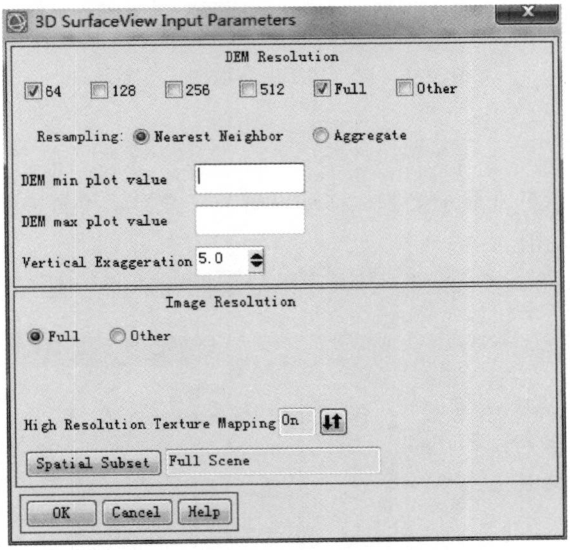

图 16-5　ENVI5.1 三维显示输入参数

选择好参数后，点击 OK。

6. 三维显示操作

ENVI5.1 采用一个单独视窗三维显示遥感影像（图 16-6），通过三维显示视窗中的功能选项（Options），完成三维显示及飞行浏览等操作。

图像旋转：在图像窗口中，按住鼠标左键，上下和左右移动，图像就前后和左右旋转；

图像移动：在图像窗口中，按住鼠标中间键，上下和左右移动，图像就能上下和左右平行移动；

图像放大和缩小：在图像窗口中，按住鼠标右键，上下和左右移动，实现图像的放大和缩小；也可以推动前后鼠标滚轮，完成图像放大和缩小操作。

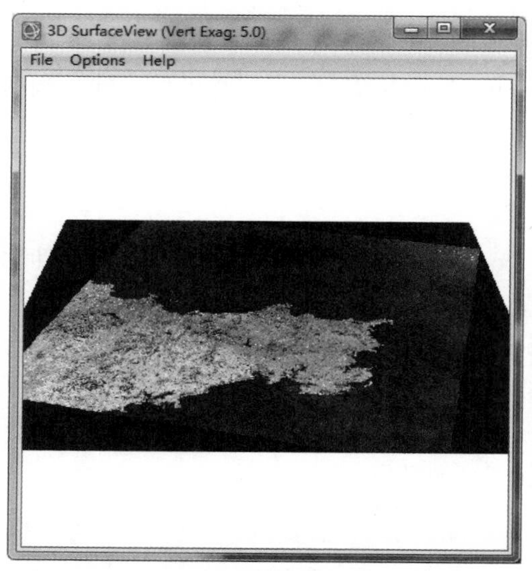

图 16-6　ENVI5.1 遥感数据三维显示

7. 三维显示选项

三维显示选项包括三维显示控制、移动设置、三维显示位置控制、更改背景颜色、输入矢量、删除矢量等功能。

点击 Options→Surface Control，打开三维显示控制功能（图 16-7）。

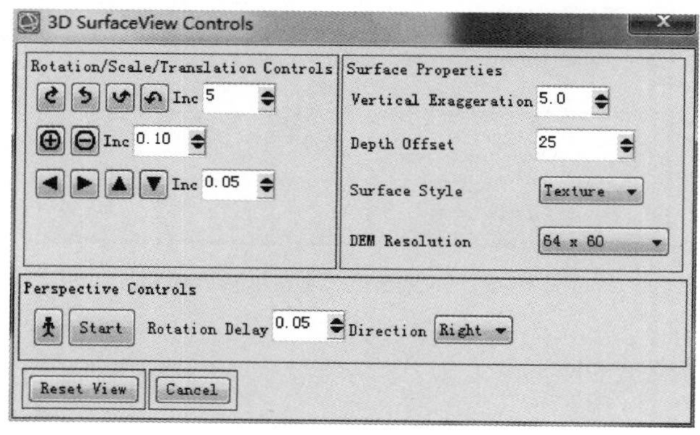

图 16-7　三维显示控制功能

旋转/比例/翻转控制（Rotation/Scale/Translation Controls）：顺时针、逆时针、向上、

向下翻转，增量（Increment，Inc）默认为 5。

放大、缩小操作，增量默认为 0.1。

上下左右平移，增量为 0.05。

表面特性设置如下。

垂直拉伸（Vertical Exaggeration）：默认为 5.0，增大此值，可以增加高程的比例。

表面类型（Surface Style）：有纹理（默认显示）、线、垂直线、水平线及点等表面显示方式。

DEM 分辨率（DEM Resolution）：有 64×60（默认分辨率）及图像实际尺寸分辨率两种，选择后者，图像三维显示时，速度较慢，但纹理清晰，选择前者，显示速度快，但纹理粗糙。

透视控制（Perspective Controls）：可以选择从左、右两个方向来观看三维图像。旋转延迟（Rotation Delay）默认值为 0.05。

8. 三维飞行浏览及录像

在三维显示窗口中，进行三维飞行浏览操作，主要操作有四步。

1）飞行路线设计

设计*.ann 格式的多线型注记作为飞行路线。ENVI5.0、ENVI5.1 目前仅支持*.anz 格式，但在三维飞行浏览中，飞行路线只能使用*.ann 格式的注记，因此需要在 ENVI4.8、ENVI5.0 Classic 或者 ENVI5.1 Classic 下制作多线注记文件。

打开遥感图像，在主图像窗口中，选择 Overlay→Annotation，打开添加注记对话框（图 16-8）。

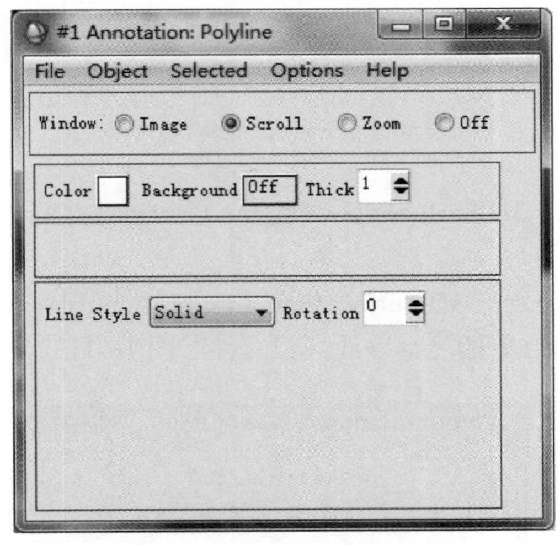

图 16-8　添加多线注记

在图 16-8 中，通过以下操作选择多线注记方式。

选择注记类型：点击 Object→Polyline，选择线。

选择注记建立窗口（Window）：可选择主图像窗口（image）、滚动窗口（Scroll）、放大窗口（Zoom）。

设置颜色（Color）：鼠标移动到 Color 后白色方框中，点击右键，给线设定颜色；

设置线宽（Thick）：点击 Thick 后的数字，设定线的宽度。

设置线型（Line Style）：点击下拉式菜单，选择合适的线型。

在 Scroll 窗口中通过点击鼠标左键，定义线的端点来定义飞行路线，之后保存飞行路径。

点击 File→Save Annotation，保存文件（E：\学生遥感课程使用数据\练习数据\三维显示\flyline.ann）

2）飞行浏览

调用三维飞行对话框，点击 3D SurfaceView→Options→Motion Controls，调用三维飞行控制对话框（图 16-9）。

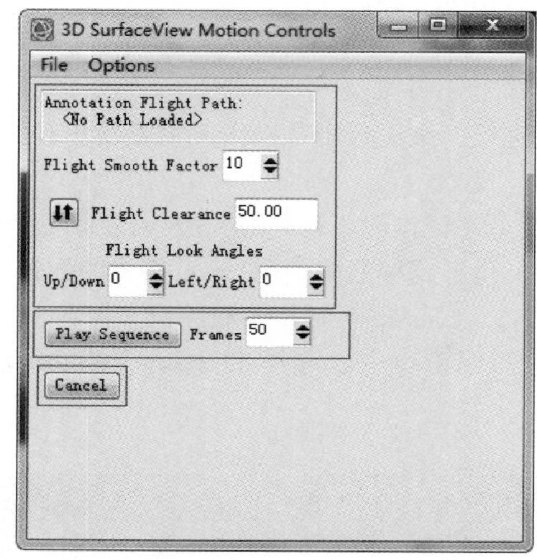

图 16-9 三维飞行控制对话框

设置飞行方式：点击 3D SurfaceView Motion Controls→Options→Motion：Annotation Flight Path。

输入飞行路线文件，点击 3D SurfaceView Motion Controls→Input Annotation from File（图 16-10），选择前面建立好的飞行路线注记文件（图 16-11）。

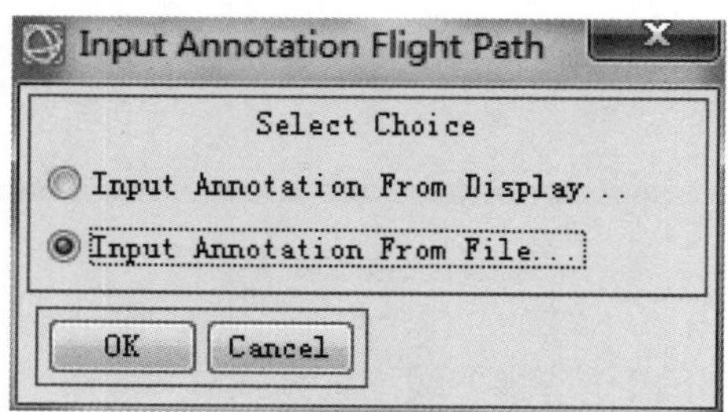

图 16-10 输入飞行路径标注文件

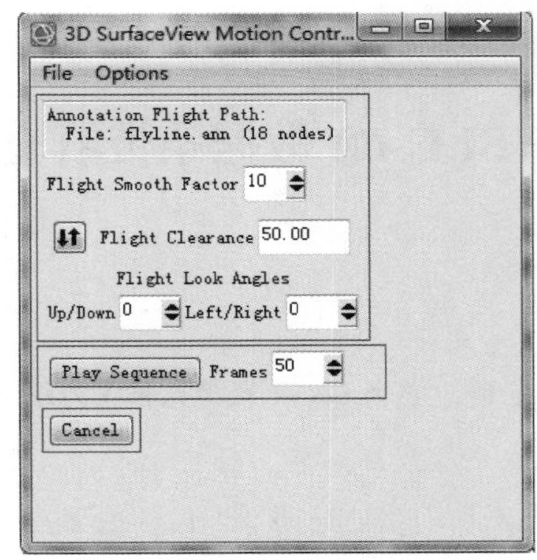

图 16-11　导入飞行路径标注文件后对话框

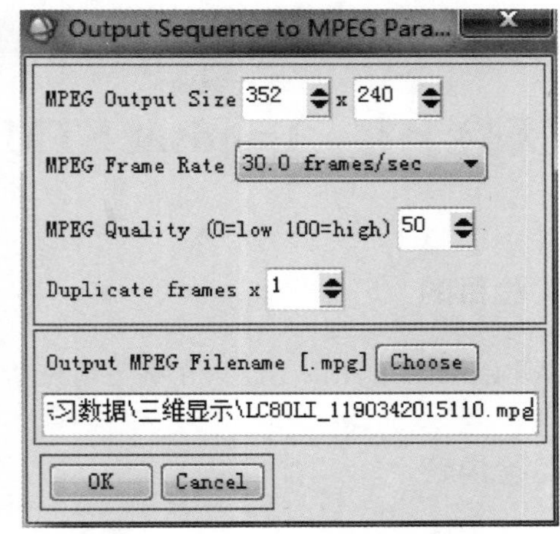

图 16-12　三维飞行录像参数设置

此时，先前建立好的标注文件 flyline.ann 已经导入三维移动控制对话框中，并显示了该飞行路线有 18 个节点。

3）飞行参数设置

飞行平滑因子（Flight Smooth Factor）：默认为 10。

飞行清晰度/飞行高度（Flight Clearance/Flight Elevation）：默认设置为 50/600。

飞行角度（Flight Look Angles），仰视/俯视（Up/Down）：正值为仰视，负值为俯视，角度为 0°～90°。

飞行/停止（Play Sequence/Stop Sequence）：开始飞行/停止飞行。

飞行路线总的帧数（Frames）：设计路线中的帧数数量越多，飞行越慢，数量越少则，飞行越快，默认为 50 帧。

4）飞行录像

点击 3D SurfaceView Motion Controls→Save Sequence As MPEG，调用飞行录像对话框（图 16-12）。

输出大小（MPEG Output Size）：输出大小，默认为 352×240。

MPEG 帧率（Frame Rate）：默认为每秒 30.0 帧。

MPEG 质量（Quality）：默认大小为 50。

输出文件名（Output MPEG Filename）：输出飞行路径及名称。

点击图 16-12 中的 OK，即可对飞行路线浏览进行录像，并生成一个视频文件。

六、撰写实验报告

按照实习报告格式要求撰写，重点内容包括：遥感数据和 DEM 数据的地理配准。

实验十七　Landsat ETM + SLC-off 数据条带填充

一、实验目的

掌握 Landsat ETM + SLC-off 条带填充基本原理，学会 ENVI 来填充条带方法。

二、实验内容

ENVI Landsat ETM + SLC-off 条带填充。

三、原理与方法

美国陆地卫星 7 号（Landsat-7）于 1999 年 4 月 15 日由美国 NASA 发射升空，其携带的主要传感器为增强型主题成像仪（enhance thematic mapper plus，ETM + ）。Landsat-7 除了在空间分辨率和光谱特性等方面与 Landsat-5 保持了连续性，同时增加了许多新的特性，因而受到了各国用户的普遍重视，得到了广泛的应用。自发射升空以来，Landsat-7 已为用户提供了大量高质量的图像数据。2003 年 5 月 31 日，Landsat-7 ETM + SLC 突然发生故障，获取的卫星数据产生了条带（数据缺失），之后，USGS 以 2003 年 5 月 31 号为时间节点，将此时间以前 ETM + 获取的数据标示为 EMT + SLC-on（scan line correction on），之后的数据标示为 ETM + SLC-off（scan line correction off）。ETM + SLC-off 数据中，坏条带标示为 0，与背景值相同。条带按行排列，坏条带面积占一景影像的比例接近 22%；条带宽度不一，由中间向两侧逐渐变大，成楔状；中间一小块区域没有条带；同一景影像，条带位置和宽度并不是固定不变的，与波段有关。USGS 发布 ETM + SLC-off 数据中，除了数据文件、元数据文件外，还发布了各个波段的条带掩膜文件。

由于 ETM + SLC-off 中还有将近 3/4 的数据能用，因此补充条带内无数据就成为 ETM + SLC-off 的首要任务之一。对于 ETM + SLC-off 异常而造成的图像数据丢失，有三种缝隙填充方法。一是对数据缝隙进列方向插值；二是可利用故障前正常数据对数据缝隙进行填充（SLC-OFF/SLC-ON）；三是利用多景不同时相的 SLC-off 异常数据，生成一景无缝数据产品，要求缝隙在空间位置上要错开。

本实验使用现成的 ETM + SLC-off 条带填充补丁程序，程序由网上下载。

四、实习仪器与数据

（1）ENVI 4.8。

（2）Landsat ETM + 数据（Path/Row = 119/34，时间为 2009 年 12 月 23）。

五、实验步骤

1. 条带剔除补丁程序安装

（1）下载与安装。下载 ETM + 条带剔除补丁程序 landsat_gapfill.sav，将该程序复制到 C：\Program Files\ITT\IDL\IDL80\products\envi48\save_add 目录下。

（2）重新启动 ENVI4.8。重新启动 ENVI4.8 后，条带剔除补丁程序将激活。

（3）启动 ETM + 条带剔除。点击 ENVI→Basic Tools→Preprocessing→Data Specific Utilities→Landsat TM→Landsat Gapfill（图 17-1），表示条带填充补丁程序安装成功。

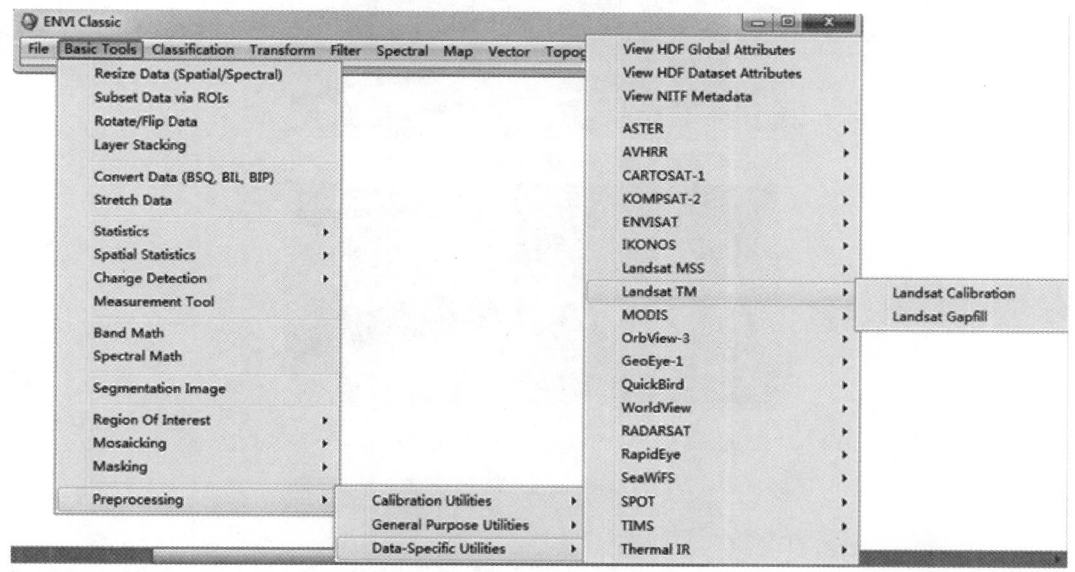

图 17-1 ETM + 数据条带填充安装

2. 打开待处理图像

利用 ENVI→File→Open External File→Lansat→GeoTIFF with Metadata，在出现的对话框中选择 L71119034_03420091223_MTL 文件，打开待处理的 ETM + 数据（图 17-2）。

3. 启动条带剔除功能

（1）选择条带填充方法。启动条带填充模块后，出现三种方式来完成数据修补（图 17-3），默认为单景影像填充方法。

（2）确定输出位置及输出结果图像命名。点击 Choose 按钮，确定输出位置及命名填充好的结果图像 LE71190342009357EDC_Fillgap，点击 OK（图 17-4）。

（3）选择待填充的 ETM + SLC-off 数据。在该对话框中选择待前面打开的待填充 ETM + SLC-off 数据，点击 OK（图 17-5）。

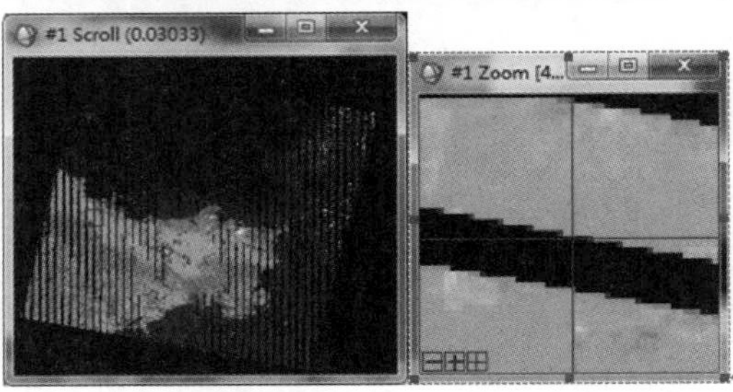

图 17-2 Landsat ETM + SLC-off（path = 119，row = 34）数据

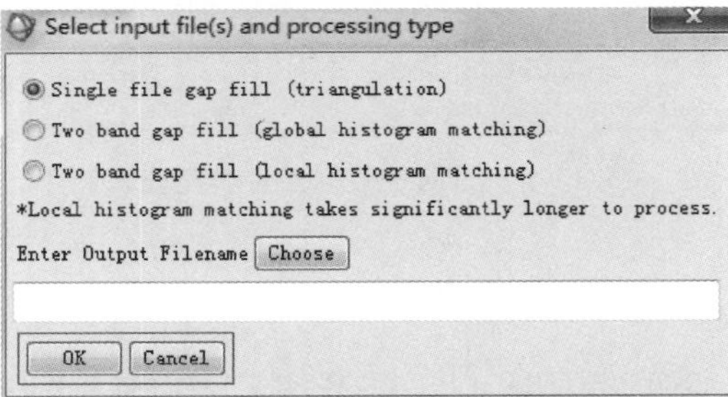

图 17-3 ETM + SLC-off 数据条带剔除对话框

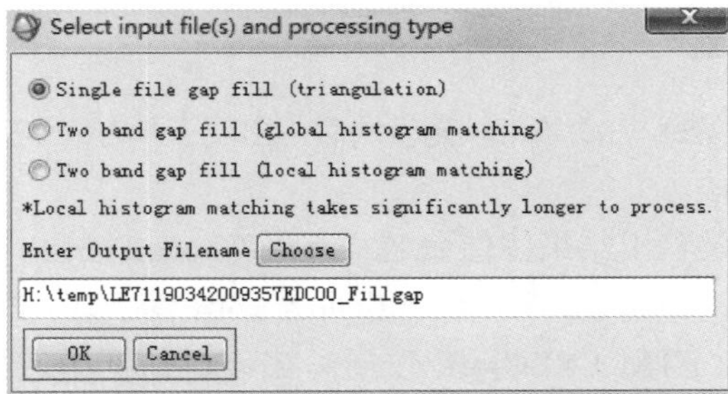

图 17-4 条带填充结果图像存储位置及图像命名

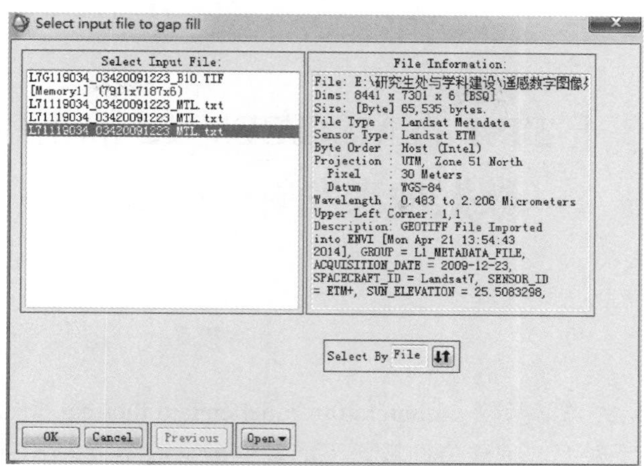

图 17-5 ETM + SLC-off 条带填充数据选择

（4）ETM + SLC-off 填充前后对比。完成填充后，为了分析填充效果，在两个视窗中打开 ETM + SLC-off 填充前后数据，并将两个视窗建立连接，可以看出黑色的条带区被填充，效果较好（图 17-6），可以将填充后的结果图像输出，供进一步使用。

图 17-6 ETM + SLC-off 数据条带填充前后对比（左：条带数据，右：条带填充后数据）

六、撰写实验报告

按照实习报告格式要求撰写，重点内容包括：ETM + SLC-off 填充步骤及方法，并对条带填充前后的效果进行分析评价。

实验十八　基于 TISI 的 MSG/SEVIRI 静止气象卫星遥感数据地表发射率反演

一、实验目的

深入理解温度无关光谱指数（temperature-independent thermal infrared spectral indices，TISI）、地表二向性反射率、地表方向发射率的基本概念，学会用 MSG/SEVIRI 静止气象卫星中红外和热红外波段数据反演中红外和热红外通道地表发射率的基本方法。

二、实验内容

基于温度无关光谱指数的 MSG/SEVIRI 静止气象卫星中红外和热红外波段数据反演地表发射率。

三、原理与方法

1. 热辐射传输理论

晴空大气条件下，假设大气水平均一，在局地热平衡状况下，不考虑大气散射影响，单色光长波辐射传输方程可简写为

$$L(T,\theta_v,\lambda)=L_G(T_G,\theta_v,\lambda)\tau_i(\theta_v,\lambda)+L_{atm\uparrow}(\theta_v,\lambda) \tag{18-1}$$

$$L_G(T_G,\theta_v,\lambda)=\varepsilon_i(\theta_v,\lambda)B_i(T_s,\theta_v,\lambda)+[1-\varepsilon_i(\theta_v,\lambda)]L_{atm\downarrow}(\theta_v,\lambda) \tag{18-2}$$

式中，$L_G(T_G,\theta_v,\lambda)$ 地表层总的光谱辐亮度，T_G 是地表层亮度温度，θ_v 是观测天顶角，λ 为中心波长。

热红外通道和中红外通道地表出射辐亮度为

$$L_G(T_G,\theta_v,\lambda)=[L(T,\theta_v,\lambda)-L_{atm\uparrow}(\theta_v,\lambda)]/\tau(\theta_v,\lambda) \tag{18-3}$$

中红外通道地表出射辐亮度为

$$\begin{aligned}L_G(T_G,\theta_v,\lambda)=&\varepsilon(\theta_v,\lambda)B_i(T_s,\theta_v,\lambda)+[1-\varepsilon(\theta_v,\lambda)]L_{atm\downarrow}(\theta_v,\lambda)\\&+\rho_b(\theta_v,\theta_s,\varphi,\lambda)E_{sun}(\theta_s,\lambda)\end{aligned} \tag{18-4}$$

热红外通道地表层辐亮度为

$$L_G(T_G,\theta_v,\lambda)=\varepsilon(\theta_v,\lambda)B_i(T_s,\theta_v,\lambda)+[1-\varepsilon(\theta_v,\lambda)]L_{atm\downarrow}(\theta_v,\lambda) \tag{18-5}$$

式中，$L(T,\theta_v,\lambda)$ 为遥感器接收的辐亮度；θ_v 为观测天顶角；φ 为相对方位角；θ_s 为太阳天顶角；τ 为大气透过率；$\varepsilon(\theta_v,\lambda)$ 为地表发射率；B 为普朗克函数；T_s 为真实温度（K）；$L_{atm\downarrow}(\theta_v,\lambda)$ 为大气下行辐射；$L_{atm\uparrow}(\theta_v,\lambda)$ 为大气上行辐射；$\rho_b(\theta_v,\theta_s,\varphi,\lambda)$ 为半球方向反射率；$E_{sun}=E_i\cos(\theta_s)\tau_i(\theta_s,\varphi_s)$，是到达地表的太阳直射辐射，$E_i$ 是大气层顶的太阳辐照度。

2. 基于 TISI 的 MSG/SEVIRI 卫星数据地表发射率反演方法

温度无关光谱指数概念是 Becker 和 Li 于 1990 年首先提出的（Becker and Li，1990），属于多时相法。温度无关光谱指数将中红外通道信息引入其中，这是因为白天中红外通道获取的是太阳辐射和地表自身热辐射两部分信息，而夜间中红外通道仅获取地表自身热辐射信息，日夜辐射信号差距较大，能够降低方程间的高相关性，提高最终的反演精度。

温度无关光谱指数是在普朗克函数的某种近似下对测量的辐亮度光谱的一种变换，即给定参考温度 T_0，普朗克公式可采用指数函数近似：

$$B_\lambda(T) \cong \alpha_\lambda(T_0) T^{n_\lambda(T_0)} \tag{18-6}$$

式中，$n_\lambda(T_0) = \dfrac{C_2}{\lambda T_0}\left(1 + \dfrac{1}{\exp(C_2/\lambda T_0) - 1}\right)$，$\alpha_\lambda(T_0) = \dfrac{B_\lambda(T_0)}{T_0^{n_\lambda(T_0)}}$，$C_2 = 1.4388 \times 10^4 \mu\text{m} \cdot \text{K}$。

因此，通道 i 辐射亮度在某参考温度 T_{g_i} 附近作如下近似：

$$R_i \cong \alpha_i T_{g_i}^{n_i} \tag{18-7}$$

式中，α_i 和 n_i 是与参考温度有关的系数（表 18-1），可以通过最小二乘法求解下式获得：

$$B_i(T_{g_i}) = \alpha_i T_{g_i}^{n_i} \tag{18-8}$$

表 18-1　MSG/SEVIRI 中/热红外 4 个通道 α_i、n_i 的拟合结果

光谱通道	α_i	n_i	RMSE/K	Max Error/K
CH04（MIR3.9）	2.733E−30	11.93	0.302	0.746
CH07（TIR8.7）	2.224E−12	5.456	0.301	0.742
CH09（TIR10.8）	1.073E−09	4.447	0.291	0.714
CH10（TIR12.0）	1.227E−08	4.043	0.284	0.697

温度范围：280K～330K，步长为 0.1K。

中红外/热红外白天和夜间地表出射辐射如下所示：

$$\begin{cases} L_{\text{G},i}^{\text{d}} = \varepsilon_i B_i(T_{\text{s}}^{\text{d}}) + (1-\varepsilon_i) L_{\text{atm}i\downarrow}^{\text{d}} + \rho E_{\text{sun}} \\ L_{\text{G},i}^{\text{n}} = \varepsilon_i B_i(T_{\text{s}}^{\text{n}}) + (1-\varepsilon_i) L_{\text{atm}i\downarrow}^{\text{n}} \\ L_{\text{G},j}^{\text{d}} = \varepsilon_j B_j(T_{\text{s}}^{\text{d}}) + (1-\varepsilon_j) L_{\text{atm}j\downarrow}^{\text{d}} \\ L_{\text{G},j}^{\text{n}} = \varepsilon_j B_j(T_{\text{s}}^{\text{n}}) + (1-\varepsilon_j) L_{\text{atm}j\downarrow}^{n} \end{cases} \tag{18-9}$$

式中，上标 d 和 n 分别代表白天和夜间；下标 i, j 分别代表中红外和热红外通道；ε 是通道比辐射率；ρ 是二向性反射率；E_{sun} 是太阳直射辐照度；$L_{\text{atm}i\downarrow}$ 是大气下行总辐射；T_{s}^{d} 和 T_{s}^{n} 分别代表白天和晚上的地表温度；$L_{\text{G},i}$、$L_{\text{G},j}$ 代表地表层辐射亮度。

根据式（18-9）可推导出中红外和热红外两个通道的温度无关光谱指数（TISI）：

$$\text{TISI}_{ij}^{\text{n}} = \frac{\alpha_i \varepsilon_i}{\alpha_j^{n_{ij}} \varepsilon_j^{n_{ij}}} = \frac{C_{jn}^{n_{ij}} L_{\text{G},i}^{\text{n}}}{C_{in} L_{\text{G},j}^{\text{n}\ n_{ij}}} \tag{18-10}$$

$$\mathrm{TISI}_{ij}^{\mathrm{d}}=\frac{\alpha_i\varepsilon_i}{\alpha_j^{n_{ij}}\varepsilon_j^{\ n_{ij}}}=\frac{C_{jd}^{n_{ij}}(L_{\mathrm{G},i}^{\mathrm{d}}-\rho E_{\mathrm{sun}})}{C_{id}L_{\mathrm{G},j}^{\mathrm{d}\ \ n_{ij}}} \tag{18-11}$$

式中，$C_{id}=\left(1-\frac{L_{\mathrm{atm}i\downarrow}^{\mathrm{d}}}{B_i(T_{\mathrm{s}}^{\mathrm{d}})}\right)$，$C_{jd}=\left(1-\frac{L_{\mathrm{atm}j\downarrow}^{\mathrm{d}}}{B_j(T_{\mathrm{s}}^{\mathrm{d}})}\right)$，$C_{in}=\left(1-\frac{L_{\mathrm{atm}i\downarrow}^{\mathrm{n}}}{B_i(T_{\mathrm{s}}^{n})}\right)$，$C_{jn}=\left(1-\frac{L_{\mathrm{atm}j\downarrow}^{\mathrm{n}}}{B_j(T_{\mathrm{s}}^{n})}\right)$。$C_{id}$、$C_{jd}$、$C_{in}$、$C_{jn}$四个变量中的大气下行辐射根据大气廓线，经 MODTRAN 计算得到。但日夜地表温度$T_{\mathrm{s}}^{\mathrm{d}}$和$T_{\mathrm{s}}^{\mathrm{n}}$这两个参量是不可能获得的，因此，我们假设地表发射率$\varepsilon_j=0.96$来计算地表温度，考虑到所使用数据热红外多通道特性，选取最大的地表温度作为$T_{\mathrm{s}}^{\mathrm{d}}$和$T_{s}^{\mathrm{n}}$的值。校正因子对最终结果产生影响的很小（Nerry et al.，1998）。

令$\mathrm{TISIE}_{ij}^{\mathrm{n}}=\frac{\varepsilon_i}{\varepsilon_j^{\ n_{ij}}}$，$\mathrm{TISIE}_{ij}^{\mathrm{d}}=\frac{\varepsilon_i}{\varepsilon_j^{\ n_{ij}}}$，假设白天和夜间的中红外热红外通道发射率比值没有大的变化，则

$$\mathrm{TISIE}_{ij}^{\mathrm{n}}\approx\mathrm{TISIE}_{ij}^{\mathrm{d}} \tag{18-12}$$

因此，中红外通道地表二向性反射率ρ可以表达为

$$\rho=\frac{L_{\mathrm{G},i}^{\mathrm{d}}-C\times(L_{\mathrm{G},j}^{\mathrm{d}}/L_{\mathrm{G},j}^{\mathrm{n}})^{n_{ij}}L_{\mathrm{G},i}^{\mathrm{n}}}{E_{\mathrm{sun}}} \tag{18-13}$$

式中，$C=\frac{C_{jn}^{n_{ij}}}{C_{in}}\times\frac{C_{id}}{C_{jd}^{n_{ij}}}$。

根据基尔霍夫定律，对不透明物体的热辐射来讲，地表二向性发射率$\varepsilon(\theta_{\mathrm{v}})$与方向半球反射率$\rho_{\mathrm{h}}(\theta_{\mathrm{v}})$之间存在如下关系：

$$\varepsilon(\theta_{\mathrm{v}})=1-\rho_{\mathrm{h}}(\theta_{\mathrm{v}}) \tag{18-14}$$

式中，$\rho_{\mathrm{h}}(\theta_{\mathrm{v}})$根据 Nicodemus（1965）定义：

$$\rho_{\mathrm{h}}(\theta_{\mathrm{v}})=\int_0^{2\pi}\int_0^{\frac{\pi}{2}}\rho(\theta_{\mathrm{v}},\theta_{\mathrm{s}},\varphi)\sin(\theta_{\mathrm{s}})\cos(\theta_{\mathrm{s}})\mathrm{d}\theta_{\mathrm{s}}\mathrm{d}\varphi \tag{18-15}$$

式中，$\rho(\theta_{\mathrm{v}},\theta_{\mathrm{s}},\varphi)$即中红外通道地表二向性反射率$\rho$。

假设地表为朗伯体，则由基尔霍夫定律可得方向性发射率可以用式（18-16）计算得到，本次实验课程采用这种方式进行。

$$\rho_{\mathrm{h}}(\theta_{\mathrm{v}})\ =\ \pi\cdot\rho \tag{18-16}$$

式（18-16）即为中红外通道地表方向性发射率，为了得到热红外通道方向性发射率，再次基于温度无关光谱指数（TISI），假设地表发射率比值日夜不变，可得

$$\varepsilon_j(\theta_{\mathrm{v}})=[\alpha_i\cdot\varepsilon_i(\theta_{\mathrm{v}})/\mathrm{TISI}_{ij}^{\mathrm{n}}/\alpha_j^{n_{ij}}]^{n_j/n_i} \tag{18-17}$$

式中，$i\neq j$。

四、实验仪器与数据

1. 数据

实验所用数据为 MSG/SEVIRI 数据，卫星数据获取时间为 2006 年 11 月 06 日 12：00，

试验区位于非洲北部沙漠地区，数据质量优良。

对遥感数据进行预处理。遥感数据已经进行了几何精校正。

2. 软件

本实验使用 ENVI5.0 Classic，也可以使用 ENVI4.7、ENVI5.1 及 ENVI5.3 等版本遥感图像处理软件。

五、实验步骤

1. MSG/SEVIRI 数据预处理

数据预处理主要包括几何校正处理、辐射定标处理、大气校正处理。

本次实验使用的 MSG/SEVIRI 数据已经进行了几何校正处理和辐射定标处理，故不再做几何校正和辐射定标处理。

大气辐射校正处理首先需要利用欧洲中期天气预报中心（European Centre for Medium-Range Weather Forecasts，ECMWF）提供的大气廓线产品，结合 MSG/SEVIRI 静止卫星每个像元的经纬度，利用双线性空间插值方法，获取 MSG/SEVIRI 静止卫星尺度上空间格网大气廓线数据；再利用大气辐射传输模型 MODTRAN 或 6S，结合静止卫星像元观测角度、经纬度及太阳角度的信息，获取静止卫星空间格网大气参数，包括大气上行辐射、大气下行辐射、大气透过率、大气散射的太阳辐射和太阳直射辐射。

2. 地表出射辐射计算

地表发射率反演使用的是 MSG/SEVIRI 的中红外和热红外通道数据，TISI 指数是假设大气辐射校正已完成，因此需要根据大气辐射传输模型输出的大气参数，计算出中红外和热红外的地表出射辐射。

利用主菜单→Basic Tools→Band Math 工具，将式（18-3）转换为 Band Math 表达式，在公式输入栏中输入：$(b1-b2)/b3$，得到地表出射辐射。

$b1$：传感器观测值。

$b2$：大气上行辐射。

$b3$：大气透过率。

3. 辅助数据计算

利用式（18-11）和式（18-12）计算 C_{id}、C_{jd}、C_{in}、C_{jn}、C。

利用主菜单→Basic Tools→Band Math 工具，将式（18-11）转换为 Band Math 表达式，计算 C_{id}、C_{jd}、C_{in}、C_{jn}，在公式输入栏中输入：$1-b1/b2$。

$b1$：大气下行辐射。

$b2$：地表温度 T_s 的普朗克函数计算值。

利用主菜单→Basic Tools→Band Math 工具，将式（18-13）转换为 Band Math 表达式，

计算 C，在公式输入栏中输入：$\dfrac{b1}{b3}\times\dfrac{b2}{b4}$。其中，$b1 = C_{jn}^{n_{ij}}$；$b2 = C_{id}$；$b3 = C_{in}$；$b4 = C_{jd}^{n_{ij}}$。

在计算 C_{id}、C_{jd}、C_{in}、C_{jn}、C 时，需要用到白天地表的真实温度 T_s^{d} 和夜间地表的真实温度 T_s^{n}，但日夜地表温度 T_s^{d} 和 T_s^{n} 这两个参量是不可能获得的，我们的处理方式是假设地表发射率 $\varepsilon = 0.96$ 来计算地表温度，考虑到所使用 MSG/SEVIRI 数据热红外多通道特性，选取某个通道计算出来的最大温度作为 T_s^{d} 和 T_s^{n} 的值。

4. 温度无关光谱指数（TISI）计算

利用式（18-10）计算中红外和热红外两个通道的温度无关光谱指数 TISI_{ij}^{n}。

利用主菜单→Basic Tools→Band Math 工具，将式（18-10）转换为 Band Math 表达式，计算温度无关光谱指数 TISI_{ij}^{n}，在公式输入栏中输入：$b1*b2/(b3*b4\wedge n_{ij})$。其中，$b1 = C_{jn}^{n_{ij}}$；$b2$ 表示中红外地表出射辐射 $L_{G,i}^{n}$；$b3 = C_{in}$；$b4$ 表示热红外地表出射辐射的 $L_{G,j}^{n}$；$n_{ij} = n_i/n_j$。

5. 中红外通道地表二向性反射率计算

利用式（18-13）计算中红外通道地表二向性反射率。

利用主菜单→Basic Tools→Band Math 工具，将式（18-13）转换为 Band Math 表达式，地表二向性反射率 ρ，在公式输入栏中输入：$(b1-b2*(b1/b3)\wedge n_{ij}*b3)/b4$。其中，$b1$ 表示中红外地表出射辐射 $L_{G,i}^{d}$；$b2 = C$；$b3$ 表示热红外地表出射辐射 $L_{G,j}^{n}$；$b4$ 表示太阳直射辐射 E_{sun}；$n_{ij} = n_i/n_j$，n_i 和 n_j 由公式（18-8）采用最小二乘法拟合得到。

6. 中红外通道地表方向半球反射率计算

假设地表为朗伯体，中红外通道方向半球反射率可由式（18-16）计算得到。

利用主菜单→Basic Tools→Band Math 工具，将式（18-16）转换为 Band Math 表达式，中红外地表方向半球反射率 $\rho_h(\theta_v)$，在公式输入栏中输入：3.1415926*$b1$。其中，$b1$ 是中红外地表二向性反射率 ρ。

7. 中红外通道地表发射率计算

由式（18-14）计算中红外通道地表发射率。

利用主菜单→Basic Tools→Band Math 工具，将式（18-14）转换为 Band Math 表达式，中红外地表发射率 $\varepsilon(\theta_v)$，在公式输入栏中输入：1–$b1$。$b1$ 表示中红外地表方向半球反射率 $\rho_h(\theta_v)$。

8. 热红外通道地表发射率计算

由式（18-17）计算热红外通道地表发射率。

利用主菜单→Basic Tools→Band Math 工具，将式（18-17）转换为 Band Math 表达式，热红外地表发射率 $\varepsilon_j(\theta_v)$，在公式输入栏中输入：$(b1*b2/b3/b4)\wedge b5$。其中，$b1 = \alpha_i$；$b2$

表示中红外通道地表发射率 $\varepsilon_i(\theta_v)$；$b3$ 表示中红外和热红外两通道夜间地表温度无关光谱指数 TISI_{ij}^{n}；$b4 = \alpha_j^{n_i/n_j}$；$b5 = n_j/n_i$。

9. 结果浏览与输出

在 Display 中显示温度值，是一个灰度的单波段图像，为了便于清晰地表达地表发射率的空间分布特征，这里采用密度分割的方法对低温进行个层次的划分，具体步骤如下。

（1）选择 Tools→Color Mapping→Envi Color Tables，选择 Rainbow。

（2）选择 Overylay→Grid Lines→Options→Set Display Borders，设置图像四周增加 100 个 pixels，设置 Border color→White。

（3）单击 Apply。

（4）选择 File→Output Range to Class Image，可以将反演结果输出（图 18-1）

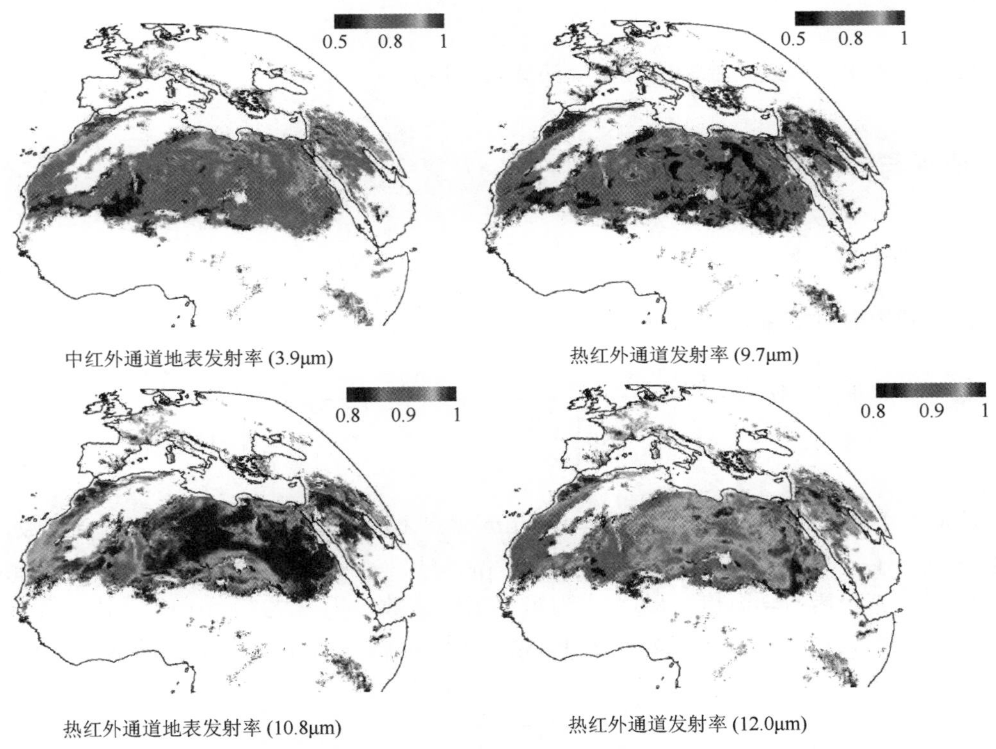

图 18-1　非洲北部沙漠地区地表发射率反演结果

六、撰写实验报告

按照实习报告格式要求撰写，重点内容包括：温度无关光谱指数 TISI、地表发射率反演算法、计算中红外地表二向性反射率、中红外地表发射率、热红外地表发射率计算方法等。

实验十九　Landsat8 OLI 卫星遥感数据地表温度反演

一、实验目的

在深入理解普朗克黑体定律基础上，学会用 Landsat8 OLI 热红外单波段数据反演地表温度的基本方法。

二、实验内容

Landsat8 OLI 热红外单波段数据反演地表温度。

三、原理与方法

1. 普朗克热辐射定律

普朗克热辐射定律表达式为

$$M_\lambda = \frac{2\pi h c^2}{\lambda^5} \cdot \frac{1}{\exp\left(\dfrac{h c}{\lambda K T_s}\right) - 1} = \frac{c_1}{\lambda^5} \cdot \frac{1}{\exp\left(\dfrac{c_2}{\lambda T_s}\right) - 1} \tag{19-1}$$

式中，M_λ 为黑体光谱辐射出射度（$W \cdot m^{-2} \cdot \mu m^{-1}$）；$\lambda$ 为波长（μm）；h 为普朗克常数，为 $6.626 \times 10^{-34} J \cdot s$；$c$ 为光速，为 $2.998 \times 10^{14} \mu m \cdot s^{-1}$；$K$ 为波耳兹曼常量，为 $1.3806 \times 10^{-23} J \cdot K^{-1}$；$T$ 为热力学温度（K）；c_1 为第一辐射常数，为 $3.737 \times 10^8 W \cdot \mu m^4 \cdot m^{-2}$，推导如式（19-2）；$c_2$ 为第二辐射常数，为 $1.439 \times 10^4 \mu m \cdot K$；s 表示黑体，推导如式（19-2）。

$$\begin{aligned} T_s &= \frac{c_2}{\lambda \times \ln\left(\dfrac{c_1}{\pi \times B_s \times \lambda^5} + 1\right)} \\ &= \frac{1.439 \times 10^4}{\lambda \times \ln\left(\dfrac{3.737 \times 10^8}{\pi \times B_s \times \lambda^5} + 1\right)} \end{aligned} \tag{19-2}$$

式中，根据卫星传感器接收到的辐射亮度 B_s，可以计算出该物体的温度。不同传感器热红外通道的中心波长有差异，根据单窗算法，可以将式（19-2）简化，如表 19-1 所示。

表 19-1　黑体辐射温度反演单窗算法参数

波段号	光谱范围/μm	中心波长/μm	黑体温度反演单窗算法	编号
Landsat5 TM6	10.40～12.50	11.45	$T_s=\dfrac{1256.77}{\ln\left(\dfrac{604.43}{B(T_s)}+1\right)}$	（19-3）
Landsat7 ETM + 6	10.40～12.50	11.45	$T_s=\dfrac{1256.77}{\ln\left(\dfrac{604.67}{B(T_s)}+1\right)}$	（19-4）
Landsat8 OLI10	10.6～11.2	10.9	$T_s=\dfrac{1320.18}{\ln\left(\dfrac{773.11}{B(T_s)}+1\right)}$	（19-5）
Landsat8 OLI11	11.5～12.5	12.0	$T_s=\dfrac{1199.17}{\ln\left(\dfrac{478.04}{B(T_s)}+1\right)}$	（19-6）

2. 卫星热红外通道数据模型

卫星传感器接收到的辐射能量主要由三部分组成：一是大气上行辐射，一是地表辐射，三是大气下行辐射被地表反射的辐射，用式（19-7）表示：

$$L_\lambda=\left[\varepsilon\times B(T_s)+(1-\varepsilon)\times L_\lambda\downarrow\right]\times\tau+L_\lambda\uparrow \tag{19-7}$$

式中，L_λ 为卫星传感器接收到的辐射量亮度；ε 为地表辐射率；T_s 为地表真实温度；$B(T_s)$ 为 T_s 温度下黑体的辐射亮度；τ 为大气透过率；$L_\lambda\downarrow$ 为大气下行辐射亮度；$L_\lambda\uparrow$ 为大气上行辐射亮度。

将式（19-7）转换为式（19-8）

$$B(T_s)=\frac{(L_\lambda-L_\lambda\uparrow)-\tau\times(1-\varepsilon)\times L_\lambda\downarrow}{\tau\times\varepsilon} \tag{19-8}$$

根据式（19-8）即可计算出地表辐射亮度，根据表 19-1 中的地表温度反演单窗算法公式，即可反演出地表温度。式（19-8）中有四个未知数，分别是大气的上行辐射亮度、大气的下行辐射亮度、大气透过率及地表比辐射率。下面将根据有关方法，计算出四个未知数，利用卫星遥感数据单窗算法反演地表温度。

四、实验仪器与数据

1. 数据

实验所用数据为 Landsat8 OLI 数据（Path/Row = 119/34），卫星数据获取时间为 2015 年 9 月 27 日，云覆盖率为 0.12，数据质量优良。

遥感数据预处理。遥感数据已经进行了几何精校正，UTM 投影，第 51 带 North，水准面为 WGS-84；数据也进行了大气校正处理，大气参数设置参照前面实验内容步骤进行，并做了归一化处理，其反射率范围为 0～1。

山东省烟台市行政区矢量（shp）文件，矢量数据与遥感影像为同一坐标系。

2. 软件

本实验使用 ENVI5.0 Classic，也可以使用 ENVI5.1 及 ENVI5.3 等版本遥感图像处理软件。

五、实验步骤

1. 多光谱数据预处理

（1）大气辐射校正与几何校正处理。数据预处理主要包括几何校正与辐射校正处理，采用 6S 或者 ENVI FLAASH 大气校正方法。本次实验使用的 Landsat8 数据已经进行了几何校正处理，故不再做校正处理。

（2）重采样。地表温度反演使用的是 Landsat8 的红外通道数据，该数据空间分辨率为 100m，与多光谱数据的 30m 分辨率不一致，因此需要对空间分辨率高的多光谱数据进行重新采样，使得多光谱数据与热红外数据空间分辨率一致。

利用主菜单→Basic Tools→Resize Data（SFatial/SFectral）重采样为 100m 分辨率，与 OLI11 数据保持一致，文件名为 OLI-NDVI-100m.img。

2. NDVI 计算

利用 NDVI 计算公式，计算得到 NDVI 图像。

3. 热红外通道辐射定标处理

Landsat8 热红外通道辐射定标公式如式（19-5）：

$$L_\lambda = (Q_{DN} - Q_{min})\frac{L_{max} - L_{min}}{Q_{max} - Q_{min}} + L_{min} \tag{19-9}$$

式中，L_λ 表示辐射亮度；L_{max}、L_{min} 分别表示亮度的最大值与最小值；Q_{max}、Q_{min} 分别表示 DN 的最大值和最小值，数值从元数据文件中获得。由实验使用的数据计算得到以下参数。

RADIANCE_MAXIMUM_BAND_10 = 22.00180；

RADIANCE_MINIMUM_BAND_10 = 0.10033；

QUANTIZE_CAL_MAX_BAND_10 = 65535；

QUANTIZE_CAL_MIN_BAND_10 = 1。

参照式（19-9），用 Band Math 工具，计算得到定标数据，定标表达式 Band Math 表示为

$$(b1-1)*(22.0018-0.10033)/(65535-1) + 0.10033。$$

此处 $b1$ 表示 Landsat8 OLI10 数据，得到大气层顶热红外通道辐射亮度。

4. 地表比辐射率计算

物体的比辐射率是物体向外辐射电磁波的能力表征，是温度反演的重要参数之一。它不仅依赖于地表物体的组成，而且与物体的表面状态（表面粗糙度等）及物理性质（介电常数、含水量等）有关，并随着所测定的波长和观测角度等因素变化。在大尺度上对比辐射率精确测量的难度很大，目前只是基于某些假设获得比辐射率的相对值，本节主要根据可见光和近红外光谱信息来估计比辐射率。

1）植被覆盖度计算

（1）植被覆盖度模型。根据 NDVI，将地类大致分为纯植被、自然混合地表（土壤、建筑物、植被等混合像元）和水体三种类型，植被覆盖度计算公式如表 19-2 所示。

表 19-2　NDVI 划分地表类型依据及对应的植被覆盖率计算公式

地表类型	判别依据	植被覆盖率	编号
纯植被	NDVI ≥ 0.7	$F_v = 1$	(19-10)
自然混合地表	0 < NDVI < 0.7	$F_v = \dfrac{\text{NDVI} - \text{NDVI}_s}{\text{NDVI}_v + \text{NDVI}_s}$	(19-11)
水体	NDVI ≤ 0	$F_v = 0$	(19-12)

注：F_v 为 0～1，NDVI 为归一化差值植被指数。

（2）植被覆盖度 Band Math。将式（19-5）转换为 Band Math 表达式，完成植被覆盖度计算。

利用 ENVI 主菜单→Basic Tools→Band Math，在公式输入栏中输入：(b1 gt 0.7)*1 + (b1 lt 0.)*0 + (b1 ge 0 and b1 le 0.7)*((b1–0.0)/(0.7–0.0))。

b1 表示选择 NDVI 图像。

得到植被盖度图像，其中大于 1 的为植被全部覆盖，等于 0 的为非植被区，该区域主要是指水域，为[0，1]，表示不同的植被覆盖等级。

2）地表比辐射率计算

根据前人的研究，根据 NDVI，将地表分为水体、纯植被和混合体 3 种类型，其类型判别依据及对应的比辐射率计算公式如表 19-3 所示。

表 19-3　NDVI 划分地表类型依据及对应的比辐射率计算公式

地表类型	判别依据	比辐射率计算公式	编号
纯植被	NDVI ≥ 0.7	$\varepsilon_v = 0.9625 + 0.0614 \times F_v - 0.0461 F_v^2$	(19-13)
自然混合地表	0 < NDVI < 0.7	$\varepsilon_s = 0.9589 + 0.086 \times F_v - 0.0671 F_v^2$	(19-14)
水体	NDVI ≤ 0	0.995	(19-15)

注：ε_s 和 ε_v 分别代表自然表面像元和城镇像元的比辐射率。

利用 ENVI 主菜单→Basic Tools→Band Math，在公式输入栏中输入：(b1 le 0)*0.995 +

(b1 gt 0 and b1 lt 0.7)*(0.9589 + 0.086*b2-0.0671*b2^2) + (b1 ge 0.7)*(0.9625 + 0.0614*b2-0.0461*b2^2)。

其中，b1 表示 NDVI；b2 表示植被覆盖度值。由此得到地表比辐射率数据。

5. 大气参数获取

NASA 官网（http：//atmcorr.gsfc.nasa.gov/）提供了大气参数获取方法。在该模型中，输入成像时间以及中心经纬度，可计算式（19-7）～式（19-8）中的大气上行、下行辐射亮度及大气透过率参数。

从卫星数据的元数据文件中读入成像时间、影像中心经纬度坐标参数（表 19-4），得到图 19-1 所示参数。大气在热红外波段的透过率 τ 为 0.86，大气向上辐射亮度 $L\uparrow$为 1.07W/（m^2·sr·μm），大气向下辐射亮辐射亮度 $L\downarrow$为 1.83W/（m^2·sr·μm）。

表 19-4　卫星数据成像时间及经纬度坐标

卫星数据波段号	成像时间（UTC）	影像中心经纬度坐标
Landsat8 OLI 10	2015 年 9 月 27 日 2：29	37.46°N，121.99°E

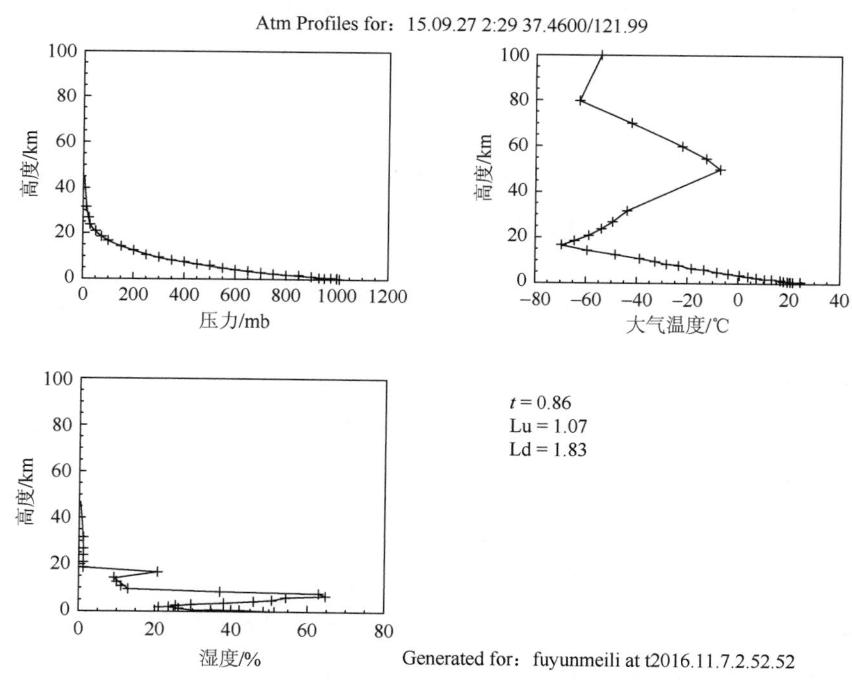

图 19-1　2015 年 9 月 27 日 Landsat8 OLI 数据的大气辅助参数

6. 计算相同温度下黑体的辐射亮度值

利用 ENVI 主菜单→Basic Tools→Band Math，在公式输入栏中输入表达式：

(b2−1.07−0.86*(1−b1)*1.83)/(0.86*b1)，其中，b1 为 100m 分辨率的地表比辐射率值；b2 为表示热红外波段大气校正后的辐射定标值。通过计算，得到了温度为 T 的黑体在热红外波段的辐射亮度值。

7. 反演地表温度

将式（19-8）代入式（19-5），即可反演出地表真实温度。对于 OLI Band 10 来说，K1 = 773.11W/（m^2·sr·μm），K2 = 1321.08K。

利用 ENVI 主菜单→Basic Tools→Band Math，在公式输入栏中输入表达式：(1321.08)/alog(773.11/b1 + 1)−273。其中，b1 为温度为大气层顶热红外波段的辐射亮度值。通过计算，得到真实的地表温度值，单位是摄氏度。

8. 结果浏览与输出

Display 中显示的温度值是一个灰度的单波段图像，为了便于清晰地表达地表温度的空间分布特征，这里采用密度分割的方法对低温进行个层次的划分，具体步骤如下。

（1）选择 Tools→Color Mapping→Density Slice，单击 Clear Range 按钮清除默认区间。

（2）选择 Options→Add New Ranges，增加以下四个区间：＞35℃，红色；30～35℃，黄色；25～30℃，绿色；＜25℃，蓝色。

（3）单击 Apply。

（4）选择 File→Output Range to Class Image，得到烟台某区陆地地表温度遥感反演结果（图 19-2）。

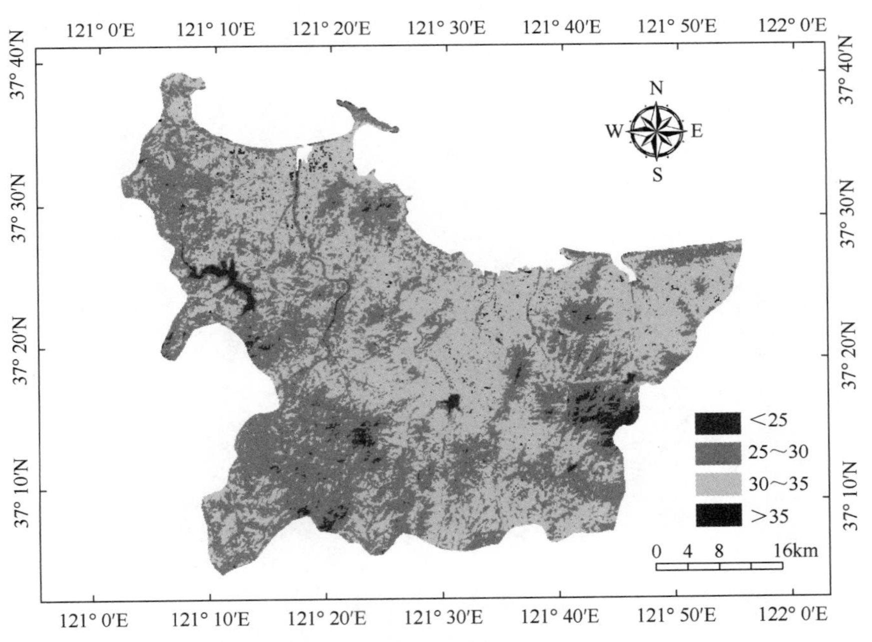

图 19-2 烟台某区陆地地表温度遥感反演结果

六、撰写实验报告

按照实习报告格式要求撰写，重点内容包括：地表温度反演单窗算法原理、计算地表比辐射率、地表植被覆盖度计算方法、热红外通道数据大气校正方法及地表温度反演等。

实验二十　遥感综合实习

一、实习目的

遥感综合实习是在学习遥感概论、遥感数字图像处理等理论及实验的基础上，综合运用遥感（remote sensing，RS）、地理信息系统（geography information system，GIS）和全球导航定位系统（global navigation satellite system，GNSS）技术，并结合传统的观测手段，对地表特性进行解译、分类、精度验证及制图的一次综合性训练。

遥感综合实习的主要目的是在前面实验训练的基础上，通过室内和野外工作，一方面，使学生能够对遥感技术体系和应用流程的认识更加清晰、完整，掌握遥感技术提取地表信息的方法体系。另一方面，培养学生利用遥感手段发现问题、分析问题、解决问题的能力，培养学生实践技能和动手能力，培养他们的团队精神和合作意识，从而提高学生的专业综合素养。

二、实习内容

了解土地利用分类体系情况下，掌握遥感影像预处理方法，掌握遥感影像分类基本原理和方法，熟练运用光谱仪器测试地物光谱，会使用遥感软件进行专题制图，主要内容如下。

（1）构建探测目标特性、光谱特征、遥感影像特征三者间的联系。

（2）互联网＋移动终端辅助遥感综合实习方法。

（3）城镇和乡村与自然地理遥感综合解译。

三、原理与方法

1. 探测目标特性

地表物体（也可指其他探测物体）的特性主要包括物理特性、化学特性、生物特性及时空特性等。

（1）地物物理特性如下：

光学特性：包括地物的反射率、透过率、折射率、吸收率、发光及荧光等。

热学特性：发射率、热容、热导率、热膨胀系数等。

电学特性：介电常数、电导率、电阻率等。

磁学特性：磁场强度、磁化率、磁矩等。

力学特性：脆性、强度、塑性、硬度、弹性等。

（2）地物化学特性：酸性、碱性、氧化性、还原性、热稳定性等。

（3）地物生物特性：生物种类、生物指数、多样性指数、初级生产力、生物量等。

（4）地物时空特性：时间特性、空间分布特性及时空分布特性。

同一地物的不同特性间既有区别，也有联系。测量地物特性的手段多种多样，有传统手段，也有现代手段。利用遥感技术探测地物特性，具有客观、观测范围广、迅速等特点，具有传统观测手段无可比拟的优势，而传统手段测量既是地物信息遥感模型构建的基础，也是遥感探测结果精度验证的重要依据，二者相辅相成，深化对探测目标的认识。

2. 目标大小识别

目标物特性探测中，目视识别是很重要的环节，目视解译和野外实地踏勘等工作都离不开目视测量，通过眼睛观测，可以辨识目标大小、形状、颜色、纹理、状态等特性。探测目标能被人眼识别的重要依据是其大小特性，同时，目标大小也是遥感影像能记录目标信息的重要依据。

目标物被人眼识别的决定因素是人眼观测时的视角大小，外界物体上两点在眼结点处所夹的角为视角，以 α 表示，依据三划等长正方形“E”形视标，根据能分辨 1′ 视角的正常视力标准，依据物体距离眼结点的距离，可以粗略判断出一个物体能被清晰地识别出来所需要的大小（图 20-1）。

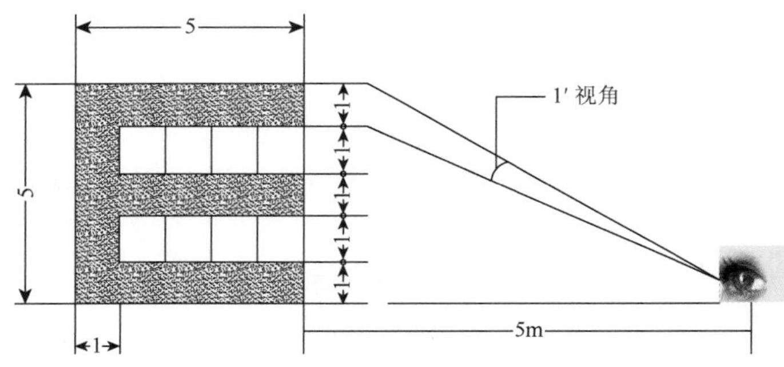

图 20-1　人眼目视识别物体大小示意

图 20-1 所示，正常视力所能识别的“E”大小为 5×5，即 25 个投影单位大小，相当于遥感图像中的像元，根据公式（20-1），可以计算出物体视场角远端弧长大小 d：

$$d = \alpha \times D \tag{20-1}$$

式中：d 为弧长，单位为 m；α 为视角，单位为弧度 rad；D 为观测距离，单位为 m。

当观察距离为 5m 时，正常人眼（标准对数视力表为 5.0）能清晰识别的“E”的宽度计算为下式（20-2）：

$$\begin{aligned} d &= \alpha \times D \\ &= \left(1 \times \frac{\pi}{180 \times 60}\right) \times 5000 \\ &= 1.45\text{mm} \end{aligned} \tag{20-2}$$

“E”形字母实际大小是 52.56mm^2，在 5m 观测距离情况下，当视场角为 1′ 时，能分辨的最小尺寸为 14.5mm，随着观测距离的增大，清晰识别物体的大小也在增大，即识别目标大小与观测距离成正比。

3. 卫星空间分辨率与目标大小

空间分辨率是指卫星传感器所能识别的最小地面目标的大小，是反映遥感图像分辨地面目标细节能力的重要指标。分辨率可以地面大小、视场角、线对数等指标表示，下表给出部分卫星传感器空间分辨率与识别目标大小主要参数（表 20-1）。

表 20-1 常用部分卫星数据空间分辨率

卫星传感器名称	轨道高度/km	全色分辨率/m	全色视场角/(′)	多光谱分辨率/m	多光谱视场角/(′)	识别目标尺寸/m^2
Landsat TM/ETM +	705	15	0.72	30	0.15	5625～22500
Landsat OLI	705	15	0.72	30	0.15	5625～22500
ZY-3 正视相机	505.984	2.1	0.14	6	0.40	110～900
高分 2 号	631	1	0.05	4	0.22	25～400
IKONOS	681	0.8	0.04	3.2	0. 16	10～256
Quickbird	450	0.61	0.05	2.44	0.18	10～149
GeoEye-1	681	0.41	0.02	1.64	0.08	4～67
WorldView-3	617	0.31	0.02	1.24	0.07	3～39

卫星遥感数据空间分辨率是目标类型识别及其特性探测的重要指标，像元分辨率尺寸与可识别地物大小间存在正相关关系，但是二者并不等同，沿用人眼识别目标的标准，从卫星影像上清晰识别一个地物的实际大小，可以按照式（20-3）进行估计：

$$S = 25PX^2 \tag{20-3}$$

式中：S 为清晰识别目标物大小，单位 m^2；PX 为像元分辨率，单位 m。

识别标准如下式（20-4）：

$$S1 \geqslant S \tag{20-4}$$

式中：$S1$ 为待识别目标，单位 m^2。

目标识别的影响因素很多，包括目标物的大小、形状、颜色等自身特性，同时还与目标物所处的背景有关，目标物大小是目标识别的关键因素，当目标尺寸大小满足公式（20-4）时，即可从遥感影像上比较清晰的识别出来。准则是遥感影像目标识别的基础，也是野外工作调查的依据。

4. 卫星遥感数据与 Google Earth 数据叠置

不同分辨率卫星影像叠置分析有利于目标物的识别。利用 ENVI（2）Landsat8 卫星影像和 Google Earth 叠置分析，发挥高空间分辨率卫星影像对地物识别清楚的优势。

GEST 工具可以让显示在 ENVI 中的图像，以原始分辨率的形式在 Google Earth 中显示。不受图像类型和大小的限制。支持带有 RPC 的图像文件，工具会自动将坐标转成 Geographic Lat/Lon 坐标系（如果不是 Lat/Lon 坐标系）。提供二次开发函数，并附带批处理实例程序。

（1）安装方法（ENVI 默认安装目录）：将下载的 gest.sav 文件复制到以下目录中。

ENVI 4.8

Windows：C：\Program Files\ITT\IDL\IDL80\products\envi48\save_add\

ENVI 5.3（在经典界面中出现菜单）

Windows：C：\Program Files\Exelis\ENVI53\classic\save_add\

重新启动 ENVI。

（2）启动叠置工具 gest。①ENVI 打开图像，在 Display 主图像窗口中，选择 File->Save Image As->Google Earth Super-Overlay；②设置输出路径和 KML 文件；③可以选择空间子区：Spatial Subset；④Tile Size 有三种选择：256×256，512×2，1024×1024；⑤单击 Process，完成 KML 文件创建。

（3）卫星影像与 Google Earth 叠置。在 Google Earth 上，打开生成的 KM1 文件，卫星影像就叠置到了 Google Earth 上，将文件移动到我的地点，设置影像不同透明度（0～100%），卫星影像就能显示在 Google Earth 卫星地图上，不同时相影像、高分辨率历史影像，可以任意组合，进行叠置分析与解译（图 20-2）。

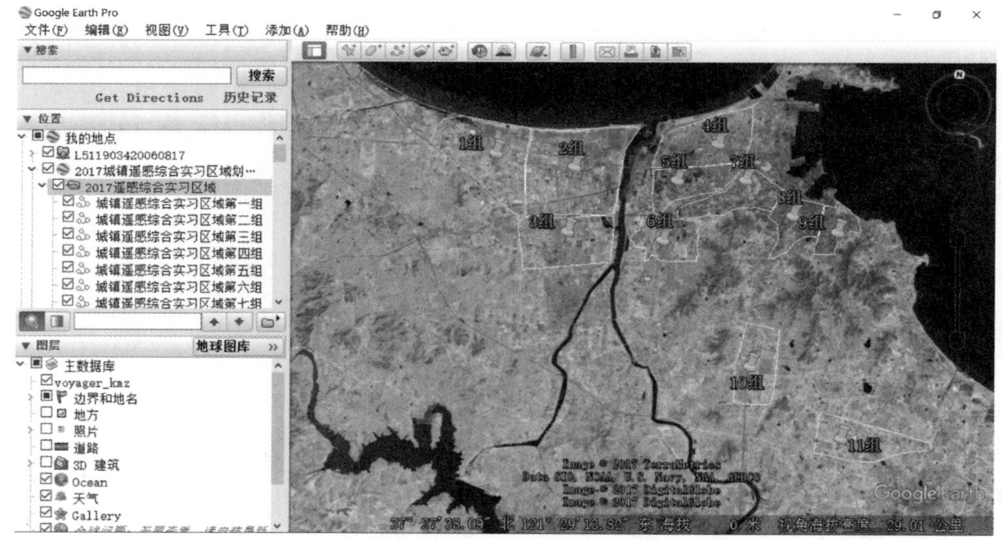

图 20-2　Landsat5（SWIR/NIR/Red = RGB）与 Google Earth 叠置

5. 智能移动终端辅助遥感综合实习新方法

1）智能移动终端辅助遥感综合实习模型

智能手机等移动终端设备强大入网功能、丰富的 App、GPS 定位导航服务等，为遥感综合实习新方法的构建提供了可能，结合遥感综合实习的具体要求，基于高效、便捷、共享、协同的原则，构建互联网 + 智能移动终端设备辅助遥感综合实习新模式（图 20-3）。

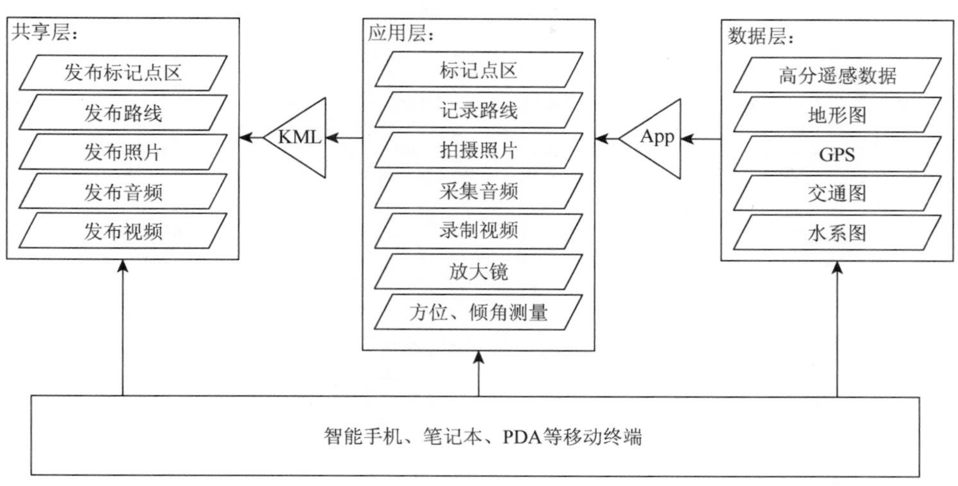

图 20-3　互联网 + 移动终端辅助遥感综合实习模型

按照功能分为三层。第一层为数据层，以图层的形式，管理着不同分辨率的卫星影像、地形图、交通图、水系图。第二层为应用层，智能终端上安装的一些 App，如户外助手、奥维互动地图、Google Earth（手机版）、百度地图、腾讯地图、高德地图等。第三层为共享层，该层完成实习讯息的共享及远程协同指挥。

移动终端网络连接分为定位服务连接和通信服务连接两种方式，智能手机能够接收到 BDS、GPS 或者 GNSS 等信号，可以实现定位导航服务，在一些高山地区，卫星信号受到阻挡，定位精度低一些。尽管智能终端可以实时定位导航，组间组内师生间可以通过网络共享信息，但为有效节省通信费用，或者防止一些地区无网络服务，可以在有网络的情况下，将工作区影像下载到本地终端，在无网络连接时，也不会影响影像显示及定位导航服务。

实习组和师生间讯息实时共享，需要移动通信网络服务，此时，需要保持通信畅通，这对处于一些网络信号盲区的情况下，协同和共享任务将无法完成。

2）遥感综合实习 App 比较分析

智能移动终端的 App 很多，比如满足户外运动用功能的户外助手、六只脚等，满足导航服务的高德地图、百度地图、腾讯地图等，还包括满足一些专业需求的 App，如奥维互动地图、Google Earth（手机版）及岩性记录仪 Rocklogger、地质罗盘 Geocopass 等。

结合遥感实习要求，从系统使用的遥感数据分辨率大小、数据的现实性强弱、数据种类、操作系统的通用性、使用方式、经纬度、采集数据类型及数据的共享性等方面，对一些 App 进行了评价分析（表 20-2）。

表 20-2　移动终端导航定位服务 App 基本功能对比分析

类别		户外助手	百度地图	高德地图	奥维互动地图	腾讯地图	Rocklogger	Google Earth
操作系统		Android/IOS	Android/IOS	Android/IOS	Android/IOS	Android/IOS	Android	Android/IOS
使用方式		在线/离线	在线/离线	在线/离线	在线/离线	在线/离线	在线/离线	在线/离线
是否付费		否	否	否	部分付费	否	部分付费	否
主要功能	经纬度	显示	不显示	不显示	显示	不显示	显示	不显示
	数据采集	轨迹、文本、视频、音频	轨迹、文本	轨迹、文本、视频、音频	轨迹、文本、视频、音频	文本	文本	-
	数据输出	KML/GPX	-	-	-	-	KML/Excel	-
	共享	是	否	否	否	否	是	否
	数据集成	遥感数据/地形图/交通图/水系图	遥感数据/地形图/交通图/水系图	遥感数据/地形图/交通图/水系图	遥感数据/地形图/交通图/水系图	遥感数据/交通图	-	遥感数据
	遥感数据更新速度	快	中等	中等	快	中等	-	快

户外助手的数据层数据种类多。基础地图有谷歌卫星图（Google Earth）、OCM 地图、高德矢量地图、高德卫星地图、谷歌城市交通图、谷歌地形图、OCM + Landscape 地形图等，数据种类间可以自由方便地切换。

免费数据、开放的接口、标准统计的数据特点。谷歌卫星地图实现了高、中到低不同分辨率融合，且全部免费，数据无缝镶嵌，采用了 XML/KML（Keyhole Markup Language），数据涵盖了城市与乡村不同区域，考虑到遥感数据的现实性、分辨率、App 功能等，遥感综合实习选择使用户外助手为主，其他手机 App 为辅的方式进行。

3）室内准备阶段

根据时间先后顺序，遥感综合实习可分为室内准备阶段、野外实习阶段及总结交流阶段三个实训过程。

室内工作：确定实习区域及路线、遥感图像筛选与质量评价、遥感图像预处理、遥感影像分类、确定野外调查区域（城镇和乡村自然地理），除常规任务外，主要还涉及两项新的工作，一是软件筛选和学习使用，二是教学实习路线设计与优化。

多媒体教学已经成为当前最为重要的教学手段，通过无线传屏软件完成手机 App 操作讲解的多媒体化过程。手机作为发射端，电脑及投影仪作为接收端，只要在手机端和电脑端分别安装相应软件，就可以实现手机-笔记本-投影仪间信息的无线传屏，解决了手机进行教学的演示问题。两步路户外助手（简称“户外助手”）是一款记录户外轨迹的 App，其运行界面如图 20-4 所示。

图 20-4　智能手机辅遥感综合实习户外助手 App 运行界面

户外助手运行后，通过界面来完成轨迹记录等操作，主要操作包括 14 项（图 20-4）。具体功能包括：①开始记录户外运动轨迹；②复位；③图层；④轨迹记录；⑤添加标注点；⑥显示当前经纬度；⑦定位卫星数量；⑧添加兴趣点等；⑨图层显示窗；⑩放大缩小；⑪轨迹；⑫运动形式；⑬查询轨迹；⑭用户，具体说明详见文献孔祥生等（2013）。点击图 20-4 中①，通过选择徒步、驾车等不同的运动方式，户外助手即可开始记录运动轨迹，在实习过程中，点击图 20-4 中⑧，选择添加兴趣点，根据提示，通过添加文字、图片、视频等方式，记录观察点，当完成了一条实习线路的记录，点击停止记录，完成一条观察路线的记录，路线可以保存在手机端或者上传到云端，通过导入导出 KML 文件，以 KML 文件的形式共享实习讯息。

6. 遥感综合实习的技术路线

遥感综合实习包括室内图像处理和室外调查两个部分，就上面的三个内容完成遥感综合实习（图 20-5）。

四、实验仪器与数据

（1）AvaField-3 全色光谱仪、Landsat OLI 数据、某区行政区划矢量文件（shp 格式）、地形图等。

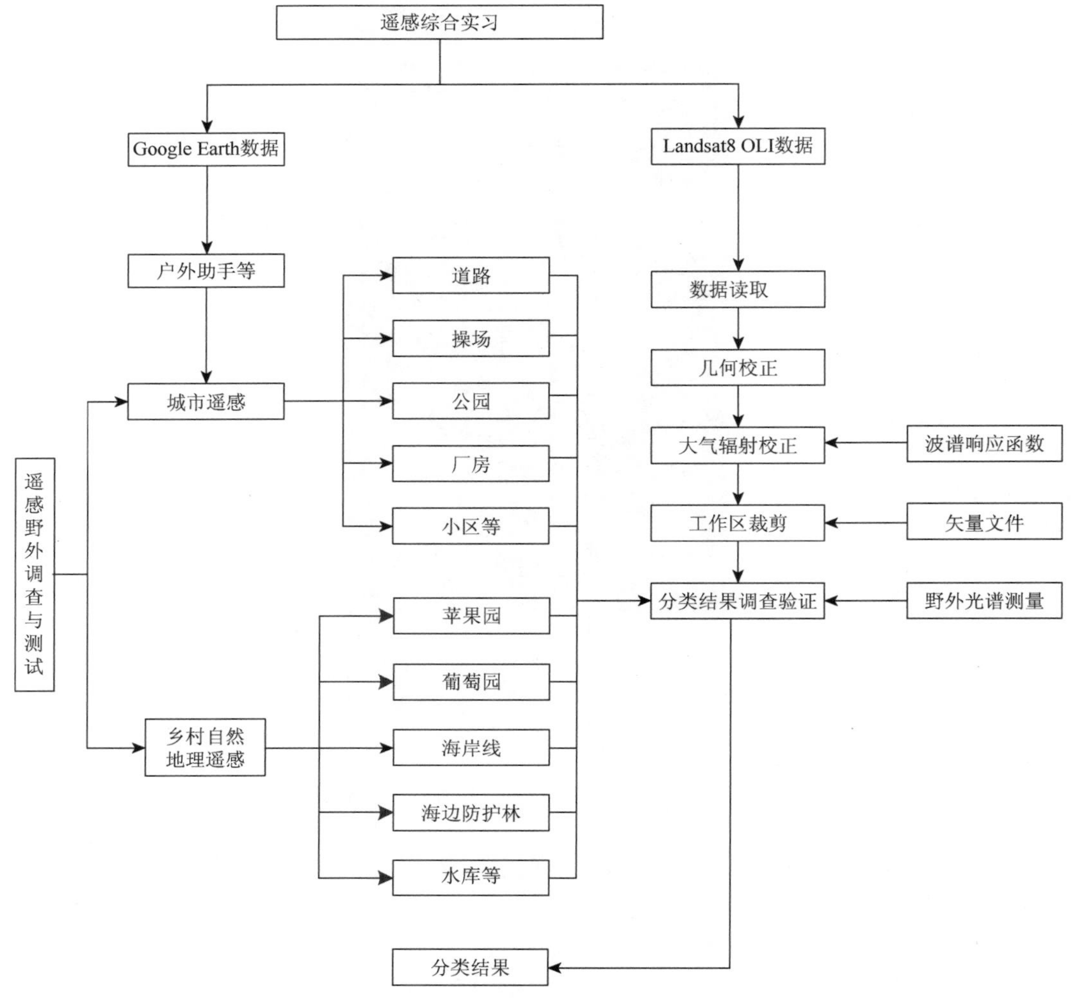

图 20-5　遥感综合实习技术路线

（2）移动互联网地图手机 App（户外助手、奥维互动地图、Google Earth 手机版、百度地图、腾讯地图、高德地图等）、Google Earth 电脑板、Google Earth Super-Overlay Tool（GEST）。

（3）ENVI 5.1、ArcGIS、测尺、GPS 等。

五、实习步骤

遥感综合实习主要包括室内工作和野外工作两部分，按照实习内容，分为城镇遥感实习和乡村自然地理遥感实习。

1. 数据与仪器准备

Landsat8 OLI 遥感数据图像预处理、计算机监督分类处理、光谱仪调试等，此部分工作与前面的实验内容相似。

2. 实习路线设计与手机加载

启动 Google Earth Pro（电脑版），利用添加路径功能，创建实习路线 KML 文件，复制文件到 lolaage/kmls/import 目录下，用户外助手的导入功能，将路线导入到户外助手上显示。野外记录的轨迹文件可以导出生成 KML/GPX 文件，导出的文件存储在 lolaage/kmls/export 目录下，用 Google Earth 可以打开并显示。

3. 城镇遥感综合实习

城镇区遥感综合实习包括卫星影像上识别和量测主要类型特性信息。卫星影像包括中等分辨率 Landsat8 OLI 数据、Google Earth 高分辨率影像及历史影像，利用颜色、形状、大小、纹理、相关关系等构建不同分辨率尺度下的主要城镇地物识别标志，识别出道路、操场、居民生活区、厂房、公园、绿化带等地物类型，并到实地进行长度、面积等测量，进一步检验解译结果。

城镇遥感实习实行分组制度。用 Google Earth 的添加路径功能，设置不同的实习区，一个实习区 4～15km^2，区域内地标类型种类多，每组设置 7～8 人，共同完成实习任务（图 20-6）。

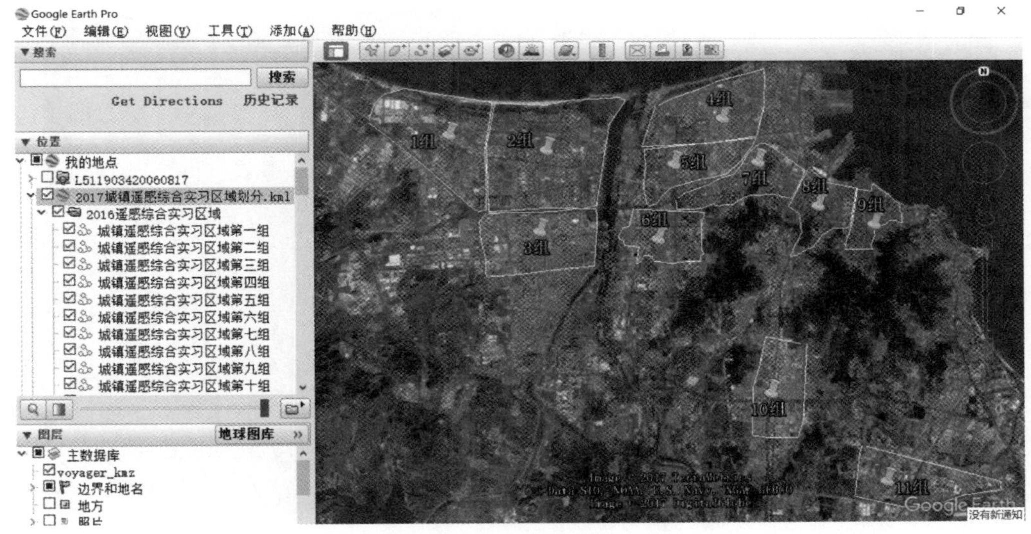

图 20-6　Google Earth 辅助城镇遥感实习区划分

图 20-6 中，白色线内区域为各组的调查区域，各组根据 Landsat8 卫星影像特征，结合颜色、形状、大小等解译标志，确定地物覆盖类型种类，设计踏勘路线和调查点（25 个点以上），使用户外助手、测尺进行调查验证，并做好相关的记录工作。

城镇地表覆盖类型多，高分辨率的卫星影像和中等分辨率卫星影像（Landsat8 等）识别出的类型信息不同，按照识别难易分为 3 个等级，即清晰、中等、不易识别（表 20-3）。

表 20-3　城镇遥感识别地物类型信息

地物类型	长/m	宽/m	颜色	形状	识别等级
道路	＞100	4～30	暗色调	线状	Google Earth：清晰，Landsat8：清晰
某足球场	107	67	暗色调	面状	Google Earth：清晰，Landsat8：不易
公园	911	377	暗色调	面状	Google Earth：清晰，Landsat8：清晰
某汽车厂	300	40	量色调	面状	Google Earth：清晰，Landsat8：中等
某小区居民楼	9	60	亮色调	面状	Google Earth：清晰，Landsat8：不易
某水塘	203	64	暗色调	矩形	Google Earth：清晰，Landsat8：中等

4. 乡村与自然地理遥感综合实习

基于不同空间分辨率影像，从影像特征和光谱特征入手，构建村落、葡萄园、沿海防护林、水库等地表覆盖类型遥感解译标志，实地测量和验证解译结果，形成专题分类图。

从高分辨率影像上看，蛇龙珠酿酒葡萄地物纹理特征明显，由亮暗相间组合（图 20-7）。每组测试一个地块，海岸带黑松防护林则采用 10m×10m 样方，部分测试结果如表 20-4。海岸带防护林在 Landsat8 假彩色（SWIR/NIR/Green = RGB）影像上特征异于其他植被类型，为墨绿色。

图 20-7　Google Earth 上蛇龙珠葡萄纹理特征

表 20-4 中的实测数据表明，蛇龙珠葡萄冠径均值小于垄距均值，卫星获取影像为葡萄冠层和垄间地物类型的光谱特征组合，葡萄表现为植被光谱特征，基色调为暗色，垄间为裸地，为亮色调，组合为暗亮相间的纹理特征。海岸带黑松防护林的冠径均值大于株间距，卫星影像则主要获取的是黑松的树冠光谱，植被覆盖度接近 1，显示为黑松的反射光谱曲线特征。

表 20-4　部分植物类型测量结果

地物类型	株高/m	株间距/m	冠径/m	垄间距/m	垄长/m
蛇龙珠 37°45′N 120°57′E	1.82	1.22	0.32	2.72	95.6
	1.72	1.13	0.25	2.30	95.6
	1.85	1.31	0.26	2.88	88.6
蛇龙珠 37°45′N 120°57′E	1.80	1.20	0.21	2.65	74.6
	1.75	1.19	0.41	2.70	74.6
	1.78	1.24	0.32	2.60	74.6
均值	1.78	1.24	0.30	2.64	83.93
海岸带黑松防护林 37°27′N 121°42′	5	1.36	4.8	-	-
	7	1.88	3.0	-	-
	7	2.68	4.2	-	-
	8	4.38	5.6	-	-
均值	6.8	2.58	4.4		

5. 遥感监测地表类型

此部分为遥感综合解译专题制图，相关内容可以参照前面的实验部分。

六、撰写实验报告

按照实习报告格式要求撰写，重点内容包括：使用户外助手辅助遥感综合实习的方法、不同分辨率影像叠置方法、现场调查方法、遥感影像目视解译标志、遥感探测地物信息综合应用等。

主要参考文献

百度公司．百度地图[EB/OL]．http：//lbsyun.baidu.com/.

邓书斌，2010. ENVI 遥感图像处理方法[M]．北京：科学出版社.

邓文胜，刘海，2013. 遥感原理与应用实习指导书[M]．武汉：长江出版社.

董彦卿，2012. IDL 程序设计—数据可视化与 ENVI 二次开发[M]．北京：高等教育出版社.

葛小平，王鑫浩，杨胜飞，丁贤荣，2015. 基于 Google Maps API 的野外地理综合实习平台[J]．中国地质教育，24（1）.

孔祥生，等，2011. 地物光谱反射率测量与行星反射率计算联合教学设计与实践[J]．测绘科学，36（5）：234-236.

孔祥生，等，2012. 黑体辐射定律遥感教学改革设计与实践[J]．测绘科学，36（6）：184-187.

孔祥生，等，2013. 《遥感概论实验》课程教学改革与实践[J]．测绘科学，38（1）：183-186.

孔祥生，等，2014. 平台化层次化与标准化构建 GIS 实践教学体系[J]．测绘科学，39（8）：171-175.

孔祥生，等，2017. "互联网＋"大学地理野外实习新模式与实践[J]．中国地质教育，26（3）：83-89.

李恒凯，刘小生，潘颖龙，2012. 基于 GIS 的探究式自然地理学野外实习平台系统[J]．地理科学，32（8）：1026-1032.

梁顺林，2009. 定量遥感[M]．范闻捷译．北京：科学出版社.

林珲，陈旻，2014. 利用虚拟地理环境的实验地理学方法[J]．武汉大学学报信息科学版，39（6）：689-694，700.

刘慧平，秦其明，彭望琭，等，2001. 遥感实习教程[M]．北京：高等教育出版社.

梅安新，彭望琭，秦其明，等，2001. 遥感导论[M]．北京：高等教育出版社.

苗放，叶成名，刘瑞，等，2007. 新一代数字地球平台与 "数字中国" 技术体系架构探讨[J]．测绘科学，32（6）：157-158.

钱永刚，2009. 地表温度遥感反演与火点检测研究[D]．北京：北京师范大学博士学位论文.

深圳市时代经纬科技有限公司．户外助手 V5.0.2[EB/OL]．http://www.2bulu.com/

孙家柄，倪玲，周军其，等，2003. 遥感原理与应用[M]．武汉：武汉大学出版社.

唐伯惠，李召良，吴骅，唐荣林，2014. 热红外地表发射率遥感反演研究．北京：科学出版社.

田国良，等，2006. 热红外遥感[M]．北京：电子工业出版社.

童庆禧，田国良，1990. 中国典型地物波谱及其特征分析[M]．北京：科学出版社.

王建，张茂恒，王国祥，汪永进，2010. 现代自然地理学实践教学改革和实习体系创新[J]．中国大学教学（4）：70-72.

张安定，等，2016. GIS 专业实践教学体系及教学模式的探讨[J]．地理空间信息，（12）：98-100.

张安定，等，2017. 遥感原理与应用题解[M]．北京：科学出版社.

张安定，衣华鹏，崔青春，2005. 《遥感原理》研究性教学的探索与实践[J]．测绘通报（12）：59-61.

张利军，2015. 智能手机 App 应用前景及发展瓶颈探析[J]．电子技术与软件工程（10）：69-69.

赵英时，2003. 遥感应用分析原理与方法[M]．北京：科学出版社.

郑祥民，周立旻，王辉，等，2013. 试行高校联合野外实践教学探索地理学人才培养新模式[J]．中国大学教学（5）：86-88.

朱琳，李家存，彭年，等，2013. 3S 技术在传统地理实习中的应用[J]．科技资讯（14）：213-214.

Becker F，Li Z L，1990. Temperature independent spectral indices in thermal infrared bands. [J] remote Sensing of Environment 32：17-33.

Becker F，Li Z L，1990. Temperature independent spectral indices in thermal infrared bands[J]. Remote Sensing of Environment，32，17-33.

Crist E P，1985. A TM tasseled cap equivalent transformation for reflectance factor data[J]. Remote Sensing of Environment 17（3）：301-306.

Crist E P，Cicone R C，1984. A physically-based transformation of thematic mapper data-the tm tasseled Cap[J]. geoscience and Remote Sensing，IEEE Transactions on Geoscience and Remote Sensing，22（3）：256-263.

GB 11533—2011，2011. 标准对数视力表[S]. 北京：中国标准出版社.

Horne J H，2003. A tasseled cap transformation for IKONOS images[J]. ASPRS 2003 Annual Conference of Proceedings，Anchorage，Aalska.

Huang C，et al.，2002. Derivation of a tasselled cap transformation based on Landsat 7 at-satellite reflectance[J]. International Journal of Remote Sensing，23（8）：1741-1748.

Jiang Gengming. Retrievals of land surface emissivity and land surface temperature from MSG1-SEVIRI data. Dissertation，2007.

Kauth R J，Thomas G，1976. The tasseled cap—a graphic description of the spectral-temporal development of agricultural crops as seen by Landsat[J]. Proceedings of the Symposium on Machine Processing of Remotey Sensed Data，West Lafayette，Indiana，LARS，Purdue University.

Lambeck P F，Kauth R，Thomas G S，1978. Data screening and preprocessing for Landsat MSS data[J].

Li Z L，Petitcolin F，Zhang R H，2000. A physically based algorithm for land surface emissivity retrieval from combined mid-infrared and thermal infrared data. Science in China Series E-Technological Sciences，43：23-33.

Nerry F，Petitcolin F，Stoll M P，1998. Bidirectional reflectivity in AVHRR channel 3：application to a region in North Africa[J]. Remote Sensing of Environment，66：298-316.

Nicodemus F E，1965. Directional reflectance and emissivity of an opaque surface[J]. Applied Optics，4，767-773.

Qian Y G，Li Z L，Nerry F，2013. Evaluation of land surface temperature and emissivities retrieved from MSG/SEVIRI data with MODIS land surface temperature and emissivity products. [J]International Journal of Remote Sensing，34：9-10，3140-3152.

Welsh K E，Mauchline A L，Park J R，et al.，2013. Enhancing fieldwork learning with technology：practitioner's perspectives[J]. Journal of Geography in Higher Education，37（3）：399-415.

Woodcock B，Middleton A，Nortcliffe A，2012. Considering the smartphone learner：an investigation into student interest in the use of personal technology to enhance their learning[J]. Student Engagement and Experience Journal，1（1）：1-15.

Yarbrough L D，2005. Quickbird 2 tasseled cap transform coefficients：a comparsion of derivation methods[C]. Global Priorities in Land Remote Sensing，Sioux Falls，South Dakota.

Yarbrough L D，et al.，2005. Using at-sensor radiance and reflectance tasseled cap transforms applied to change detection for the ASTER sensor[C]. Proceedings of the Third International Workshop on the Analysis of Multi-Temporal Remote Sensing Images，Beau Rivage Resort and Casino，Biloxi，Mississippi，USA.